Spezielle Anorganische Chemie
Band 2

SPEZIELLE ANORGANISCHE CHEMIE
in Einzeldarstellungen

Herausgegeben von Prof. Dr. Armin Schneider, Daisendorf/Meersburg

BAND 2

FLUOR UND FLUORVERBINDUNGEN

SPRINGER-VERLAG
BERLIN HEIDELBERG GMBH 1980

FLUOR UND FLUORVERBINDUNGEN

Von

Prof. Dr. Dieter Naumann

Universität Dortmund
Abteilung Chemie

Mit 20 Abbildungen und 10 Tabellen

SPRINGER-VERLAG
BERLIN HEIDELBERG GMBH 1980

CIP-Kurztitelaufnahme der Deutschen Bibliothek

Naumann, Dieter:

Fluor und Fluorverbindungen / von Dieter Naumann. – Darmstadt: Steinkopff, 1980.

(Spezielle anorganische Chemie in Einzeldarstellungen; Bd. 2)
ISBN 978-3-7985-0565-0   ISBN 978-3-642-72344-5 (eBook)
DOI 10.1007/978-3-642-72344-5

ISSN 0340-2509 (2)

Herstellung: Graphischer Betrieb Konrad Triltsch, Würzburg

Zweck und Ziel der Reihe

Die Anorganische Chemie hat in den letzten vier Jahrzehnten eine außerordentlich lebhafte Entwicklung durchschritten: neue Stoffklassen (z.B. metallorganische Verbindungen und intermetallische Phasen, Fluorchemie und Hartstoffe und viele andere) stellen eigene Kapitel dar, die auch in den modernen, umfangreicheren Lehrbüchern praktisch keine Erwähnung finden können, die ihrer Bedeutung entspräche. Ihre systematische Darstellung ist nur möglich unter Berücksichtigung der parallel entwickelten, neuen Bindungstheorien auf quantitativer Basis sowie einer modernen Festkörperchemie. — Dazu kommen die Ergebnisse, die aus einer thermochemischen Klassifizierung der Verbindungen bzw. aus der thermodynamischen Gleichgewichtslehre für das Verständnis der Existenz und der Stabilität von Verbindungen z.B. anomaler Wertigkeit oder bei extrem niedriger bzw. hoher Temperatur erwachsen sind. — Allein der Temperaturbereich zwischen nahe dem absoluten Nullpunkt und Temperaturen weit über 2000 °C, der heute experimentell mit neuen Methoden beherrscht wird, gibt der Anorganischen Chemie ein völlig neues und eigenes Gepräge.

Die Aufgabe, die sich *F. Ephraim*'s Lehrbuch der Anorganischen Chemie (letzte 5. vermehrte und verbesserte Auflage, Verlag *Theodor Steinkopff*, Dresden und Leipzig, 1934, englisch 1926–1956) gestellt hatte, ist heute praktisch von einem einzelnen Autor nicht mehr zu bewältigen: nämlich, „die ersten Kenntnisse chemischer Tatsachen als bekannt vorauszusetzen", und dann „die zahlreichen Einzeltatsachen durch sinngemäße Gruppierung in logischen Zusammenhang einzuordnen". — Die modernen, komplizierten experimentellen Methoden, die Fülle der Einzeltatsachen und der neu bekannt gewordenen Verbindungen, sowie die quantitative Auswertung dieses gesamten Erfahrungsmaterials verlangen vielmehr neben dem einführenden Lehrbuch ein kompetentes Spezialwissen von Sachbearbeitern und eine aus diesem gewonnene Darstellung der einzelnen bestimmten Teilgebiete.

Das Sammelwerk soll also — unter der Voraussetzung des Stoffs üblicher Lehrbücher — fortgeschrittene Studierende der Chemie und benachbarter Fächer (Physik, Mineralogie, Hüttenwesen, Glas, Keramik etc.) bekannt machen mit den verschiedenen Sondergebieten der Anorganischen Chemie und deren Problemen, Methoden und Ergebnissen.

Jeder Band soll einzeln erworben werden können und somit auch Fachgenossen der Industrie zur Einarbeitung und ersten Übersicht über neue

Entwicklungen auf Spezialgebieten dienen. — Zum weiterführenden Verständnis soll besonderer Wert auf eine jeweils möglichst vollständige Zusammenstellung der einschlägigen neuesten Literatur gelegt werden.

Die Reihe der Einzeldarstellungen ordnet sich somit ein zwischen die bekannten einführenden Lehrbücher und die erschöpfenden Literaturauswertungen der Handbücher wie z. B. *Gmelin's* Handbuch der Anorganischen Chemie. — Damit ergibt sich auch die Aufgabe für Herausgeber und Verlag, durch laufende Ergänzung der erschienenen bzw. in Vorbereitung befindlichen Bände sich der aktuellen, letzten Entwicklung des Erkenntnisstandes der Anorganischen Chemie anzupassen.

Herausgeber und Verlag

Vorwort

Das Element Fluor nimmt unter allen Elementen aufgrund seiner extremen Eigenschaften eine Sonderstellung ein. Seine hohe Elektronegativität und die kompakte Elektronenhülle bewirken besondere Bindungsverhältnisse in den anorganischen und organischen Fluorverbindungen. Daher hat sich die Fluorchemie schon längst zu einem eigenständigen Gebiet entwickelt. Nachdem elementares Fluor auch kommerziell erhältlich ist, und bedingt durch die Entwicklung fluorresistenter und leicht bearbeitbarer Materialien sowie durch die Verbesserung und Entdeckung zahlreicher Analysenmethoden hat die Fluorchemie in den letzten 30 Jahren eine stürmische Entwicklung erlebt.

Ziel des vorliegenden Bandes soll es daher sein, die heutigen Kenntnisse in übersichtlicher, leicht verständlicher Form zusammenzufassen und auch demjenigen einen schnellen Überblick zu verschaffen, der noch nicht so vertraut mit der Fluorchemie ist. So werden im 1. Teil dieses Buches einige allgemeine Aspekte behandelt, im 2. und 3. Teil werden die Fluorverbindungen der Haupt- und Nebengruppenelemente beschrieben. Zahlreiche Literaturzitate sollen es dem Leser erleichtern, sich in die jeweiligen Spezialgebiete einzuarbeiten. Um den Umfang in einem überschaubaren Rahmen zu halten, kann auch die angegebene Literatur, die z. T. bis Ende 1978 berücksichtigt ist, nicht vollständig sein. Hier sei auf die Übersichtsartikel verwiesen.

Besonderen Dank schulde ich Herrn Prof. Dr. Dr. h. c. *M. Schmeißer* für viele wertvolle Diskussionen und die kritische Durchsicht des Manuskriptes sowie Frau *M. Pieper* für das Schreiben dieser Arbeit.

Dortmund, im Sommer 1979   *D. Naumann*

Inhalt

X

ERSTER TEIL

Allgemeine Eigenschaften von Fluor und Fluoriden

1.1. Einleitung

Fluor bildet mit allen Elementen außer den leichten Edelgasen Helium, Neon und Argon eine Vielzahl von Verbindungen. Als elektronegativstes Element überhaupt liegt Fluor in allen Verbindungen ausschließlich in der formalen Oxidationsstufe -1 vor. Element-Fluor-Verbindungen werden daher stets als Fluoride der betreffenden Elemente bezeichnet; die Element-Fluor-Bindungen können jedoch von weitgehend ionisch bis hin zu weitgehend kovalent variieren. Fluor ist in der Lage, Elemente in Verbindungen in ihren höchstmöglichen Oxidationsstufen zu stabilisieren.

Obwohl die Existenz von Fluoriden schon lange Zeit vorher bekannt war, konnte elementares Fluor wegen seiner extremen Reaktivität erstmals am 26. 6. 1886 von H. Moissan isoliert werden. In den folgenden Jahren bis etwa 1940 haben dann insbesondere H. Moissan und später auch O. Ruff zahlreiche anorganische Nichtmetall- und Metallfluoride synthetisieren und charakterisieren können. Viele thermochemische Untersuchungen wurden von H. von Wartenberg durchgeführt. Diese Pionierarbeiten sind besonders bemerkenswert, da für die Handhabung von Fluor und den meisten Fluoriden erst spezielle Arbeitstechniken entwickelt werden mußten.

Während des 2. Weltkrieges erfuhr die anorganische und organische Fluorchemie einen enormen Aufschwung. Natururan wurde als Uranhexafluorid in seine Isotopen getrennt; zahlreiche fluorierte Öle, Fette und Polymere wurden entwickelt, die gegen Fluor und Fluorverbindungen resistent sind; die Ausnutzung der hohen Oxidationskraft von Fluor und Fluorverbindungen für Antriebsstoffe wurde untersucht, etc. Die während dieser Periode gemachten Entdeckungen wurden nach Kriegsende einem größeren Kreis von Forschungsgruppen zugänglich. Elementares Fluor kam in Stahlflaschen in den Handel, so daß das Arbeiten mit Fluor erleichtert wurde. Daher konnten viele Probleme der Fluorchemie erst in den letzten dreißig Jahren in Angriff genommen und geklärt werden. Erst Anfang der 50er Jahre gelang es, die Bindungs-Dissoziations-Energie des Fluormoleküls experimentell zu bestimmen. Die Aufklärung von Strukturen und Mechanismen wurde durch die Entwicklung neuer und die Verbesserung schon bekannter Analysenmethoden erleichtert. Apparative

Voraussetzungen konnten geschaffen werden, um auch aggressive Verbindungen vermessen zu können.

Die Anwendungen von Fluorverbindungen sind heute sehr vielfältig. Wichtigste Verbindung ist Fluorwasserstoff, der als Lösungsmittel und Fluorquelle in großem Maß eingesetzt wird; HF ist Ausgangssubstanz für fast alle anderen Fluorverbindungen. Zur Zeit werden etwa 40% der HF-Produktion in der Aluminiumindustrie zur Herstellung von Aluminiumfluorid und synthetischem Kryolith eingesetzt. Weitere 40% werden für die Produktion von Fluorchlorkohlenwasserstoffen genutzt, die hauptsächlich als Treibmittel, Kühlmittel und Lösungsmittel Verwendung finden. Bromhaltige Fluorkohlenwasserstoffe sind sehr wirkungsvolle Feuerlöschmittel und werden wegen ihrer niedrigen Toxizität auch als Inhalationsnarkotika benutzt. Einen großen Anwendungsbereich haben die fluorhaltigen Kunststoffe wegen ihrer außergewöhnlichen chemischen und physikalischen Eigenschaften. Weiterhin muß die Verwendung von fluorhaltigen Substanzen als Blutersatz, Heilmittel, Schädlingsbekämpfungsmittel und oberflächenaktive Stoffe genannt werden. Einige anorganische Fluoride sind hervorragend geeignet als Latent-Wärmespeicher, für Batterie-Systeme, als chemische Laser oder Hochtemperatur-Schmiermittel. Uranhexafluorid ist Ausgangsmaterial zur Herstellung von angereichertem Uran. Schwefelhexafluorid wird wegen seiner Stabilität, Ungiftigkeit und hohen Durchschlagsfestigkeit als Isolator in Hochspannungsanlagen verwendet. Zinnfluorid ist als Antikariesmittel Bestandteil von Zahnpasten. Bortrifluorid wird hauptsächlich als Katalysator in organischen Synthesen eingesetzt; usw. [1, 2, 3].

Im folgenden soll nun versucht werden, die heutigen Kenntnisse auf dem Gebiet der anorganischen Fluorchemie in anschaulicher Form zusammenzustellen. Dabei werden im ersten Teil einige Kapitel behandelt, die in Lehrbüchern meist nur kurz angesprochen sind. Im zweiten und dritten Teil werden die Fortschritte der Fluorchemie der Haupt- und Nebengruppenelemente beschrieben. Der vorgegebene Umfang dieses Bandes erlaubt nur eine Darstellung der wichtigsten und charakteristischen Eigenschaften der Elementfluoride. Daher ist Wert auf eine möglichst ausführliche Literaturangabe gelegt, bei der Übersichtsartikel zu den einzelnen Kapiteln gesondert aufgeführt sind. Zur Erweiterung und Vertiefung des hier behandelten Stoffes wird das Studium der angegebenen Literatur empfohlen.

Literatur

1. *J. Massonne*, Chem.-Ztg. **96**, 65 (1972).
2. *H. Fielding* und *B. Lee*, Chem. in Britain **14**, 173 (1978).
3. Ullmanns Encyklopädie der technischen Chemie, Bd. 11, S. 587 ff., Verlag Chemie – Weinheim, 1976.

1.2. Vorkommen, Herstellung und Reinigung von elementarem Fluor [1–4]

Fluor ist in der Natur weit verbreitet. In der Erdkruste kommt es mit 0,065% häufiger vor als Chlor mit 0,02%; Fluor steht in der Häufigkeitsliste aller Elemente an 13. Stelle.

Wegen der großen Reaktivität elementaren Fluors liegt es in *Naturvorkommen* hauptsächlich chemisch gebunden in einfachen und komplexen Fluoriden vor. Lediglich in einigen Flußspatsorten befindet es sich auch in elementarem Zustand, z. B. in dem violettblauen Fluorit von Wölsendorf in der Oberpfalz. Seine Entstehung wird durch die Einwirkung der begleitenden radioaktiven Bestandteile erklärt. Die wichtigsten Naturvorkommen sind Flußspat (CaF_2), Kryolith (Na_3AlF_6) und Fluorapatit [3 Ca_3 $(PO_4)_2 \cdot CaF_2$]. Die Phosphatmineralien enthalten mit 3 – 4 Gew.% Fluor die derzeit größten Fluorreserven der Welt. Bei der Phosphorsäureherstellung wird das in den Phosphatmineralien enthaltene Fluor als SiF_4 und HF in Freiheit gesetzt; dieses zwangsweise anfallende SiF_4 dürfte künftig die wichtigste Rohstoffquelle für die gesamte industrielle Fluorchemie sein [2]. Daneben findet sich Fluor noch in einigen Silikaten (z. B. Topas). Geringe Mengen von Fluoriden sind auch enthalten im Boden, in allen Gewässern, im Meer-, See-, Fluß- und Quellwasser. Fluor ist daher auch in den Pflanzen und im tierischen und menschlichen Organismus enthalten; es gehört somit zu den Spurenelementen, deren Fehlen in den Organismen Mangelerscheinungen hervorrufen. Die Böden enthalten z. B. etwa 100 ppm, Pflanzen etwa 0,5 ppm Fluor in der Trockensubstanz. Wichtig ist der Fluorgehalt auch in Knochen und Zähnen. Da durch die Nahrungsaufnahme nur etwa 1/3 des täglichen Fluorbedarfs gedeckt werden, wird in Gegenden mit fluoridarmen Trinkwässern eine Trinkwasser-Fluoridierung durchgeführt; dabei wird dem Trinkwasser das Fluoridion (1 mg F/l) in Form von NaF oder Na_2SiF_6 oder auch Flußsäure zugesetzt. Die Wirksamkeit dieser Maßnahmen ist inzwischen jedoch wieder umstritten.

Die *Herstellung* elementaren Fluors kann wegen seines hohen Normalpotentials (2,85 V) nur durch anodische Oxidation von Fluoridionen erfolgen, wobei der Elektrolyt außer Fluoridionen keine anderen Anionen enthalten darf. Reiner Fluorwasserstoff ist ungeeignet, da er selbst nur schwach dissoziiert ist (3 HF $\rightleftharpoons$ H_2F^+ + HF_2^-; $[H_2F^+][HF_2^-] \sim 10^{-10}$); daher muß KF als Leitsalz zugesetzt werden. Je nach Elektrolytzusammensetzung werden dabei drei Verfahren unterschieden: Tieftemperaturverfahren (KF $\cdot$ 2,9 – 6,7 HF; 15 – 50 °C), Mitteltemperaturverfahren (KF $\cdot$ 1,8 – 2,5 HF; 70 – 130 °C) und Hochtemperaturverfahren (KHF_2; 245 – 310 °C). Heute wird als Elektrolyt bevorzugt eine Schmelze der Zusammensetzung KF $\cdot$ 1,8 – 2,2 HF benutzt. Die Elektrolyse erfolgt bei Temperaturen um 100 °C an Kohleanoden. Im Prinzip entspricht dieses Verfahren noch dem schon 1886 von H. Moissan bei der erstmaligen Herstellung von Fluor angewandten Verfahren. Im Laufe der technischen Entwicklung sind an der Fluorzelle lediglich Verbesserung der apparativen Anordnung und der benutzten Werkstoffe vorgenommen worden. Eine typische Zelle ist in Abb. 1.2. – 1 dargestellt.

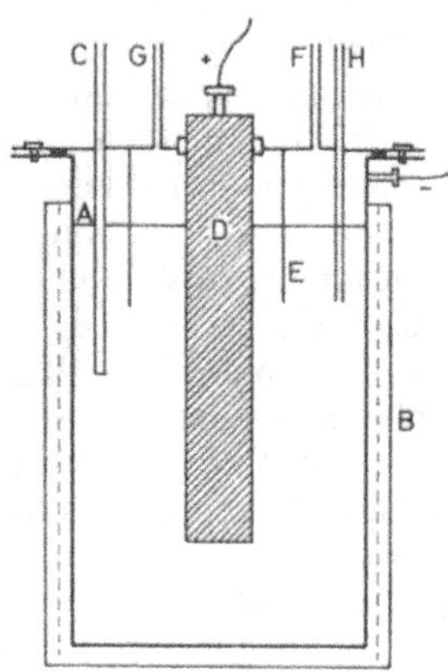

Abb. 1.2. – 1   Mitteltemperatur-Fluor-Zelle nach O'Donnell [3]

Der Elektrolyt wird in einem Stahlgefäß bis zum Niveau (A) aufgefüllt. Die Elektrolysetemperatur von ca. 100 °C wird durch äußere Heizung (B) über ein Kontaktthermometer (C) konstant gehalten. Der Stahlmantel selbst dient als Kathode, während die Kohleanode (D) (graphitfreier Petrolkoks, der zur Erhöhung der Dichte oftmals mit Kupfer imprägniert ist) isoliert durch den Deckel geführt ist. Am Deckel ist ein Diaphragma (E) befestigt, das bis in die Schmelze hineinragt und Kathoden- und Anodenraum trennt; denn Fluor und Wasserstoff reagieren explosionsartig zu Fluorwasserstoff. Durch die Deckelöffnungen (F und G) werden die gebildeten Gase abgeleitet. Da während der Elektrolyse der HF-Gehalt des Elektrolyten abnimmt und dadurch die KF-Konzentration und auch der Schmelzpunkt zunimmt, wird durch laufende Probenkontrolle und periodisches Einleiten von HF in die Schmelze (H) die Zusammensetzung weitgehend konstant gehalten. Für die Fluorgewinnung im technischen Maßstab sind 30 und mehr solcher oder ähnlicher Fluorzellen hintereinander geschaltet.

Das so erzeugte Fluor enthält noch als Hauptverunreinigungen größere Mengen HF neben geringen Mengen Sauerstoff, OF_2, CF_4, CO_2 u. a. Zur Reinigung von HF wird das Rohgas zunächst auf – 70 °C und zur Entfernung der C-F-Verbindungen auf – 140 °C abgekühlt. Der dann noch nicht kondensierte Fluorwasserstoff kann nach Durchleiten durch einen mit NaF gefüllten Turm bei 100 °C weitgehend entfernt werden. In den Han-

4

del kommt Fluor in einer Reinheit von 99,0 – 99,5% in Stahlflaschen unter einem Druck bis zu 28 bar; Hauptverunreinigung ist noch HF. Für die meisten Anwendungen des Fluors reicht diese Reinheit aus.

Die weitere *Reinigung* von Fluor insbesondere für spektroskopische Untersuchungen und einige besondere Anwendungen ist aufwendig. Hierfür sind einige Verfahren entwickelt worden. In einer Reinheit von $\geq$ 99,7% wird Fluor nach Absorption an einem Gemisch aus NiF_2 und KF im Verhältnis 1 : 3 bei 250 °C unter Druck und anschließender thermischer Zersetzung erhalten [5]. Sauerstoff läßt sich leicht durch Umsetzung mit SbF_5 bei ca. 300 °C gemäß $O_2 + 1/2\ F_2 + 2\ SbF_5 \rightarrow O_2^+[Sb_2F_{11}]^-$ entfernen; nach Abkühlung auf – 183 °C wird das Gemisch zunächst durch Destillation in eine auf – 196 °C gekühlte Vorlage und anschließende zweimalige Destillation von – 196 auf – 210 °C von letzten Verunreinigungen befreit [6]. Das so erhaltene Fluor ist IR-spektroskopisch rein.

Literatur

1. *E. Weise* in *Winnacker-Küchler*, Chemische Technologie, Band 1, S. 326, Carl Hanser-Verlag – München, 1970.
2. *M. Wechsberg* in Ullmanns Encyklopädie der technischen Chemie, 4. Aufl., Band 11, S. 589, Verlag Chemie – Weinheim, 1976.
3. *T. A. O'Donnell* in Comprehensive Inorganic Chemistry, Vol. 2, S. 1012, Pergamon Press – Oxford – New York – Toronto – Sydney – Paris – Braunschweig, 1973.
4. *H. Fielding* und *B. Lee,* Chem. in Britain **14,** 173 (1978).
5. *L. B. Asprey,* J. Fluorine Chem. **7,** 359 (1976).
6. *E. Jacob* und *K. O. Christe,* J. Fluorine Chem. **10,** 169 (1977) und dort zitierte Literatur.

1.3. Eigenschaften von Fluor

Der Name Fluor geht auf das Mineral Flußspat (CaF_2) zurück, das schon in früherer Zeit als Zusatz für Erze bei metallurgischen Prozessen genutzt wurde.

Fluor (Fp. – 219,62 °C; Kp. – 188,14 °C) ist ein in dünner Schicht farbloses, in dickeren Schichten grünlichgelbes, stechend riechendes Gas (ähnlich einem Gemisch aus Chlor und Ozon). Einige physikalische Eigenschaften sind in Tab. 1.3. – 1 zusammengestellt. Von allen Elementen ist Fluor das reaktionsfähigste; es bildet mit allen Elementen außer den leichten Edelgasen He, Ne und Ar Verbindungen, wobei es mit allen außer Stickstoff und Sauerstoff direkt reagieren kann. Die außergewöhnlichen Eigenschaften von Fluor im Vergleich zu den anderen Halogenen werden hauptsächlich durch drei Fakten erklärt:

Tab. 1.3. – 1   Einige physikalische Eigenschaften von Fluor

Atommasse	18,993
Schmelzpunkt	– 219,62 °C
Siedepunkt	– 188,14 °C
Schmelzenthalpie	510 J/mol
Verdampfungsenthalpie	6537,5 J/mol
Dampfdruck	zwischen 53,5 und 90 K:
	$\log p\ (mm) = 7,08718 - \dfrac{357,258}{T} - \dfrac{1,3155}{T^8} \cdot 10^{13}$
Dichte (flüssig)	$\varrho\ (g/cm^3) = 1,5127 + 0,00635\ (85,02 - T)$
Dichte (Gas, 0 °C, 1 bar)	1,696 g/l
Dissoziationsenergie	157,6 kJ/mol
Ionisierungspotential	17,42 eV
Elektronegativität	4,10 (Allred-Rochow); 3,98 (Pauling); 3,91 (Mulliken)
Elektronenaffinität	338,6 kJ/mol
Normalpotential	+ 2,85 V (geschätzt)
$(F^- \rightleftharpoons 1/2\ F_2 + e^-)$	
Hydratationsenthalpie (F^-)	506 kJ/mol
Atomradius	0,71 Å
Ionenradius	1,33 Å

1. Die unerwartet geringe Dissoziationsenergie des Fluormoleküls.
2. Die Stärke von Element-Fluor-Bindungen.
3. Der relativ kleine Durchmesser des Fluoratoms und des Fluoridions.

Es ist inzwischen schon von historischem Interesse, daß für die Dissoziationsenergie des Fluormoleküls ein Wert von 250 – 290 kJ/mol angenommen wurde. Dieser Wert wurde aus den bekannten Werten für Jod (151 kJ/mol), Brom (193 kJ/mol) und Chlor (243 kJ/mol) extrapoliert. Erst nach 1950 gelang es, die Dissoziationsenergie für Fluor mit verschiedenen Methoden experimentell zu bestimmen, nachdem geeignete fluorresistente Materialien zur Verfügung standen. Der ungewöhnlich niedrige Wert von 157,6 kJ/mol wird im wesentlichen durch den sehr geringen Kernabstand und die dadurch bedingte starke Abstoßung der beiden Fluoratome erklärt [1, 2, 3]. Beim homologen Chlor kommt zusätzlich noch eine partielle pd-Hybridisierung und damit ein partieller Doppelbindungscharakter, also Bindungsverstärkung, hinzu. Dies wird auch durch einen Vergleich der Bindungsstärken anderer Elementpaare deutlich: so sind die Bindungen von N – N in Hydrazinen und O – O in Peroxiden ebenfalls schwächer als die korrespondierenden Bindungen von P – P und S – S. Auch diese Effekte werden durch zusätzliche Doppelbindungsanteile bei den zweiten Elementen der Hauptgruppen erklärt [4].

Neben der leichten Dissoziation des Fluormoleküls ist die große Bindungsstärke der Element-Fluor-Bindungen maßgebend für die hohe Re-

Tab. 1.3. – 2 Durchschnittliche Bindungs-Dissoziations-Energien von Halogeniden [kJ/mol]

X	HX	BX_3	AlX_3	CX_4	SiX_4	NX_3	PX_3
F	568	644	581	456	564	272	499
Cl	430	443	426	326	380	201	318
Br	368	368	359	272	309		258
I	297	272	284	238	234		

aktivität, wie ein Vergleich einiger Bindungs-Dissoziations-Energien in Tab. 1.3. – 2 zeigt. Die Reaktionsenthalpien von Fluorierungsreaktionen sind wesentlich höher als die anderer Halogenierungsreaktionen.

Da Fluor von allen Elementen den höchsten Elektronegativitätswert besitzt (Elektronegativität ist die Fähigkeit eines Atoms, in einem Molekül Bindungs-Elektronen an sich zu ziehen), kommt es in Verbindungen ausschließlich als Fluorid in der formalen Oxidationsstufe – 1 vor; daher ist Fluor normalerweise einfach koordiniert. In manchen Verbindungen treten aber auch Fluorbrücken auf, in denen Fluor die Koordinationszahl 2 besitzt. Bindungen können sowohl weitgehend ionisch als auch kovalent sein. Der ionische Bindungsanteil in Fluoriden ist stets größer als der in entsprechenden Verbindungen mit anderen Halogenen. Dies bewirkt eine Bindungsverstärkung der kovalenten Bindungen. Wegen seiner geringen Größe und der hohen Ladungsdichte ist das Fluoridion in der Lage, die Elektronenhüllen seiner Bindungspartner beträchtlich zu deformieren, ohne selbst von anderen Elementen merklich polarisiert zu werden. Hierin ähnelt es dem Oxid- und Hydroxidion (1,40 Å), wie ein Vergleich der Elemente der 6. und 7. Hauptgruppe zeigt:

	F	Cl	Br	I	O	S	Se	Te
Kovalenzradius (Å)	0,71	0,99	1,14	1,33	0,66	1,03	1,17	1,37
Ionenradius (Å)	1,33	1,81	1,96	2,16	1,40	1,84	1,98	2,21

Dies bedingt große Ähnlichkeiten in den Strukturen ionischer Fluoride und Oxide. So kristallisieren zahlreiche Fluoride und Oxide im gleichen Gittertyp: z. B. NaF und MgO im NaCl-Gitter; CaF_2, SrF_2, BaF_2, CdF_2, ThO_2, CeO_2, HfO_2 im Fluoritgitter; MoF_3, TaF_3, NbF_3 sind isostrukturell mit ReO_3 etc. Die Ähnlichkeiten von Fluoriden und Hydroxiden zeigen auch Vergleiche der Bindungsenergien zahlreicher Fluoro- und Hydroxokomplexe [5].

Wegen seiner extremen Eigenschaften ist Fluor in der Lage – manchmal zusammen mit Sauerstoff als Oxidfluorid oder auch in Form von Komplexen – Elemente in Verbindungen in ihrer höchstmöglichen Oxidationsstufe zu stabilisieren.

Mit wenigen Ausnahmen reagiert Fluor praktisch mit allen anorganischen und organischen Substanzen meist spontan bei Raumtemperatur, häufig unter Feuer- und Explosionserscheinungen. Über Fluorverbindungen und ihre Eigenschaften wird im 2. und 3. Teil bei den einzelnen Elementen berichtet.

Fluor ist ein Reinelement, d. h. es kommt in der Natur nur als ^{19}F-Isotop vor. Daneben sind als instabile Isotope diejenigen mit den Massen 17, 18 und 20 künstlich herstellbar, von denen aber nur ^{18}F mit einer Halbwertszeit von 109,5 Minuten zum Studium von Fluoraustauschreaktionen genutzt wird.

Auf den menschlichen und tierischen Organismus wirkt Fluor giftig. Wegen seines intensiven Geruchs aber sind Fluorvergiftungen selten. Noch etwa 0,01 ppm Fluor werden wahrgenommen; dieser Wert liegt unterhalb des von der ACGIH (American Conference of Government Industrial Hygienists) empfohlenen Grenzwertes von 0,1 ppm [6]. Über längere Zeit eingeatmet sind jedoch auch diese Mengen nicht ungefährlich. Sie können starke Reizungen der Bronchien, Bronchialspasmus und Lungenödem bewirken. Auf der Haut entstehen neben schweren Verbrennungen, die durch die bei der Reaktion von Fluor mit der Haut und der Feuchtigkeit freiwerdende Wärme verursacht werden, außerdem noch sehr unangenehme Verätzungen durch den bei diesen Reaktionen gebildeten Fluorwasserstoff. (Behandlung von HF-Verletzungen [7].) Neben elementarem Fluor sind auch die meisten anorganischen und organischen Fluoride toxisch, und es ist erforderlich, vor dem Arbeiten mit fluorhaltigen Substanzen sich genauestens über deren Wirksamkeit zu informieren [8].

Literatur

a) Übersichtsartikel
T. A. O'Donnell in Comprehensive Inorganic Chemistry, Vol. 2, S. 1020, Pergamon Press – Oxford – New York – Toronto – Sydney – Paris – Braunschweig, 1973.
H. J. Emeléus: The Chemistry of Fluorine and Its Compounds, S. 1, Academic Press – New York – London, 1969.
M. Wechsberg in Ullmanns Encyklopädie der technischen Chemie, 4. Aufl. Bd. 11, S. 589, Verlag Chemie – Weinheim, 1976.

b) Spezielle Literatur
1. *J. Berkowitz* und *A. C. Wahl,* Adv. Fluorine Chem. **7,** 147 (1973).
2. *P. Politzer,* J. Amer. Chem. Soc. **91,** 6235 (1969); Inorg. Chem. **16,** 3350 (1977).
3. *G. L. Caldow* und *C. A. Coulson,* Trans. Faraday Soc. **58,** 633 (1962).
4. *R. S. Mulliken,* J. Amer. Chem. Soc. **77,** 884 (1955).
5. *A. A. Woolf,* J. Fluorine Chem. **11,** 307 (1978).
6. *H. Fielding* und *B. Lee,* Chem. in Britain **14,** 173 (1978).
7. *A. J. Fisher,* Adv. Fluorine Chem. **7,** 199 (1973).
8. *H. C. Hodge, F. A. Smith* und *P. S. Chen* in *J. H. Simons,* Fluorine Chemistry, Vol. 3 und 4, Academic Press – New York – London, 1963 und 1965; *H. C. Hodge* und *F. A. Smith,* J. Occupational Medicine **19,** 12 (1977); Merkblatt G 19, Berufsgenoss. Chemie, Heidelberg.

1.4. Handhabung von Fluor und Fluoriden [1 – 2]

Fluor ist zweifellos in die Klasse der gefährlichen Stoffe einzuordnen. Bei Berücksichtigung geeigneter Vorsichtsmaßnahmen aber können die Gefahren beim Umgang mit Fluor und den meisten Fluorverbindungen auf ein Mindestmaß gesenkt werden. Dabei sind auch behördliche Bestimmungen zu beachten [3]. Da Fluor toxisch und stark hautreizend wirkt, ist eine gut gedichtete Apparatur Voraussetzung für Fluorierungsreaktionen. Da es außerdem mit den meisten Materialien sehr leicht reagiert und korrodierend wirkt, ist die Wahl der richtigen Werkstoffe von großer Bedeutung. Welcher Werkstoff geeignet ist, hängt wiederum von den Reaktionsbedingungen ab.

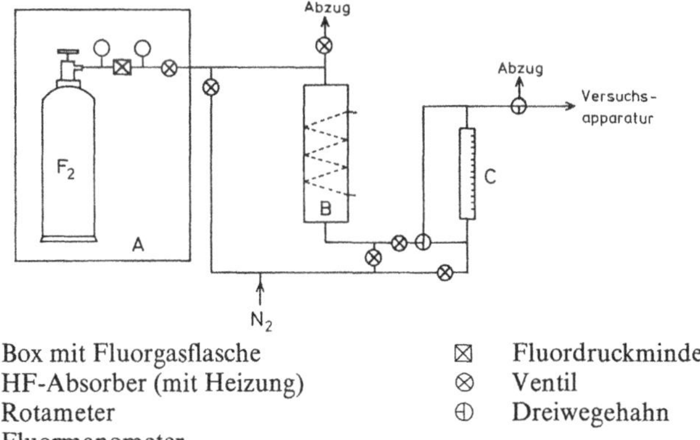

A	Box mit Fluorgasflasche	⊠	Fluordruckminderer
B	HF-Absorber (mit Heizung)	⊗	Ventil
C	Rotameter	⊕	Dreiwegehahn
○	Fluormanometer		

Abb. 1.4. – 1   Schematischer Aufbau einer Fluoranlage

Eine typische, für das Arbeiten mit elementarem Fluor im Laboratorium geeignete Anlage ist in Abb. 1.4. – 1 gezeigt. Die Fluordruckflasche ist in einer gesonderten, gut entlüftbaren Box aufgestellt. Fluor wird der Stahlflasche über zwei spezielle Druckminderer entnommen und durch einen HF-Absorber (NaF-Turm) zur Beseitigung noch vorhandenen Fluorwasserstoffs geleitet. Die Dosierung des Fluorgasstroms wird mit Hilfe eines Rotameters kontrolliert. Um die Korrosion des Meßrohres zu verringern, kann der Gasstrom über einen Dreiwegehahn bei Bedarf so geschaltet werden, daß nur zur Messung Fluor durch das Rotameter geleitet wird. Von dort gelangt das Fluorgas dann in die Versuchsapparatur. An die gesamte Anlage ist ein Inertgasleitungssystem (üblich ist Stickstoff oder Argon) so anzuschließen, daß jeder Teil der Fluoranlage fluorfrei gespült werden kann, und daß das zur Reaktion gelangende Fluor mit Inertgas verdünnt werden kann. Die gesamte Anlage ist in einem gut ziehenden Abzug unterzubringen. Es empfiehlt sich darüber hinaus, an einigen Stellen der Anlage – besonders unmittelbar vor der Versuchsapparatur – über einen Dreiwegehahn eine direkte Gasableitung einzubauen, um bei unvorhersehbaren Zwischenfällen den Fluorstrom in das Reaktionsgefäß schnell unterbrechen zu können. Als Material für die Rohrleitungen, Ventile und Hähne haben sich z. B. sorgfältig mit Fluor passiviertes Kupfer oder Monel bewährt.

Die Auswahl des Gefäßmaterials für die Versuchsapparatur hängt von den Reaktionsbedingungen und den Eigenschaften der zu handhabenden Fluorverbindungen ab. Nichtflüchtige binäre und komplexe Fluoride können in konventionellen Glasapparaturen gehandhabt werden, wenn die Temperatur nicht zu hoch ist, daß Glas angeätzt wird. Auch andere relativ inerte Fluoride können in Glas- oder besser Quarzgefäße gebracht werden, z. B. für physikalische Messungen, oder auch für Reaktionen in Lösung. Bei der Wahl der Lösungsmittel ist dabei zu bedenken, daß durch Reaktion mit Fluor kein HF entstehen darf.

In starker Verdünnung in einem inerten Lösungsmittel bei tiefer Temperatur können Fluorierungen mit elementarem Fluor auch in Glasgefäßen durchgeführt werden; in Quarzgefäßen kann auch bei höherer Temperatur fluoriert werden; es muß jedoch völlig wasser- und HF-frei gearbeitet werden. Hierzu sind die Reaktionsgefäße sorgfältig zu reinigen und zu trocknen, am besten durch Erhitzen im dynamischen Vakuum. Anwesenheit von Wasser würde Hydrolyse bewirken, bei der HF entsteht, der wiederum Glas unter SiF_4-Bildung angreift; dabei bildet sich erneut Wasser, und es beginnt eine „cyclische Hydrolyse":

$$n\ H_2O + MF_{2n} \rightarrow 2\ n\ HF + MO_n$$
$$4\ HF + SiO_2 \rightarrow 2\ H_2O + SiF_4\ .$$

Weiter ist zu beachten, daß alle mit den Substanzen in Berührung kommenden Teile absolut fettfrei sind. Schliffverbindungen können mit einem dünnen Film eines speziellen fluorresistenten Fettes (Polychlortrifluorethylen; Kel F), oder besser mit Polytetrafluorethylen-Manschetten (Teflon, Fluon etc.) abgedichtet werden. Diese und andere fluorhaltige Polymere eignen sich auch als Materialien für Reaktionsgefäße bei niedrigen Temperaturen, wobei es von den jeweiligen Reaktionsbedingungen abhängt, welches der Polymere eingesetzt werden kann. Bis etwa 200 °C ist Polytetrafluorethylen auch gegen oxidierende Fluoride weitgehend inert, hat aber den Nachteil, daß es nicht transparent und schwer zu bearbeiten ist. Polychlortrifluorethylen ist zwar transparent und präzise verarbeitbar, dafür aber schon bei tieferer Temperatur (ca. 100 °C) pyrolysierbar.

Universeller anwendbar, auch für Reaktionen bei höherem Druck und höherer Temperatur, sind einige Metalle, z. B. Kupfer oder Edelstahl, sowie besonders Nickel und seine Legierungen (z. B. Monel). Auch hier ist eine sorgfältige Passivierung der Anlage erforderlich, indem sie elementarem Fluor oder einem oxidierenden Fluorid bei den zu wählenden Reaktionsbedingungen ausgesetzt wird. Absolute Abwesenheit von Fett ist selbstverständlich Voraussetzung für sicheres Arbeiten.

Daneben sind noch einige weitere Materialien für spezielle Zwecke in Benutzung, wie z. B. Edelmetalle, Saphir, Flußspat, Sintertonerde.

Dieselben Bedingungen, die bei der Wahl des geeigneten Gefäßmaterials zu berücksichtigen sind, gelten auch für alle anderen Teile der Apparaturen: Zu- und Ableitungen, Dichtungen, Ventile, Manometer, Durchflußmesser, Rührer usw. Auch hierfür sind speziell entwickelte, sorgfältig gereinigte und passivierte, fluorresistente Geräte erforderlich.

Literatur

1. *M. Wechsberg* in Ullmanns Encyklopädie der technischen Chemie, Bd. 11, S. 593, Verlag Chemie – Weinheim, 1976.
2. *E. Weise* in *Winnacker-Küchler,* Chemische Technologie, Band 1, S. 326, Carl Hanser-Verlag, München, 1970.
3. Arbeitsstoffverordnung; Technische Regeln für gefährliche Arbeitsstoffe; beide herausgegeben von der Bundesanstalt für Arbeitsschutz und Unfallverhütung, Dortmund.

1.5. Fluorierungsmittel [1, 2]

Ausgangsstoff zur Darstellung von Fluoriden ist stets HF, der direkt oder in wäßriger Lösung als Flußsäure zu Fluorierungen eingesetzt wird, oder aus dem elementares Fluor oder andere Fluorierungsmittel hergestellt werden. Für viele anorganische Fluoride sind spezifische Darstellungsverfahren entwickelt worden; es lassen sich aber einige allgemeine Fluorierungsverfahren zusammenfassen.

Die einfachste Darstellungsmethode für binäre, nicht hydrolysierbare Fluoride (z. B. Alkali- und Erdalkalimetallfluoride, PbF_2, Hg_2F_2, AgF, SbF_3) ist die Reaktion von Oxiden, Hydroxiden oder Karbonaten mit einer wäßrigen HF-Lösung. In manchen Fällen werden dabei auch hydratisierte Salze gebildet (z. B. ZnF_2, CdF_2, NiF_2, CoF_2, FeF_3, CrF_3), die beim Erhitzen dehydratisiert werden können. Hydrolysierbare Fluoride müssen in flüssigem wasserfreiem HF oder auch mit gasförmigem HF aus den Elementhalogeniden in einer Halogenaustauschreaktion dargestellt werden (z. B. TiF_4, ZrF_4, SnF_4, VF_3, NbF_5, SbF_5).

Durch Direktfluorierung von Elementen, Oxiden, Halogeniden, Karbonaten etc. mit elementarem Fluor werden binäre Fluoride meist in höchsten Oxidationsstufen gewonnen, z. B. IF_7, SF_6, AsF_5, CoF_3, AgF_2. Welches Fluorid dabei entsteht, hängt sehr wesentlich von den Druck- und Temperaturbedingungen ab. So kann Fluor bei tiefer Temperatur in starker Verdünnung – mit Inertgas oder in einem inerten Lösungsmittel – auch als sehr mildes Fluorierungsmittel wirken, und es lassen sich dabei auch instabile Zwischenstufen erhalten, die sonst nur auf sehr umständlichem Weg oder gar nicht zugänglich sind. Als Beispiel sei die Fluorierung von Jod genannt: bei ca. 250 °C bildet sich IF_7, bei 20 °C IF_5; bei -40 °C in CCl_3F entsteht IF_3 [3]; bei noch tieferer Temperatur kann die Reaktion auf der Stufe IF [4] gestoppt werden. Wie schonend die Tieftemperaturfluorierung in starker Verdünnung verläuft, zeigt u. a. auch die Reaktion von CS_2 mit Fluor in Helium bei -120 °C, bei der ohne Spaltung der C–S-Bindungen SF_3–CF_2–SF_3 entsteht [5].

Als starke Fluorierungsmittel finden auch die Halogenfluoride, insbesondere ClF, ClF_3, BrF_3 und IF_5, Anwendung. Nachteil dabei ist, daß diese auch aus elementarem Fluor hergestellt werden müssen und daß als Beiprodukt bei Fluorierungsreaktionen freies Halogen gebildet wird. Vorteil ist, daß die Halogenfluoride im Laboratorium meist leichter zu handhaben sind als elementares Fluor. Weitere gebräuchliche Fluorierungsmittel sind NaF, KSO_2F, AgF, AgF_2, CoF_3, MnF_3, AsF_3, SbF_5, SF_4. In wasserfreiem HF ist XeF_2 ein mittelstarkes Oxidationsmittel, mit dem in großem Umfang oftmals selektiv und schrittweise F-haltige Verbindungen dargestellt werden können [6].

Breite Anwendung findet auch die Methode der Elektrofluorierung in der anorganischen und organischen Chemie. Als Lösungsmittel für die zu fluorierende Substanz dient wasserfreier HF, dem ggf. noch KF als Leitsalz zugegeben wird. Die Elektrolyse wird bei 20 °C oder tieferer Temperatur bei einer Spannung von weniger als 8 Volt durchgeführt, so daß an der Nickelanode noch keine F_2-Entwicklung eintritt. Dabei werden die gelösten Substanzen anodisch fluoriert, wobei die Art und Ausbeute der Fluorierungsprodukte wesentlich von den Reaktionsbedingungen beeinflußt werden. Über den Mechanismus herrscht noch Unklarheit. Die Anwendungsbreite sei durch folgende Beispiele demonstriert:

$$NH_3 \rightarrow NF_3, NH_2F, N_2F_2 \; ; \quad (NH_2)_2CO \rightarrow NF_3, COF_2 \; ;$$
$$H_2S \rightarrow SF_6 \; ; \qquad\qquad\qquad\qquad CS_2 \rightarrow CF_3SF_5, SF_6 \; .$$

Literatur

1. *W. Kwasnik* in *G. Brauer*, Handbuch der Präparativen Anorganischen Chemie, 1. Band, S. 159, F. Enke-Verlag – Stuttgart, 1975.
2. *H. J. Emeléus* in *J. H. Simons*, Fluorine Chemistry, Vol. 1, S. 7, Academic Press – New York, 1950.
3. *M. Schmeißer, W. Ludovici, D. Naumann, P. Sartori* und *E. Scharf*, Chem. Ber. **101**, 4214 (1968).
4. *M. Schmeißer, P. Sartori* und *D. Naumann*, Chem. Ber. **103**, 880 (1970).
5. *L. A. Shimp* und *R. J. Lagow*, Inorg. Chem. **16**, 2974 (1977).
6. *R. C. Burns, I. D. MacLeod, T. A. O'Donnell, T. E. Peel, K. A. Phillips* und *A. B. Waugh*, J. inorg. nucl. Chem. **39**, 1737 (1977).

1.6. Analytische Bestimmung von Fluor und Fluoriden

So wie Fluor und seinen Verbindungen eine Sonderstellung gegenüber den anderen Elementen eingeräumt werden muß, ist auch die analytische Bestimmung von Fluor nur wenig mit der anderer Elemente vergleichbar. Es sind viele Analysenverfahren bekannt geworden, die oftmals speziell für bestimmte Verbindungsklassen in einzelnen Arbeitskreisen empirisch entwickelt wurden. Einige allgemeine Aspekte sollen hier angesprochen werden.

Elementares Fluor kann quantitativ erfaßt werden, indem das fluorhaltige Gas durch eine Lösung eines Alkalimetallchlorids, -bromids oder -jodids geleitet wird und das dabei freigesetzte Halogen volumetrisch oder mittels Redoxtitration bestimmt wird. Eine andere Methode ist, ein bekanntes Gasvolumen in einer Metallfalle mit Quecksilber zu schütteln; Fluor wird quantitativ als Quecksilberfluorid gebunden, die Gasvolumenabnahme gibt direkt den Fluorgehalt an.

Bei der quantitativen Bestimmung von *Fluorid* stören viele Kationen und Anionen. Daher ist oftmals vor der Analyse ein Trennprozeß erforderlich. Das wichtigste und auch gebräuchlichste Trennverfahren ist die Willard-Winter-Destillation [1] mit ihren zahlreichen Modifikationen. Dabei wird das Fluorid mit konz. Schwefelsäure oder Perchlorsäure in Gegenwart von SiO_2 aufgeschlossen und einer Wasserdampfdestillation unterworfen. Das nach den Reaktionen

$$MF_n + n\,HX \rightarrow MX_n + n\,HF$$
$$SiO_2 + 4\,HF \rightarrow SiF_4 + 2\,H_2O$$
$$3\,SiF_4 + 3\,H_2O \rightarrow 2\,H_2SiF_6 + H_2SiO_3$$

gebildete H_2SiF_6 destilliert in eine Vorlage und kann quantitativ bestimmt werden. Bewährt hat sich ebenfalls die Pyrohydrolyse, bei der das Fluorid in einem Platin- oder Nickelreaktor bei $700 - 1200\,°C$ mit überhitztem Wasserdampf umgesetzt wird. Dabei gebildeter HF-Dampf wird als Flußsäure kondensiert und analysiert. Für die Bestimmung von Fluoriden in Lösung eignen sich mehrere gravimetrische und maßanalytische Verfahren. Für gravimetrische Bestimmungen eignen sich die Fällungen als CaF_2 oder PbClF (im Überschuß von Blei- und Chloridionen). Die maßanalytischen Verfahren basieren auf nichtstöchiometrischen Reaktionen mit hauptsächlich Thorium- oder Zirkonnitrat. Die Titer müssen mit einer bekannten Fluoridlösung eingestellt werden. Als Indikatoren dienen Alizarinrot S, Xylenolorange, Purpurin u. ä., die mit dem überschüssigen Metallion einen Komplex bilden, sobald das gesamte Fluorid komplex gebunden ist. Da die Reaktion stark pH-abhängig ist, muß die Lösung gepuffert werden. Jedoch ist der Endpunkt nicht eindeutig definierbar; es empfiehlt sich daher die Aufstellung einer individuellen Eichkurve.

Zur reproduzierbaren Endpunktserkennung hat sich die spektrophotometrische Bestimmung bewährt, wobei auf konstante Wellenlänge eingestellt und die Titrationskurve mit einem angeschlossenen Schreiber registriert wird. Eine bewährte Arbeitsvorschrift für Lösungen, die frei von Störionen sind, sei kurz beschrieben: Die alkalische Probelösung, die 2 – 30 mg Fluorid enthalten soll, wird mit 0,05%iger ethanolischer Alizarin S-Lösung versetzt, mit 20%iger $HClO_4$ bis zitronengelb titriert; anschließend werden 5 ml Pufferlösung (13,7 g Glycerin, 12 g $NaClO_4$ und 22 g 1 N $HClO_4$ auf 200 ml H_2O) und 20 ml 0,7%ige Stärkelösung zugegeben und mit Thoriumnitratlösung (Eichkurve mit NaF) photometrisch (Filter: Hg 546 nm) titriert.

Auch einige elektrochemische Methoden eignen sich zur Fluoridbestimmung. Im pH-Bereich zwischen 4 und 8,5 kann die Fluoridelektrode eingesetzt werden. Diese besitzt als Membran einen Lanthanfluoridkristall, der mit Europium(II)-Verbindungen gedopt ist [2]. Da Hydroxidionen und einige Metallkationen stören, muß deren Konzentration möglichst klein gehalten werden. Dies ist das einfachste und schnellste Analysenverfahren und hat sich besonders für Serienmessungen, auch für kleinste Konzentrationen bis herab zu 10^{-5} Mol, bewährt. Für stärker saure Lösungen kann auch ein polarographisches Verfahren benutzt werden [3]. Darüber hinaus sind noch zahlreiche andere Methoden beschrieben worden, wie z. B. amperometrische, radiochemische etc.

Literatur

a) Übersichtsartikel
C. A. Horton in *I. M. Kolthoff* und *P. J. Elving,* Treatise on Analytical Chemistry, Part II, Vol. 7, S. 207 – 334, Interscience – 1961.
N. S. Nikolaev, S. N. Suvorova, E. I. Gurovich, I. Peha und *E. K. Korchemnaya,* Analytical Chemistry of Fluorine, J. Wiley & Sons – New York, 1972.
T. A. O'Donnell in Comprehensive Inorganic Chemistry, Vol. 2, S. 1032, Pergamon Press – Oxford – New York – Toronto – Sydney – Paris – Braunschweig, 1973.

b) Spezielle Literatur
1. *H. H. Willard* und *O. B. Winter,* Ind. Engng. Chem. analyt. Edn. **5**, 7 (1933).
2. *M. S. Frant* und *J. W. Ross jr.,* Science **154**, 1553 (1966).
3. *A. M. Bond* und *T. A. O'Donnell,* Anal. Chem. **40**, 1405 (1968).

ZWEITER TEIL

Fluoride der Hauptgruppenelemente

2.1. Fluorwasserstoff

Wasserfreier Fluorwasserstoff HF (Fp. $-83,36\,°C$; Kp. $19,51\,°C$) entsteht durch Einwirkung von konz. H_2SO_4 auf CaF_2 und ist Hauptausgangsmaterial für Fluorverbindungen. Bei der Herstellung fällt HF normalerweise in 99,5% Reinheit an; als Verunreinigungen sind hauptsächlich SiF_4, H_2SO_4, SO_2 und H_2O enthalten. Eine weitere Reinigung kann durch fraktionierte Destillation erfolgen. HF greift Glas schnell an, läßt sich aber in Apparaturen aus fluorresistentem Material gut handhaben. Die spezifische Leitfähigkeit von reinem HF beträgt bei $0\,°C$ $1,6 \cdot 10^{-6}$ Ohm^{-1} cm^{-1}, wird aber durch Verunreinigungen stark erhöht; geringe Wassermengen von 0,0002% bewirken schon eine Erhöhung um 1 Zehnerpotenz auf $1,4 \cdot 10^{-5}$ Ohm^{-1} cm^{-1}. Die hohe Dielektrizitätskonstante von 83,6 bei $0\,°C$ ist charakteristisch für Flüssigkeiten mit Wasserstoffbrückenbindungen. HF bildet in allen Aggregatzuständen zweidimensionale Polymere. Oberhalb des Siedepunktes liegt HF in einem druck- und temperaturabhängigen Gleichgewicht zwischen monomerem HF und hexamerem (HF)$_6$ mit gewellter Ringstruktur und unsymmetrischen H-Brücken vor [1].

d (FF) 2,53 Å; d (F . . . H) 1,61 Å;
Winkel (HFH) 104°.

Im kristallinen Zustand sind HF-Moleküle zu Zick-Zack-Ketten mit ebenfalls linearen, unsymmetrischen H-Brücken assoziiert.

d (FF) 2,49 Å; d (F . . . H) 1,57 Å
Winkel (HFH) 120,1°.

Der kovalente Bindungsabstand beträgt jeweils 0,92 Å. Über die Assoziation im flüssigen Zustand herrscht noch Unklarheit; wahrscheinlich treten Übergangszustände zwischen dem Hexameren und den polymeren Ketten auf.

HF ist nach Wasser eines der vielseitigsten Lösungsmittel für anorganische und organische Verbindungen. In flüssigem HF liegt ein Eigendissoziationsgleichgewicht vor:

$$3\,HF \rightleftharpoons H_2F^+ + HF_2^-.$$

So existieren auch zahlreiche saure Salze mit dem HF_2^--Anion; im KHF_2 z. B. tritt eine der stärksten H-Brückenbindungen auf. Das HF_2^--Anion ist hierin linear und symmetrisch gebaut ($[F-H-F]^-$: d (HF) 1,13 Å; d (FF) 2,26 Å). Mit weiterem HF werden höhere Solvate, z. B. KH_2F_3, KH_3F_4, gebildet, von denen die Kristallstruktur des KH_2F_3 bestimmt werden konnte [2]. Danach ist das $H_2F_3^-$-Anion unsymmetrisch und gewinkelt gebaut mit einem F–F-Abstand von 2,33 Å und einem Winkel (HFH) von 135°.

Die Bildung der sehr stabilen assoziierten Anionen ist mit ein Grund für die extrem hohe Acidität des HF. Die Gleichgewichtskonstanten betragen

$$K_1 = \frac{[H^+][F^-]}{[HF]} = 6,46 \cdot 10^{-4}\ mol \cdot l^{-1} \quad und \quad K_2 = \frac{[HF_2^-]}{[HF][F^-]} = 5\ bis\ 25$$

$mol \cdot l^{-1}$. Die Acidität kann noch erhöht werden durch Zugabe von starken Fluoridionenakzeptoren. So ist ein Gemisch aus HF, SbF_5 und SO_3 als „Supersäure" bekannt [3]. Infolge Bildung der sehr stabilen $[SbF_6]^-$-Anionen wird die $[F^-]$ herabgesetzt und die $[H^+]$ steigt. Diese Säure ist hervorragend geeignet zur Protonisierung anorganischer und organischer Systeme.

In verdünnter wäßriger Lösung dagegen ist HF nur eine schwache Säure, da die hohe Bindungsenergie von HF (574 kJ/mol) nur eine schwache Dissoziation ermöglicht. Mit steigender HF-Konzentration in H_2O nimmt auch die Acidität zu. HF ist sehr hygroskopisch und in allen Verhältnissen mit Wasser mischbar; aus wäßrigen Lösungen entsprechender Konzentration lassen sich bei tiefer Temperatur die Hydrate $4\,HF \cdot H_2O$; $2\,HF \cdot H_2O$ und $HF \cdot H_2O$ ausscheiden.

Die hohe Dielektrizitätskonstante von wasserfreiem HF ist Ursache für die gute Löslichkeit ionischer Fluoride, selbst mit hohen Gitterenergien. Einige Löslichkeitswerte sind in Tab. 2.1. – 1 angegeben [4]. Die Fluoride wirken dabei als Lewis-Basen (Fluoridionendonatoren). Binäre Fluoride, z. B. Alkalimetallfluoride, lösen sich gemäß $MF + HF \rightleftharpoons M^+ + HF_2^-$. Bei den ionischen Fluoriden nimmt die Löslichkeit mit steigender Oxidations-

Tab. 2.1. – 1 Löslichkeiten einiger Fluoride in flüssigem HF [a])

LiF	10,3	BeF_2	0,015	AgF	83,2 (19 °C)	AlF_3	< 0,002
NaF	30,4	MgF_2	0,025	AgF_2	0,048	FeF_3	0,081
KF	36,5 (8 °C)	CaF_2	0,87	TlF	580,0	SbF_3	0,536
RbF	110,0 (20 °C)	SrF_2	14,83	PbF_2	2,62	CeF_4	0,10
CsF	199,0 (10 °C)	BaF_2	5,60	HgF_2	0,54	ThF_4	< 0,006

[a]) aus Lit. [4] in g/100 g HF; bei 12 °C; abweichende Temperatur in Klammern.

stufe des Metalls ab. So sind Monofluoride besser löslich als Difluoride, diese wiederum besser löslich als Trifluoride. Auch XeF_6 löst sich sehr gut in HF (212 g/100 g HF). Es ist daher als Monofluorid gemäß $XeF_5^+F^-$ einzuordnen. Die Halogentrifluoride und SF_4 sind in HF ebenfalls Lewis-Basen:

$$XF_3 + HF \rightleftharpoons XF_2^+ + HF_2^-$$
$$SF_4 + HF \rightleftharpoons SF_3^+ + HF_2^-.$$

Viele weitgehend kovalente Elementfluoride sind sehr gut löslich. So wirken einige Pentafluoride als Lewis-Säuren (Fluoridionenakzeptoren) unter Ausbildung der stabilen Sechserkoordination, wie durch Leitfähigkeitserhöhung festgestellt wurde:

$$AF_5 + 2\,HF \rightleftharpoons H_2F^+ + AF_6^- \quad (z.\,B.\ A = P,\ As,\ Sb,\ Nb,\ Ta).$$

Auch BF_3 und einige Tetrafluoride wurden untersucht und können als schwache Lewis-Säuren eingestuft werden. Amphotere Eigenschaften zeigen CrF_3, SbF_3, AlF_3 und BeF_2 [5].

Einen weiteren Hinweis für diese Ionisierungsgleichgewichte geben die Neutralisationsreaktionen, z. B.

$$[BrF_2]^+[HF_2]^- + [H_2F]^+[SbF_6]^- \rightarrow [BrF_2]^+[SbF_6]^- + 3\,HF.$$

Dagegen sind einige andere Elementfluoride in HF ohne Dissoziation molekular gelöst, z. B. XeF_2, XeF_4, VF_5, UF_6, OsF_6, SF_6, ReF_7.

Auch Solvolysereaktionen in HF sind untersucht worden. So reagieren Nitrate und Salpetersäure gemäß: $HNO_3 + 4\,HF \rightarrow NO_2^+ + H_3O^+ + 2\,HF_2^-$. K_2SO_4 bildet bei 0 °C undissoziierte Schwefelsäure:

$$K_2SO_4 + 4\,HF \rightarrow 2\,K^+ + 2\,HF_2^- + H_2SO_4,$$

bei höherer Temperatur entsteht Fluorsulfonsäure:

$$K_2SO_4 + 5\,HF \rightarrow 2\,K^+ + SO_3F^- + H_3O^+ + 2\,HF_2^-.$$

Auch bei Phosphaten tritt Solvolyse ein; dabei bilden sich sukzessive H_2PO_3F, HPO_2F_2 und H_3OPF_6. In ähnlicher Weise reagieren auch andere Oxoverbindungen; so entsteht aus Permanganat MnO_3F, aus Chromat CrO_2F_2 etc.

Über Redox-Reaktionen in HF sind bisher nur wenige Daten bekannt. Die meisten Untersuchungen lassen nur qualitative Aussagen zu. Aus den Umsetzungen einiger Nichtmetallfluoride mit einigen Übergangsmetallfluoriden lassen sich Reihen abnehmender Reaktivität ableiten. So nimmt das Reduktionspotential ab von $PF_3 > AsF_3 > SbF_3 \simeq ScF_4 > SF_4$; das Oxidationspotential nimmt ab in der Reihe $VF_5 \simeq CrF_5 > UF_6 > MoF_6 > ReF_6 > WF_6 > TaF_5 \simeq NbF_5$ [6]. Die bisher bestimmten Reduktionspotentiale [7], die in Tab. 2.1. – 2 zusammen mit den Werten in wäßriger Lösung aufgeführt sind, lassen den Schluß zu, daß sich eine vergleichbare Spannungsreihe aufstellen läßt.

Tab. 2.1. – 2   Reduktionspotentiale in HF [a]

F_2/F^-	+2,71 (+2,87) Volt
Ag^{++}/Ag^+	+2,27 (+1,96)
Tl^{3+}/Tl^+	+1,45 (+1,25)
Ag^+/Ag	+0,88 (+0,80)
Hg_2^{2+}/Hg	+0,80 (+0,79)
Fe^{3+}/Fe^{2+}	+0,58 (+0,77)
Cu^{2+}/Cu^+	+0,52 (+0,34)
H^+/H_2	0,00 (0,00)
Pb^{2+}/Pb	−0,26 (−0,12)
Cd^{2+}/Cd	−0,29 (−0,41)

[a]) nach Lit. [7]; Angaben in ( ) in H_2O

Literatur

a) Übersichtsartikel
T. C. Waddington, The Halogen Hydrides in MTP International Review of Science, Inorganic Chemistry, Series One, Vol. 3, S. 85, Butterworths-London, University Park Press – Baltimore, 1972.
T. A. O'Donnell, J. Fluorine Chem. **11**, 467 (1978).

b) Spezielle Literatur
1. *J. Janzen* und *L. S. Bartell,* J. Chem. Phys. **50**, 3611 (1969).
2. *J. D. Forrester, M. E. Senko, A. Zalkin* und *D. H. Templeton,* Acta Cryst. **16**, 58 (1963).
3. *G. A. Olah* und *R. H. Schlosberg,* J. Amer. Chem. Soc. **90**, 2726 (1968).
4. *A. W. Jache* und *G. H. Cady,* J. Phys. Chem. **56**, 1106 (1952).
5. *A. F. Clifford, H. C. Beachall* und *W. M. Jack,* J. inorg. nucl. Chem. **5**, 57 (1957).
6. *T. A. O'Donnell* in Comprehensive Inorganic Chemistry, Vol. 1, S. 1053, 1082, Pergamon Press, 1973.
7. *A. Clifford, W. D. Pardieck* und *M. W. Wadley,* J. Phys. Chem. **70**, 3241 (1966).

2.2. Halogenfluoride

Von Chlor, Brom und Jod sind die Monofluoride XF, die Trifluoride XF_3 und die Pentafluoride XF_5 bekannt. Das einzige neutrale, binäre Heptafluorid ist IF_7, während die Fluoride von Chlor(VII) und Brom(VII) nur in Form der Kationen $[XF_6]^+$ existieren. Daneben gibt es noch zahlreiche Halogenoxidfluoride sowie Derivate der genannten Verbindungen.

Darstellungen der Halogenfluoride

Chlormonofluorid ClF (Fp. − 156 °C; Kp. − 100 °C) entsteht, wenn Chlor und Fluor bei 220 – 250 °C in einem Monelreaktor über aktivierte

18

Kupferspäne geleitet werden. Wird die Reaktionstemperatur auf 300 °C erhöht, bildet sich *Chlortrifluorid ClF₃* (Fp. − 76 °C; Kp. + 12 °C). *Chlorpentafluorid ClF₅* (Fp. ca. − 196 °C; Kp. ca. − 100 °C) wird am besten aus ClF₃ und Fluor in einem Autoklaven bei 350 °C und 250 bar hergestellt [1]. Alle Chlorfluoride sind farblose Gase.

Die Bromfluoride werden ebenfalls direkt aus den Elementen gebildet. Bei tiefer Temperatur in einem inerten Lösungsmittel entsteht das orangefarbene *Brommonofluorid BrF* (Fp. − 33 °C; Kp. ca. + 20 °C), das aber nicht rein isolierbar ist, sondern stets mit BrF_3 und Brom im Gleichgewicht steht [2]. *Bromtrifluorid BrF₃* (Fp. + 9 °C; Kp. + 126 °C) entsteht bei 20 °C als farblose Flüssigkeit, und bei etwa 200 °C wird *Brompentafluorid BrF₅* (Fp. − 61 °C; Kp. + 41 °C) gebildet, das als farblose Flüssigkeit kondensiert.

Von den Jodfluoriden sind *Jodmonofluorid IF* (Zers. − 14 °C) und *Jodtrifluorid IF₃* (Zers. − 28 °C) thermisch nicht stabil; sie werden aus den Elementen bei − 40 °C in einem inerten Lösungsmittel als hellgelbe bis farblose Festkörper erhalten; IF entsteht auch bei der Komproportionierung von IF_3 und Jod [3]. *Jodpentafluorid IF₅* (Fp. + 9 °C; Kp. + 98 °C) wird bei der Fluorierung von Jod bei Raumtemperatur als farblose Flüssigkeit gebildet. *Jodheptafluorid IF₇* (Subl. + 5 °C) entsteht aus den Elementen bei 250 − 270 °C.

Molekülstrukturen

In fester und flüssiger Phase liegen die Halogenfluoride meist in assoziiertem Zustand über Fluorbrücken gebunden vor. Die experimentell bestimmten Molekülstrukturen stehen im Einklang mit den nach dem Valenzelektronenpaar-Abstoßungs-Modell [4] zu erwartenden Strukturen. Alle Halogentrifluoride XF_3 sind T-förmig (ψ-trigonale Bipyramide) gebaut, die Halogenpentafluoride XF_5 haben quadratisch-pyramidale Anordnung der Atome (ψ-Oktaeder), und IF_7 bildet eine pentagonale Bipyramide. Die beobachteten Abweichungen von den idealen Bindungswinkeln werden durch die nichtbindenden Valenzelektronenpaare verursacht. Die Molekülstrukturen sind in Abb. 2.2. − 1 und die Molekülparameter zusammen mit den mittleren Bindungsenergien in Tab. 2.2. − 1 angegeben.

Bei den Halogen-Fluor-Bindungen werden sicherlich auch die d-Orbitale des Zentralatoms mit beteiligt. Dies bedingt eine Promotion der s- und p-Elektronen auf d-Niveau. Die Promotionsenergie (p → d) nimmt vom Chlor zum Jod hin ab; dadurch erklärt sich, daß die thermodynamische Stabilität in der Reihe $ClF_5 < BrF_5 < IF_5$ zunimmt, und daß nur von Jod ein Heptafluorid existiert. Unter der Annahme einer vollständigen Hybridisierung der Valenzorbitale lassen sich die Molekülstrukturen ebenfalls erklären.

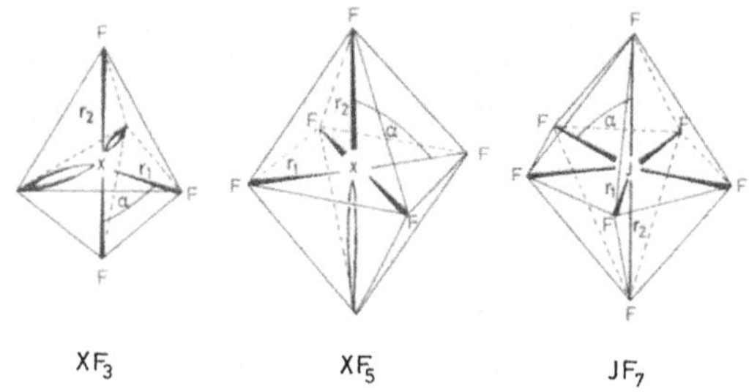

Abb. 2.2. – 1   Molekülstrukturen der Halogenfluoride

Tab. 2.2. – 1   Molekülparameter der Halogenfluoride

XF_n	r_1 [Å]	r_2 [Å]	α	Mittl. Bindungs-energie bei 25 °C [kJ/mol]
ClF	1,628			252,3
ClF_3	1,598	1,698	87,5°	174,3
ClF_5	1,72	1,62		154,2
BrF	1,756			248,4
BrF_3	1,721	1,81	86,2°	201,5
BrF_5	1,774	1,689	84,8°	186,8
IF	1,908			276,7
IF_3				276 [a]
IF_5	1,869	1,844	81,9°	268,4
IF_7	1,858	1,786		231,6

[a] geschätzt

Stabilität der Halogenfluoride

Zieht man in einer Tabelle der Halogenfluoride eine Diagonale von ClF zu IF_5,

ClF	BrF	IF
ClF_3	BrF_3	IF_3
ClF_5	BrF_5	IF_5
		IF_7

so stehen unter Berücksichtigung und gegenseitiger Abwägung aller bekannten Daten – Elektronegativitätsdifferenz, Bindungsenergie, kinetischer Zerfall u. a. – die jeweils stabilsten Halogenfluoride jeder Gruppe auf dieser Geraden. Die Verbindungen oberhalb der Diagonalen zerfallen bei Raumtemperatur gemäß:

$$3\,BrF \rightleftharpoons Br_2 + BrF_3$$
$$5\,IF \rightarrow 2\,I_2 + IF_5$$
$$10\,IF_3 \rightarrow (5\,IF + 5\,IF_5) \rightarrow 2\,I_2 + 6\,IF_5\,.$$

Die Verbindungen unterhalb der Diagonalen zerfallen erst bei höherer Temperatur unter Ausbildung folgender Gleichgewichte:

$$ClF_3 \rightleftharpoons ClF + F_2$$
$$ClF_5 \rightleftharpoons ClF_3 + F_2 \qquad BrF_5 \rightleftharpoons BrF_3 + F_2 \quad IF_7 \rightleftharpoons IF_5 + F_2\,.$$

Sie sind also starke Fluorierungsmittel.

Alle Halogenfluoride sind hochreaktive Verbindungen. Wegen ihrer hohen Reaktivität und aufgrund der oben formulierten Zersetzungsgleichgewichte sind sie nur schwer in absoluter Reinheit zu erhalten bzw. in absolut reiner Form zu handhaben. Die Reaktionsfähigkeit wird durch Spuren von Verunreinigungen, meist HF, erhöht, und viele Reaktionen verlaufen erst bei Anwesenheit von Spuren von HF befriedigend schnell.

Fluorierungsreaktionen

Alle Halogenfluoride sind kräftige Fluorierungsmittel (vgl. Kap. 1.5.), wobei die Reaktivität in der Reihe $ClF_3 > BrF_5 > IF_7 > ClF > BrF_3 > IF_5 > BrF > IF_3 > IF$ abnimmt. Eine Einordnung des ClF_5 ist schwierig; aus systematischen Überlegungen müßte es noch vor ClF_3 eingeordnet werden. Seine Reaktivität scheint aber etwas geringer zu sein als die des ClF. Die meisten Anwendungen finden ClF, ClF_3 und BrF_3. Sie reagieren mit den meisten Elementen und Verbindungen, oftmals schon bei Raumtemperatur, sehr heftig. Oxide, Oxosalze, Halogenide u. a. werden in die entsprechenden Fluorverbindungen umgewandelt. Einige Beispiele sind in den nachstehenden (stöchiometrisch unvollständigen) Reaktionen aufgeführt:

$$Sb_2O_3 + BrF_3 \rightarrow [BrF_2][SbF_6] + Br_2 + O_2$$
$$Ag + Au + BrF_3 \rightarrow Ag[BrF_4] + [BrF_2][AuF_4] \rightarrow Ag[AuF_4] + BrF_3$$
$$MReO_4 + BrF_3 \rightarrow M[ReO_2F_4] + Br_2 + O_2\,.$$

Auch z. B. Quarz wird von Halogenfluoriden angegriffen:

$$SiO_2 + BrF_3 \rightarrow SiF_4 + Br_2 + O_2\,.$$

Höchstwahrscheinlich wird diese Reaktion durch Spuren von HF initiiert; denn sehr reine Proben der Halogenfluoride reagieren wesentlich langsamer.

Reaktionen von Halogenmonofluoriden

Chlormonofluorid addiert leicht an Mehrfachbindungen (z. B. $C=C$, $N=S$, $S=O$, $C=O$):

$$ClF + \underset{/}{\overset{\backslash}{C}} = \underset{\backslash}{\overset{/}{C}} \rightarrow Cl - \overset{|}{\underset{|}{C}} - \overset{|}{\underset{|}{C}} - F$$

$$2\,ClF + N\equiv SF_3 \rightarrow Cl_2NSF_5$$

$$ClF + SO_3 \rightarrow ClOSO_2F$$

$$ClF + OCF_2 \overset{(CsF)}{\rightarrow} CF_3OCl.$$

Auch die BrF- und IF-Addition an $C=C$-Doppelbindungen ist bekannt; in diesen Fällen werden die Halogenmonofluoride aber durch andere Systeme, z. B. $Br_2 + AgF$ oder $I_2 + AgF$ oder $2\,I_2 + IF_5$ ersetzt. Hierbei addiert primär das Halogenmolekül an die Doppelbindung, und in einer Folgereaktion erfolgt Fluorierung, bei der eines der beiden Halogene gegen Fluor ausgetauscht wird [5].

Weitere typische Reaktionen sind die oxidative Chlorfluorierung (z. B. $SF_4 + ClF \overset{(CsF)}{\longrightarrow} SF_5Cl$) und die HF-Eliminierungsreaktion (z. B. $HONO_2 + ClF \rightarrow HF + ClONO_2$ [6]; $H_2O + 2\,ClF \rightarrow 2\,HF + Cl_2O$).

Reaktionen von Halogentrifluoriden und Halogenpentafluoriden

Die höheren Chlorfluoride ClF_3 und ClF_5 sind starke Oxidations- und Fluorierungsmittel. Nur von noch stärkeren Oxidationsmitteln wie XeO_3F_2, KrF_2 oder PtF_6 werden sie oxidiert. So entsteht bei den Reaktionen mit XeO_3F_2 in beiden Fällen $FClO_3$. ClF_3 wird von KrF_2 zu ClF_5 oxidiert, und PtF_6 oxidiert ClF_5 zu $[ClF_6]^+$. Bei der Hydrolyse von ClF_5 entsteht $FClO_2$; bei der Hydrolyse von ClF_3 tritt Disproportionierung des Chlors ein [7]:

$$2\,ClF_3 + 2\,H_2O \rightarrow FClO_2 + ClF + 4\,HF.$$

Dabei wird intermediär das instabile FClO nachgewiesen. Perfluorierte Alkohole und COF_2 werden von ClF_3 in die Peroxide umgewandelt, z. B.:

$$2\,(CF_3)_3COH + ClF_3 \longrightarrow (CF_3)_3COOC(CF_3)_3 + 2\,HF + ClF$$

$$2\,COF_2 + ClF_3 \overset{(CsF)}{\longrightarrow} CF_3OOCF_3 + ClF.$$

BrF_5 ist gegen starke Oxidationsmittel relativ inert und kann daher als Lösungsmittel für Reaktionen von z. B. PtF_6 benutzt werden. Da die Reaktivität der Halogenfluoride von Chlor zu Jod hin abnimmt, gibt es von den Jodfluoriden auch noch andere Reaktionen, z. B. die Fluoraustauschreaktionen [8]:

$$IF_3 + 3\,(CF_3CO)_2O \rightarrow I(OCOCF_3)_3 + 3\,CF_3COF$$

$$IF_5 + (CH_3)_3SiOCH_3 \rightarrow F_4I(OCH_3) + (CH_3)_3SiF.$$

Fluoridionen-Donator-Akzeptor-Wechselwirkung (Säure-Base-Eigenschaften)

In flüssiger Phase besitzen einige Halogenfluoride eine elektrische Leitfähigkeit, die auf eine Eigendissoziation gemäß $2\,XF_n \rightleftharpoons [XF_{n-1}]^+ + [XF_{n+1}]^-$ schließen läßt. Da in flüssigem Zustand die Halogenfluoride meist assoziiert vorliegen, ist zur Dissoziation nur eine geringe Verschiebung der Brücken-Fluoratome erforderlich, z. B.:

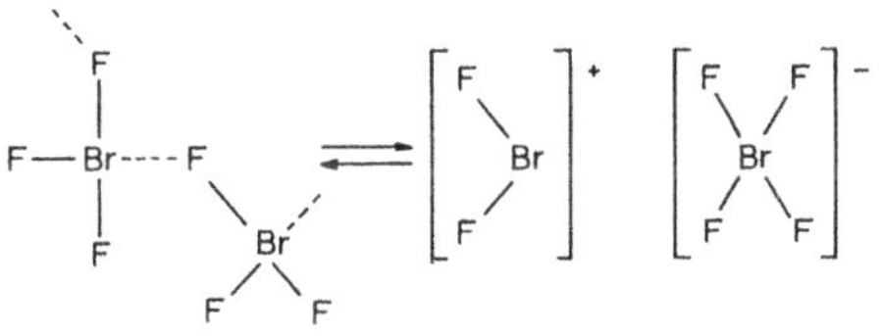

Die Werte für die spezifische Leitfähigkeit betragen z. B. bei 25 °C für BrF_3 8×10^{-3}, für BrF_5 9×10^{-8} und für IF_5 $5{,}4 \times 10^{-8}$ Ohm^{-1} cm^{-1}. Hierdurch bedingt sind auch die sehr guten Lösungsmitteleigenschaften der drei genannten Verbindungen.

In diesem Gleichgewicht ist $[XF_{n-1}]^+$ die Säure und $[XF_{n+1}]^-$ die Base. Durch Reaktionen mit geeigneten Fluoridionenakzeptoren (Lewis-Säuren wie z. B. SbF_5, AsF_5, BF_3) bzw. Fluoridionendonatoren (Lewis-Basen wie z. B. Alkalimetallfluoride) werden von fast allen Halogenfluoriden salzartige Verbindungen mit den jeweiligen komplexen Interhalogenionen gebildet.

Die *kationischen Verbindungen* entstehen durch direkte Reaktion des Halogenfluorids mit dem Fluoridionenakzeptor in Form kristalliner Verbindungen, in denen Kation und Anion über Fluorbrücken koordinativ verknüpft sind; z. B.:

$$BrF_3 + SbF_5 \rightarrow [BrF_2][SbF_6]$$
$$IF_5 + SbF_5 \rightarrow [IF_4][SbF_6]$$
$$IF_7 + AsF_5 \rightarrow [IF_6][AsF_6].$$

In Abweichung von dem allgemeinen Dissoziationsgleichgewicht bildet ClF bei den Reaktionen mit Lewis-Säuren kein Cl^+, da dies mit einer Valenzelektronenkonfiguration s^2p^4 nicht stabil sein kann. Es liegt vielmehr mit ClF assoziiert in Form des unsymmetrischen, gewinkelt gebauten $[Cl_2F]^+$-Kations $[Cl\diagup^{Cl}\diagdown F]^+$ vor. In Lösung ist dies selbst bei -78 °C nicht stabil, es disproportioniert in SbF_5/HF-Lösung vollständig:

$$2\,[Cl_2F]^+ \rightarrow [ClF_2]^+ + Cl_3^+.$$

Von BrF und IF sind bisher basische Eigenschaften nicht entdeckt worden.

Tab. 2.2. – 2   Strukturdaten von $[XF_2]^+$-Verbindungen

Verbindung	r_1 [Å]	r_2 [Å]	α	R[a] [Å]
$[ClF_2][AsF_6]$ [b]	1,54	2,34	103,2°	1,598
$[ClF_2][SbF_6]$ [c]	1,58	2,33 2,43	95,9°	1,598
$[BrF_2][SbF_6]$ [d]	1,69	2,29	93,5°	1,721

[a]) kürzester X – F-Abstand in XF_3
[b]) Lit. [9]; [c]) Lit. [10]; [d]) Lit. [11]

Mit den Kationen $[XF_2]^+$ (X = Cl, Br, I) bilden sich z. T. sehr stabile kristalline Komplexe mit zahlreichen Lewis-Säuren. Einige Strukturdaten sind in Tab. 2.2 – 2 angegeben. Schwingungsspektren und Kristallstrukturen beweisen, daß recht starke Fluorbrücken zwischen Anion und Kation auftreten. Dies äußert sich in den Verbindungen $[ClF_2][SbF_6]$, $[ClF_2][AsF_6]$ und $[BrF_2][SbF_6]$ in einer Verzerrung der $[AF_6]$-Oktaeder, die bei einer rein ionischen Wechselwirkung nicht auftreten würde [9, 10, 11]. Die $[XF_2]^+$-Kationen erhöhen dabei ihre Koordinationszahl und erreichen eine verzerrt ψ-oktaedrische Umgebung mit ebener Anordnung der 4 Fluoratome. Die Abstände zwischen dem zentralen Halogenatom und den Brückenfluoratomen sind wesentlich kleiner als die van der Waalschen Abstände mit 3,1 Å (Cl – F) bzw. 3,25 Å (Br – F). Die Komplexe sind daher ionisch mit kovalenten Bindungsanteilen zu formulieren.

Die Fluoridionendonator-Fähigkeit der Halogenpentafluoride ist wesentlich schwächer als die der Halogentrifluoride. Dies kann daran liegen, daß die Symmetrie der ψ-oktaedrischen XF_5-Moleküle bei der Bildung des $[XF_4]^+$-Kations erniedrigt wird. Salzartige Komplexe werden auch nur noch mit den stärksten Lewis-Säuren gebildet. Starke Fluorbrücken in den Fluoroantimonaten erhöhen dabei die Koordinationszahlen der Halogene (Cl: 6; Br: 6 und I: 8). Die $[XF_4]^+$-Kationen sind isoelektronisch mit den Chalkogentetrafluoriden und verzerrt ψ-trigonal-bipyramidal gebaut mit C_{2v}-Symmetrie. Von den Halogenheptafluoriden ist bisher nur IF_7 bekannt. Aus den Reaktionen mit AsF_5 oder SbF_5 werden die kristallinen Verbindungen $[IF_6][AsF_6]$ und $[IF_6][Sb_3F_{16}]$ gebildet [12]. Im Arsenatsalz liegen aufgrund der ^{19}F-NMR-Spektren, der Schwingungsspektren und der ^{129}J-Mößbauer-Spektren sowohl im Festkörper als auch in HF-Lösung die beiden Oktaederionen $[IF_6]^+$ und $[AsF_6]^-$ vor. Das $[IF_6]^+$-Kation ent-

24

steht ebenfalls bei der Reaktion

$$IF_5 + [KrF][Sb_2F_{11}] \rightarrow [IF_6][Sb_2F_{11}] + Kr.$$

Während BrF_7 und ClF_7 bisher nicht hergestellt werden konnten, können durch die Reaktionen von BrF_5 und ClF_5 mit stärksten Oxidationsmitteln Verbindungen mit den Kationen $[BrF_6]^+$ und $[ClF_6]^+$ erhalten werden. Bei den Reaktionen von BrF_5 mit KrF_2 in Gegenwart von AsF_5 oder SbF_5 entstehen bei Raumtemperatur die farblosen, kristallinen, in HF löslichen Salze, in denen das oktaedrische $[BrF_6]^+$-Kation (O_h-Symmetrie) vorliegt [13, 14]:

$$BrF_5 + [KrF][AsF_6] \rightarrow [BrF_6][AsF_6] + Kr$$
$$BrF_5 + [Kr_2F_3][SbF_6] \rightarrow [BrF_6][SbF_6] + 2\,Kr + F_2$$
$$BrF_5 + [KrF][Sb_2F_{11}] \rightarrow [BrF_6][Sb_2F_{11}] + Kr.$$

Platinhexafluorid oxidiert ClF_5 oder ClO_2F gemäß [15]:

$$2\,ClF_5 + 2\,PtF_6 \xrightarrow{25\,°C} [ClF_6][PtF_6] + [ClF_4][PtF_6]$$
$$6\,ClO_2F + 6\,PtF_6 \xrightarrow{-78\,°C} [ClF_6][PtF_6] + 5\,[ClO_2][PtF_6] + O_2\,.$$

Eine Trennung des Produktgemischs gelang bisher nicht. $[ClF_6][PtF_6]$ ist ein gelber Festkörper, der bei Raumtemperatur unzersetzt aufbewahrt werden kann und in HF löslich ist. Versuche, hieraus durch Reaktion mit NOF das ClF_7 zu gewinnen, waren erfolglos; es bilden sich dabei $NOPtF_6$, ClF_5, ClF_3 und elementares Fluor.

Verbindungen mit *Fluorohalogenatanionen* [16] entstehen entweder durch direkte Umsetzung der Halogenfluoride mit ionischen Fluoriden (Alkalimetallfluoride, NOF u. a.), oder durch Fluorierungsreaktionen von Halogeniden, z. B.:

$$BrF_3 + KF \rightarrow K[BrF_4]$$
$$KCl + 2\,F_2 \rightarrow K[ClF_4].$$

Von den Halogenmonofluoriden existieren bisher nur wenige Untersuchungen über die Fluoridionenakzeptor-Eigenschaften. Lediglich das Difluorochlorat(I)-Anion $[ClF_2]^-$ ist eindeutig nachgewiesen [17]. Die Schwingungsspektren beweisen das Vorliegen des linearen, symmetrischen $[F-Cl-F]^-$-Ions. Das $Cs[BrF_2]$ soll bei der Umsetzung einer Lösung von BrF_3 in elementarem Brom mit CsF entstanden sein [18]. Diese Arbeit ließ sich jedoch noch nicht reproduzieren [19]. Schließlich wird aus der Reaktion

$$[(C_2H_5)_4N][ICl_2] + 2\,AgF \rightarrow [(C_2H_5)_4N][IF_2] + 2\,AgCl$$

in Acetonitril-Lösung die Bildung eines Difluorojodat(I)-Anions beschrieben [20].

Die Tetrafluorohalogenate(III) $[XF_4]^-$ sind dagegen recht gut charakterisiert. In ihnen liegt das Anion mit quadratischer Anordnung der 4 Fluoratome um das Zentralatom mit D_{4h}-Symmetrie in einer ψ-Oktaeder-Konfiguration vor.

Von den Halogen(V)-fluoriden existieren mit Sicherheit nur die Alkalimetallsalze $M[BrF_6]$ und $M[IF_6]$. Aus Reaktionen von Alkalimetallfluoriden oder NOF mit ClF_5 konnte die Bildung eines Hexafluorochlorats(V) nicht nachgewiesen werden. Aus der Beobachtung, daß ClF_5 zwar mit Lewis-Säuren, nicht aber mit Lewis-Basen Komplexe bildet, kann vermutet werden, daß die höchstmögliche Koordinationszahl des Chlors als Summe der Fluoratome und der nicht-bindenden Elektronenpaare 6 beträgt. Dies erklärt auch die Nichtexistenz des ClF_7 und die sehr geringe Assoziation in flüssigem ClF_5 [21].

Nur von Jod sind Oktafluorojodat(VII)-Anionen beschrieben. Aus der direkten Umsetzung von IF_7 mit NOF bildet sich $[NO][IF_8]$, und in NOF-Lösung reagiert IF_7 mit CsF zu $Cs[IF_8]$ [22].

Daß die meisten der beschriebenen Verbindungen ionisch aufgebaut sind, leitet sich außer aus den Strukturuntersuchungen auch aus ihrem Verhalten in Lösung ab. $[BrF_2][SbF_6]$ z. B. löst sich gut in BrF_3; dabei bildet sich eine sehr gut elektrisch leitende Lösung, in der sich das $[BrF_2]^+$ als Säure verhält und mit der Base $[BrF_4]^-$ neutralisiert werden kann:

$$[BrF_2][SbF_6] + Ag[BrF_4] \rightarrow Ag[SbF_6] + 2\,BrF_3 \,.$$

Dieses Verhalten ist auch auf andere Halogenfluorid-Verbindungen übertragbar.

Halogenfluoride in HF [23]

Das Verhalten einiger Halogenfluoride in wasserfreiem Fluorwasserstoff ist mittels Schwingungsspektroskopie und Leitfähigkeitsstudien untersucht worden. Dabei zeigt sich, daß ClF_3 und BrF_3 als Fluoridionendonatoren wirken:

$$XF_3 + HF \rightleftharpoons [XF_2]^+ + [HF_2]^-.$$

Auch die Salze $Cs[ClF_4]$ und $Cs[BrF_4]$ reagieren in analoger Weise:

$$[XF_4]^- + HF \rightleftharpoons XF_3 + [HF_2]^-.$$

Von den untersuchten kationischen Verbindungen tritt Fluoridionenübertragung nur bei $[BrF_4][Sb_2F_{11}]$ auf:

$$[BrF_4]^+ + 2\,HF \rightleftharpoons BrF_5 + [H_2F]^+.$$

Eine Fluoridionenübertragung ist ebenfalls im System ClF_3/BrF_3 nachgewiesen worden:

$$ClF_3 + BrF_3 \rightleftharpoons [ClF_2]^+ + [BrF_4]^-.$$

Danach ist BrF_3 die stärkere Säure.

26

Halogenoxidfluoride

Es gibt bemerkenswerte strukturelle und chemische Verwandtschaften zwischen den Halogenfluoriden und den Halogenoxidfluoriden. Die bisher beschriebenen Verbindungen sind in Tab. 2.2. – 3, die Molekülstrukturen in Abb. 2.2 – 2 zusammengestellt. Es ist auffallend, daß nur Verbindungen in den höheren Oxidationsstufen $+5$ und $+7$ existieren; dies ist

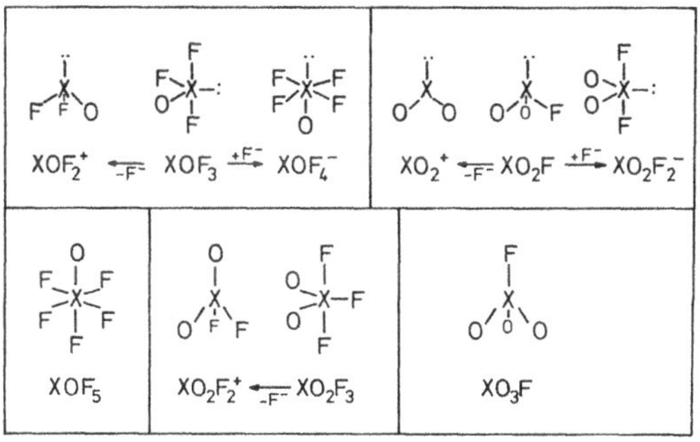

Abb. 2.2. – 2 Molekülstrukturen der Halogenoxidfluoride

ein Hinweis, daß besonders dann möglichst hohe Oxidationsstufen eines Zentralatoms stabilisiert werden, wenn Fluor und Sauerstoff gemeinsam als Bindungspartner vorliegen. So sind Verbindungen der Form XOF (X = Cl, Br, I) bisher nicht präparativ dargestellt worden. $ClOF$ entsteht als Zwischenprodukt bei der Hydrolyse von ClF_3 bei tiefer Temperatur, bei den Reaktionen von ClF_3 mit HNO_3 und $ClOF_3$ mit SF_4 [7, 24]. Auch mit starken Lewis-Säuren ist es nicht stabilisierbar. Schwingungsspektren wurden sowohl in der Gasphase als auch in einer Argon-Matrix (Photolyse von $ClF + O_3$) bei 4 K gemessen [25]. Danach ist $ClOF$ gewinkelt gebaut. Die

Tab. 2.2. – 3 Halogenoxidfluoride

Allg. Formel	Cl	Br	I
XOF	(ClOF)	–	(IOF)
XOF$_3$	ClOF$_3$	BrOF$_3$	IOF$_3$
XO$_2$F	ClO$_2$F	BrO$_2$F	IO$_2$F
XOF$_5$	–	–	IOF$_5$
XO$_2$F$_3$	ClO$_2$F$_3$	–	IO$_2$F$_3$
XO$_3$F	ClO$_3$F	BrO$_3$F	IO$_3$F

( ) nur als Zwischenprodukt nachgewiesen oder in Form von Derivaten isoliert.

intermediäre Bildung von *IOF* ist bei der Reaktion von CF_3IOF_2 mit Lewis-Säuren, der thermischen Zersetzung von CF_3IO_2 oder bei der Ozonisierung von Jod in HF-Lösung postuliert worden [26].

Halogen(V)-oxidfluoride XOF_3 und XO_2F

Chloroxidtrifluorid $ClOF_3$ (Fp. $-42\ °C$; Kp. $+27\ °C$) entsteht z. B. bei der Fluorierung von Cl_2O bei $-78\ °C$ in Gegenwart von Alkalimetallfluoriden oder der Fluorierung von $ClONO_2$ als ψ-trigonal-bipyramidales Molekül (C_s-Symmetrie). Es ist ein starkes Fluorierungs- und Oxidationsmittel, reagiert sehr leicht mit Glas und Quarz und zersetzt sich $> 200\ °C$ zu ClF_3 und Sauerstoff. Mit Fluoridionenakzeptoren bilden sich $[ClOF_2]^+$-Verbindungen, mit Alkalimetallfluoriden $[ClOF_4]^-$-Verbindungen. Die Valenzkraftkonstante für die $Cl-O$-Bindung im $[ClOF_2]^+$-Kation ist größer, als es für eine $Cl=O$-Doppelbindung erwartet wird. Daher wird für das Kation eine Resonanzstruktur mit positiver Ladung am Sauerstoff angenommen [27]:

$$\underset{F}{\overset{\ddot{C}l}{\diagdown}}\,\underset{F}{Cl}\!\!\equiv\!\!\overset{+}{\underset{O}{}}$$

Bromoxidtrifluorid $BrOF_3$ wird durch Reaktion von $K[BrOF_4]$ mit wasserfreiem HF dargestellt. Raman- und ^{19}F-NMR-Spektren weisen auf Assoziation im festen und flüssigen Zustand hin [28]. Durch Umsetzung mit den Lewis-Säuren AsF_5 und BF_3 werden die Salze $[BrOF_2][AsF_6]$ und $[BrOF_2][BF_4]$ gebildet [29].

Jodoxidtrifluorid IOF_3 bildet sich bei der Reaktion von I_2O_5 mit IF_5 als farbloser Festkörper, in dem ψ-trigonal-bipyramidale IOF_3-Einheiten über schwache F-Brücken verknüpft sind. Beim Erwärmen auf ca. $110\ °C$ erfolgt reversible Zersetzung zu $IF_5 + IO_2F$. Verbindungen der Zusammensetzung $M[IOF_4]$ entstehen bei der Fluorierung einer stöchiometrischen Mischung von Alkalimetallfluoriden und I_2O_5 mit IF_5 [30]. Aus den Schwingungsspektren ergibt sich C_{4v}-Symmetrie für das $[IOF_4]^-$-Anion [31, 32].

Chlorylfluorid ClO_2F (Fp. $-115\ °C$; Kp. $-6\ °C$) wird aus der Reaktion von $KClO_3$ mit ClF_3 als farbloses Gas gewonnen. Aus Leitfähigkeitsmessungen ergibt sich eine Eigendissoziation in flüssiger Phase gemäß

$$2\ ClO_2F \rightleftharpoons [ClO_2]^+ + [ClO_2F_2]^-.$$

Dementsprechend sind auch komplexe Verbindungen mit $[ClO_2]^+$- und $[ClO_2F_2]^-$-Ionen bekannt. Bei der Hydrolyse bildet sich HF, ClO_2 und O_2.

Bromylfluorid BrO_2F (Fp. $-9\ °C$) entsteht bei den Reaktionen von $KBrO_3 + BrF_5$ ($-50\ °C$), $BrO_2 + BrF_5$ oder $Br_2 + O_3$ in BrF_5 [33] sowie der Umsetzung von $K[BrO_2F_2]$ mit HF [29] als farblose kristalline Verbindung. Oberhalb des Schmelzpunktes erfolgt Zersetzung zu BrF_3, Br_2 und O_2.

Aus den IR-Spektren bei $-60\ °C$, den Raman- und ^{19}F-NMR-Messungen ergibt sich eine dem ClO_2F analoge ψ-tetraedrische Struktur (C_s-

Symmetrie) [34]. Durch Reaktion mit SbF_5 oder AsF_5 bilden sich die Bromyl-Verbindungen $[BrO_2][SbF_6 \cdot xSbF_5]$ und $[BrO_2][AsF_6]$ [35]. Bei der Umsetzung von BrF_5 und $KBrO_3$ im Molverhältnis 1 : 1 bei Raumtemperatur soll $K[BrO_2F_2]$ entstehen [36], und die Reaktion von $K[BrF_6]$ mit $KBrO_3$ ergibt $K[BrO_2F_2]$ und $K[BrOF_4]$, die aufgrund der unterschiedlichen Löslichkeit in Acetonitril getrennt werden können [37]. BrO_2F wird von PtF_6 nicht zu einer Br(VII)-Verbindung oxidiert, wie es von ClO_2F bekannt ist; mit überschüssigem PtF_6 läuft bei $-120\ °C$ hauptsächlich folgende Reaktion ab [38]:

$$2\ BrO_2F + 5\ PtF_6 \rightarrow 2\ [BrOF_2][PtF_6] + O_2[PtF_6] + 2\ PtF_5\ .$$

Jodylfluorid IO_2F (Fp. $> 200\ °C$ (Zers.)) bildet sich bei der Fluorierung von I_2O_5 als polymerer Festkörper; es hat ebenfalls amphoteren Charakter und bildet Jodyl- bzw. Difluorojodat(V)-Verbindungen.

Halogen(VII)-oxidfluoride XOF_5, XO_2F_3, XO_3F

Chloroxidpentafluorid $ClOF_5$ soll bei der UV-Photolyse von ClF_5 und OF_2 entstanden sein [39]. Jedoch fehlen noch eindeutige Existenzbeweise [40].

Jodoxidpentafluorid IOF_5 (Fp. 4,5 $°C$) entsteht bei der Hydrolyse von IF_7 oder der Reaktion von IF_7 mit SiO_2 (100 $°C$) als farblose Flüssigkeit [41]. Das Molekül hat C_{2v}-Symmetrie. Im Gegensatz zu den nach dem Valenzelektronenpaar-Abstoßungs-Modell erwarteten Bindungsverhältnissen ist aufgrund von Elektronenbeugung und Mikrowellen-Spektrum die axiale (1,86 Å) länger als die äquatoriale I − F-Bindung (1,82 Å). Der Bindungswinkel (OIF) wurde zu 98° bestimmt [42].

Für *Chlordioxidtrifluorid* ClO_2F_3 werden zwei verschiedene Formen beschrieben. So entsteht ClO_2F_3 (Fp. $-81{,}2\ °C$; Kp. $-21{,}6\ °C$) bei der Umsetzung von $[ClO_2F_2][PtF_6]$ mit NO_2F bei $-78\ °C$ [43]. Es ist ein Fluoridionendonator und bildet thermisch erstaunlich stabile Salze. Die Stabilität wird aus einem Vergleich der Strukturen des neutralen Moleküls und des Kations erklärt. Die annähernd tetraedrische Form des Kations $[ClO_2F_2]^+$ sollte energetisch begünstigter sein als die ψ-trigonal-bipyramidale Form des ClO_2F_3.

Bei der Reaktion von Cl_2, ClF oder HCl mit O_2F_2 bei $-154\ °C$ sowie bei der Bestrahlung eines ClF_3-O_2-Gemisches bei $-78\ °C$ entsteht ein violetter, instabiler Festkörper, der sich oberhalb $-78\ °C$ irreversibel zersetzt, und der aufgrund spektroskopischer Befunde als Peroxoverbindung $FOOClF_2$ formuliert wird; diese Deutung ist aber umstritten [44].

Joddioxidtrifluorid IO_2F_3 (Fp. 41 $°C$) entsteht als gelber sublimierbarer Festkörper gemäß [45]:

$$Ba_3H_4(IO_6)_2 \xrightarrow{HSO_3F} [HIO_2F_4] \xrightarrow{SO_3} IO_2F_3\ .$$

Bis ca. 100 °C liegt IO_2F_3 – wahrscheinlich über O-Brücken assoziiert – als Dimeres vor [46]. Sowohl mit Alkalimetallfluoriden als auch mit Lewis-Säuren entstehen Komplex-Verbindungen [47]; die Komplexe mit Lewis-Säuren, z. B. $IO_2F_3 \cdot SbF_5$, liegen aber nicht in der erwarteten salzartigen Form $[IO_2F_2][SbF_6]$ vor, sondern haben polymere über O-Atome verknüpfte Struktur. Es scheint sogar, daß hierin IO_2F_3 als stärkerer Fluoridionenakzeptor wirkt als SbF_5 [48]. Gegen Hydrolyse ist IO_2F_3 ähnlich beständig wie IOF_5; am Licht tritt Zersetzung zu IOF_3 und O_2 ein.

Perchlorylfluorid ClO_3F (Fp. – 147,7 °C; Kp. – 46,7 °C) entsteht bei der Fluorierung von $KClO_4$ oder der Elektrolyse von $NaClO_4$ in HF. Trotz seiner geringen thermodynamischen Stabilität (ΔH_f^0 (298) = – 23,8 kJ/Mol) ist es erstaunlich wenig reaktiv, in Wasser erfolgt nur langsame Hydrolyse; es eignet sich als Fluorierungsmittel in der organischen Chemie.

Perbromylfluorid BrO_3F (Fp. – 110 °C) wird bei der Reaktion von $KBrO_4$ mit SbF_5 erhalten, ist sehr instabil und leicht hydrolysierbar.

Perjodylfluorid IO_3F bildet sich bei der Fluorierung von KIO_4 in HF als weißer Festkörper, zersetzt sich bei ca. 100 °C zu IO_2F und O_2 und bildet mit Fluoridionenakzeptoren $[IO_3]^+$-Verbindungen.

Literatur

a) Übersichtsartikel

M. *Schmeißer* und D. *Naumann* in Jahrbuch 1971/72, Der Minister für Wissenschaft und Forschung des Landes Nordrhein-Westfalen, Westdeutscher Verlag – Opladen, S. 241, 1972.

K. O. *Christe*, XXIVth International Congress of Pure and Applied Chemistry, Hamburg, 1973, Vol. 4, S. 115, Butterworths – London, 1974.

A. I. *Popov* und T. *Surles* in MTP International Review of Science, Inorganic Chemistry, Series One, S. 53 (1972), Series Two, S. 177 (1975), Butterworths – London, University Park Press – Baltimore.

R. *Steudel,* Chemie der Nichtmetalle, S. 302, de Gruyter-Verlag – Berlin – New York, 1974.

Chloroxidfluoride:
K. O. *Christe* und C. J. *Schack,* Adv. Inorg. Chem. Radiochem. **18,** 319 (1976).

Bromoxidfluoride:
R. J. *Gillespie* und P. H. *Spekkens,* Isr. J. Chem. **17,** 11 (1978).

b) Spezielle Literatur
1. D. F. *Smith,* Science **141,** 1039 (1963).
2. O. *Ruff* und A. *Braida,* Z. anorg. allg. Chem. **214,** 81 (1933); D. *Naumann* und E. *Lehmann,* J. Fluorine Chem. **5,** 307 (1975).
3. M. *Schmeißer* und E. *Scharf,* Angew. Chem. **72,** 324 (1960); M. *Schmeißer, W. Ludovici, D. Naumann, P. Sartori* und E. *Scharf,* Chem. Ber. **101,** 4214 (1968); M. *Schmeißer, P. Sartori* und D. *Naumann,* Chem. Ber. **103,** 590, 880 (1970).
4. R. J. *Gillespie,* Angew. Chem. **79,** 885 (1967).
5. P. *Sartori* und A. J. *Lehnen,* Chem. Ber. **104,** 2813 (1971).
6. C. J. *Schack,* Inorg. Chem. **6,** 1938 (1967).
7. K. O. *Christe,* Inorg. Chem. **11,** 1220 (1972).

8. *M. Schmeißer, P. Sartori* und *D. Naumann,* Chem. Ber. **103,** 312 (1970); *G. Oates* und *J. M. Winfield,* Inorg. Nucl. Chem. Lett. **8,** 1093 (1972); *J. C. S. Dalton* Trans. **1974,** 1380.

9. *H. Lynton* und *J. Passmore,* Can. J. Chem. **49,** 2539 (1971).

10. *A. J. Edwards* und *R. J. C. Sills,* J. Chem. Soc. **A 1970,** 2697.

11. *A. J. Edwards* und *G. R. Jones,* J. Chem. Soc. **A 1969,** 1467.

12. *K. O. Christe* und *W. Sawodny,* Inorg. Chem. **6,** 1783 (1967); *F. A. Hohorst, L. Stein* und *E. Gebert,* Inorg. Chem. **14,** 2233 (1975).

13. *R. J. Gillespie* und *G. J. Schrobilgen,* Inorg. Chem. **13,** 1230 (1974).

14. *K. O. Christe* und *R. D. Wilson,* Inorg. Chem. **14,** 694 (1975).

15. *K. O. Christe,* Inorg. Nucl. Chem. Lett. **8,** 741 (1972); Inorg. Chem. **12,** 1580 (1973); *F. Q. Roberto,* Inorg. Nucl. Chem. Lett. **8,** 737 (1972).

16. *J. Shamir,* Isr. J. Chem. **17,** 37 (1978).

17. *K. O. Christe, W. Sawodny* und *J. P. Guertin,* Inorg. Chem. **6,** 1159 (1967).

18. *T. Surles, L. A. Quarterman* und *H. H. Hyman,* J. inorg. nucl. Chem. **35,** 668 (1973).

19. *D. Naumann* und *E. Lehmann,* J. Fluorine Chem. **5,** 307 (1975).

20. *H. Meinert,* Z. Chem. **7,** 41 (1967).

21. *K. O. Christe* und *D. Pilipovich,* Inorg. Chem. **8,** 391 (1969).

22. *C. J. Adams,* Inorg. Nucl. Chem. Lett. **10,** 831 (1974); *F. Seel* und *M. Pimpl,* J. Fluorine Chem. **10,** 413 (1977).

23. *T. Surles, L. A. Quarterman* und *H. H. Hyman,* J. Fluorine Chem. **3,** 293 (1973/74).

24. *R. Bougon, M. Carles* und *J. Aubert,* Compt. rend. **265 C,** 179 (1967).

25. *T. D. Cooper, F. N. Dost* und *C. H. Wang,* J. inorg. nucl. Chem. **34,** 3564 (1972); *L. Andrews, F. K. Chi* und *A. Arkell,* J. Amer. Chem. Soc. **96,** 1997 (1974).

26. *D. Naumann, E. Renk* und *E. Lehmann,* J. Fluorine Chem. **10,** 395 (1977); *D. Naumann* und *W. Habel,* unveröffentlicht.

27. *K. O. Christe, E. C. Curtis* und *C. J. Schack,* Inorg. Chem. **11,** 2212 (1972).

28. *K. O. Christe, E. C. Curtis* und *R. Bougon,* Inorg. Chem. **17,** 1533 (1978).

29. *R. J. Gillespie* und *P. H. Spekkens,* J. C. S. Dalton Trans. **1977,** 1539.

30. *W. Kuhlmann* und *W. Sawodny,* 6. Europäisches Fluorsymposium, Dortmund, 1977, Abstract I 6.

31. *J. B. Milne* und *D. M. Moffett,* Inorg. Chem. **15,** 2165 (1976).

32. *K. O. Christe, R. D. Wilson, E. C. Curtis, W. Kuhlmann* und *W. Sawodny,* Inorg. Chem. **17,** 533 (1978).

33. *M. Schmeißer* und *E. Pammer,* Angew. Chem. **67,** 156 (1955); **69,** 781 (1957); *M. Schmeißer* und *L. Taglinger,* Chem. Ber. **94,** 1533 (1961).

34. *R. J. Gillespie* und *P. H. Spekkens,* J. C. S. Chem. Comm. **1975,** 314; *E. Jacob,* Z. anorg. allg. Chem. **433,** 255 (1977); *K. O. Christe, E. C. Curtis* und *E. Jacob,* Inorg. Chem. **17,** 2744 (1978).

35. *E. Jacob,* Angew. Chem. **88,** 189 (1976).

36. *G. Tantot* und *R. Bougon,* Compt. rend. **281 C,** 271 (1975).

37. *R. J. Gillespie* und *P. H. Spekkens,* J. C. S. Dalton Trans. **1976,** 2391.

38. *M. Adelhelm* und *E. Jacob,* Angew. Chem. **89,** 476 (1977).

39. *K. Züchner* und *O. Glemser,* Angew. Chem. **84,** 1147 (1972).

40. *K. O. Christe* und *C. J. Schack,* Adv. Inorg. Chem. Radiochem. **18,** 345 (1976).

41. *R. J. Gillespie* und *J. W. Quail,* Proc. Chem. Soc. **1963,** 278; *N. Bartlett* und *L. E. Levchuk,* Proc. Chem. Soc. **1963,** 342; *J. H. Holloway, H. Selig* und *H. H. Claassen,* J. Chem. Phys. **54,** 4305 (1971).

42. *L. S. Bartell, F. B. Clippard* und *E. J. Jacob*, Inorg. Chem. **15**, 3009 (1976).
43. *K. O. Christe* und *R. D. Wilson*, Inorg. Chem. **12**, 1356 (1973); *K. O. Christe, R. D. Wilson* und *E. C. Curtis*, Inorg. Chem. **12**, 1358 (1973); *K. O. Christe*, Inorg. Chem. **12**, 1580 (1973).
44. *K. O. Christe, R. D. Wilson* und *I. B. Goldberg*, J. Fluorine Chem. **7**, 543 (1976).
45. *A. Engelbrecht* und *P. Peterfy*, Angew. Chem. **81**, 753 (1969).
46. *I. Beattie, R. Crocombe, A. German, P. Jones, C. Marsden, G. van Schalkwyk* und *A. Bukovszky*, J. C. S. Dalton Trans. **1976**, 1380; *M. J. Vasile, W. E. Falconer, F. A. Stevie* und *I. R. Beattie*, J. C. S. Dalton Trans. **1977**, 1233; vgl. hierzu auch *A. Engelbrecht* et al. Lit. [53]; *H. A. Carter, J. N. Ruddick, J. R. Sames* und *F. Aubke*, Inorg. Nucl. Chem. Lett. **11**, 29 (1975); *R. J. Gillespie* und *J. P. Krasznai*, Inorg. Chem. **15**, 1251 (1976).
47. *A. Engelbrecht, O. Mayr, G. Ziller* und *E. Schandara*, Mh. Chem. **105**, 796 (1974).
48. *R. J. Gillespie* und *J. P. Krasznai*, Inorg. Chem. **16**, 1384 (1977).

2.3. Edelgasfluoride

Nur Radon, Xenon und Krypton bilden kovalente Edelgasverbindungen, und nur die Edelgasfluoride sind durch Umsetzung der Elemente synthetisierbar. Von allen Edelgasen hat Radon das niedrigste Ionisierungspotential; daher sollten Radonverbindungen am leichtesten herstellbar sein. Bedingt durch seine Radioaktivität sind diese aber experimentellen Untersuchungen nur schwer zugänglich, so daß bisher nur wenige, qualitative Aussagen existieren. Die Kryptonverbindungen sind erwartungsgemäß die instabilsten. Daher ist die Chemie der Edelgasverbindungen praktisch identisch mit der Chemie des Xenons.

Xenonfluoride

Darstellungen

Xenon reagiert mit Fluor direkt zu *Xenondifluorid* XeF_2 (Fp. 130 – 140 °C), *Xenontetrafluorid* XeF_4 (Fp. 117 °C) und *Xenonhexafluorid* XeF_6 (Fp. 49 °C), wenn ein Gemisch der Gase aktiviert wird. Diese Aktivierung kann z. B. durch Erhitzen auf 300 bis 400 °C, durch geeignete Bestrahlung (UV, γ-Strahlen, Elektronenstrahlen usw.) sowie in einer Funkenentladung erfolgen. Die besten Ausbeuten werden mit der statisch thermischen Methode erzielt. Welches der Xenonfluoride gebildet wird, hängt im wesentlichen von den Parametern Druck, Temperatur und Xe : F_2-Verhältnis ab. Die jeweils günstigsten Darstellungsbedingungen sind:

	XeF_2	XeF_4	XeF_6
Temperatur (°C)	400	400	300
Druck (bar)	2	6	60
Verhältnis Xe : F_2	2 : 1	1 : 5	1 : 20

Reaktionsauslösender Schritt ist wohl die Dissoziation des F_2-Moleküls in Fluoratome; die Reaktionen können durch katalytische Zusätze von Metallfluoriden beschleunigt werden [1]. Die Trennung und Reinigung der Xenonfluoride gelingt am besten mit Hilfe der NaF- oder der AsF_5-Methode (s. später).

Für die Existenz eines XeF_8 gibt es keine Beweise; die mittlere $Xe-F$-Bindungsenergie ist auf ca. 85 kJ/mol geschätzt worden, liegt also noch höher als die halbe Dissoziationsenergie des F_2 ($1/2 \times 157{,}2$ kJ). Somit sollte XeF_8 stabil gegen einen Zerfall in die Elemente sein; es ist aber instabil gegenüber dem Zerfall in XeF_6 und F_2.

Ein besonders gut geeignetes Laborverfahren für die Darstellung von XeF_2 und XeF_4 ist die Photosynthese [2], bei der auf eine spezielle Metallapparatur verzichtet werden kann: ein 1 : 1-Gemisch aus Xe und F_2 wird bei 1 bar und 20 °C in einem Normalglaskolben bestrahlt. Nach wenigen Stunden beginnt sich XeF_2 an der kälteren Seite des Kolbens abzuscheiden. Bei Fluorüberschuß entsteht XeF_4.

Molekülstrukturen

XeF_2 und XeF_4 sind in allen Phasen monomer; ihre Molekülstrukturen entsprechen den nach dem Valenzelektronenpaar-Abstoßungs-Modell (VEPA) erwarteten Strukturen. So ist XeF_2 linear (ψ-trigonal-bipyramidal) und XeF_4 quadratisch-planar (ψ-oktaedrisch) gebaut.

Die Molekülstruktur von XeF_6 ist dagegen nicht exakt bestimmbar. Es ist nur in der Gasphase monomer, in der Schmelze und im Festkörper liegen über Fluoratome verbrückte Assoziate vor. Kristallines XeF_6 existiert in vier Modifikationen, in denen XeF_5^+- und F^--Ionen zu tetrameren und hexameren Einheiten assoziiert sind. Nach dem VEPA-Modell ist XeF_6 ein AB_6E-System, für dessen Struktur das Modell keine eindeutige Aussage macht, da die Abstoßungsenergie des Satzes von 7 Elektronenpaaren für keine der möglichen Konfigurationen mehr ein ausgesprochenes Minimum aufweist. Das Molekül kann keineswegs oktaedrisch sein. Vielmehr fordert das Modell eine ψ-pentagonale Bipyramide mit dem nichtbindenden Elektronenpaar in äquatorialer Position, oder eine ψ-trigonale Trigonpyramide. Dies wird durch die experimentellen Befunde (UV, IR, Raman, Elektronenbeugung) weitgehend bestätigt, die sich am besten mit der Annahme dreier Isomere beschreiben lassen, die sich in ihren Energieniveaus nur geringfügig (6 bis 17 kJ/mol) unterscheiden und somit in einem Gleichgewicht miteinander liegen [3]. XeF_6 ist daher in die Reihe der „nichtstarren" Moleküle einzuordnen. Es findet eine schnelle intramolekulare Umlagerung statt, bei der das stabilste Isomer oktaedrische Struktur besitzen soll. Eine derartige nichtstarre Anordnung wurde auch in

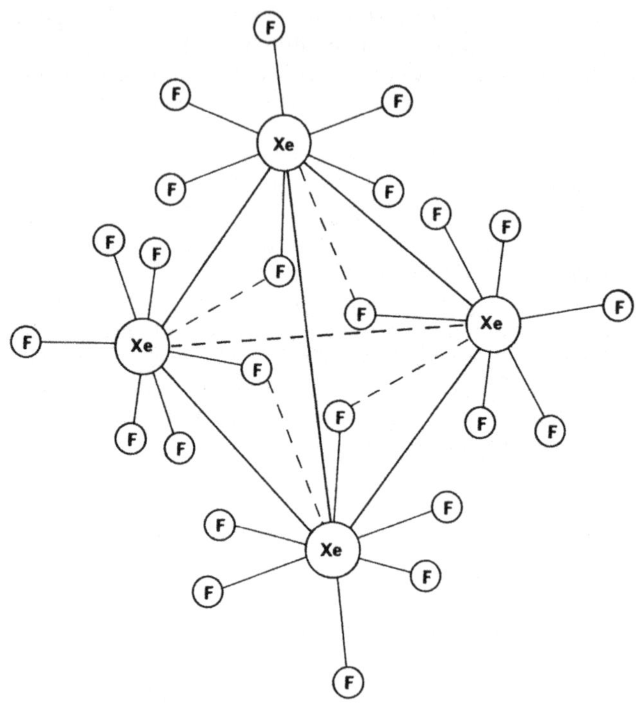

Abb. 2.3. – 1   Struktur von tetramerem XeF_6 in Lösung nach Seppelt [4]

nichtionisierenden Lösungsmitteln (F_5SOSF_5) formuliert. ^{19}F- und [129]Xe-NMR-Messungen lassen bei $-118\,°C$ auf das Vorliegen von tetrameren XeF_6-Einheiten (Xe_4F_{24}) schließen, in denen alle 24 Fluoratome magnetisch äquivalent sind. Die 4 Xenonatome sind tetraedrisch angeordnet, und die 24 Fluoratome sind um den Xe_4-Tetraeder leicht beweglich, wobei jeweils XeF_5-Einheiten über Fluoratome verbrückt sind (Abb. 2.3. – 1) [4]. Dieses Bild entspricht auch einem Ausschnitt aus der Kristallstruktur des XeF_6.

Eigenschaften der Xenonfluoride

Die Xenonfluoride sind unter Normalbedingungen kristalline, leicht flüchtige, sublimierbare Festkörper. XeF_2 und XeF_4 sind in allen Aggregatzuständen farblos; XeF_6 ist nur als Festkörper farblos; die Schmelze und der Dampf sind gelb bis gelbgrün gefärbt. Die mittlere thermochemische Bindungsenergie ist für alle Fluoride etwa gleich:

134 kJ/mol für XeF_2 und XeF_4 und 128 kJ/mol für XeF_6.

34

Charakteristisch sind ihre starke Oxidations- und Fluorierungswirkung sowie die Säure-Base- und die Fluoraustauschreaktionen. Umsetzungen können direkt oder auch in Lösung durchgeführt werden, wobei sich als Lösungsmittel BrF_5 und HF besonders gut eignen. Für das weniger reaktive XeF_2 gibt es noch weitere Lösungsmittel, z. B. Acetonitril, in denen sich dies molekular ohne Zersetzung löst.

Die Reaktivität nimmt erwartungsgemäß in der Reihe $XeF_2 < XeF_4 < XeF_6$ zu. Dies zeigt sich z. B. an den unterschiedlichen Reaktionen mit Perfluorolefinen:

$$CF_3 - CF = CF_2 + \quad XeF_2 \rightarrow \text{keine Reaktion}$$
$$2\,CF_3 - CF = CF_2 + \quad XeF_4 \rightarrow 2\,CF_3 - CF_2 - CF_3 + Xe$$
$$3\,CF_3 - CF = CF_2 + 2\,XeF_6 \rightarrow 3\,CF_3 - CF_3 + 3\,CF_4 + Xe.$$

Alle Xenonfluoride reagieren mit H_2 oder mit Hg quantitativ zu HF bzw. HgF_2. Diese Reaktionen können zur quantitativen Analyse genutzt werden.

Die starke Oxidationswirkung sei an zwei Beispielen demonstriert: Beim Einleiten von XeF_2 in eine wäßrige Bromatlösung wurde das bis dahin als nichtexistent beschriebene Perbromat BrO_4^- erstmals erhalten [5]; aus der Reaktion von XeF_6 mit AuF_3 konnte $[Xe_2F_{11}][AuF_6]$ als erste Gold(V)-Verbindung isoliert werden [6]. Verblüffend ist, daß sich XeF_2 in einigen Lösungsmitteln, z. B. CH_3CN, in Abwesenheit von HF oder Fluoridionenakzeptoren auch als sehr mildes Fluorierungsmittel anwenden läßt; verdünnte Lösungen fluorieren organische Moleküle ohne Spaltung der $C-C$-Bindung. Mit Graphit bilden die Xenonfluoride und $XeOF_4$ Einlagerungsverbindungen, die erheblich hydrolysebeständiger und weniger reaktiv sind als die freien Verbindungen [7].

Fluoraustauschreaktionen

Dies sind Reaktionen, in denen ein oder mehrere Fluoratome durch andere negative Liganden ersetzt werden. Fast alle bisher bekannten Verbindungen enthalten O-haltige Liganden; dabei werden $Xe-O$-Bindungen geknüpft. Bis auf wenige Ausnahmen sind bisher nur Derivate des XeF_2 isoliert worden. Dazu wird XeF_2 in wasserfreiem Medium im molaren Verhältnis mit der Säure bei möglichst tiefer Temperatur umgesetzt. Die Reaktion verläuft stufenweise; die Gleichgewichte können durch Entfernen des entstandenen Fluorwasserstoffs nach rechts verschoben werden:

$$XeF_2 + HOR \rightleftharpoons FXe(OR) + HF$$
$$FXe(OR) + HOR \rightleftharpoons Xe(OR)_2 + HF.$$

Liganden (OR) sind z. B. OSO_2F, $OClO_3$, $OPOF_2$, $OCOCF_3$, $OSeF_5$ und $OTeF_5$. Bis auf die Xenon-pentafluoroselenate (Fp. 69 °C; Zers. ca. 100 °C) und die Xenonpentafluorotellurate ($FXe(OTeF_5)$: Fp. -15 °C, Zers. 130 °C; $Xe(OTeF_5)_2$: Fp. $35-40$ °C, Zers. 150 °C) zersetzen sich alle Verbindungen unterhalb Raumtemperatur. Die Zersetzungen verlaufen radikalisch. So entsteht z. B. bei der Zersetzung von $Xe(OSO_2F)_2$ neben Xenon $S_2O_6F_2$. Überraschend ist die thermische Stabilität der Selenat- und Tellurat-Verbindungen des Xenon [8].

In reinem Wasser ist $Xe(OTeF_5)_2$ schwer löslich und zersetzt sich auch nur langsam. Es ist gut löslich in CCl_4, CH_3CN u. a. Bei der Reaktion mit Säuren stellt sich ein Gleichgewicht ein, z. B.:

$$Xe(OTeF_5)_2 + 2\,CF_3COOH \rightleftharpoons Xe(OCOCF_3)_2 + 2\,HOTeF_5.$$

Von XeF_4 und XeF_6 sind die bei den Reaktionen

$$XeF_4 + 4/3\,B(OTeF_5)_3 \rightarrow 4/3\,BF_3 + Xe(OTeF_5)_4$$
$$XeF_6 + HSO_3F \rightarrow HF + F_5Xe(OSO_2F)$$

gebildeten Derivate untersucht worden [9, 10]. Das $Xe(OTeF_5)_4$ – neben XeF_4 die einzige stabile Xe(IV)-Verbindung – ist ein gelber, sublimierbarer Festkörper (Fp. 72 °C).

Die bisher einzige Verbindung mit einer Xe–N-Bindung entsteht bei der Reaktion

$$XeF_2 + HN(SO_2F)_2 \rightarrow FXeN(SO_2F)_2 + HF.$$

Diese zersetzt sich bei 70 °C zu Xe, XeF_2 und $[N(SO_2F)_2]_2$ [11].

Fluoridionen-Donator-Akzeptor-Eigenschaften

Man sollte erwarten, daß die Tendenz zur Fluoridionenabgabe gemäß dem Gleichgewicht $XeF_n \rightleftharpoons [XeF_{n-1}]^+ + F^-$ mit steigender positiver Ladung am Xenonatom abnimmt. Demnach müßte XeF_6 der schwächste, XeF_2 der stärkste Fluoridionendonator sein. Die experimentellen Befunde ergeben jedoch eine Zunahme der Fluoridionendonator-Stärke in der Reihe $XeF_4 \ll XeF_2 < XeF_6$. Diese Reihenfolge stimmt auch mit den ermittelten Ionisierungsenthalpien überein ($XeF_2 \rightarrow XeF^+$: 9,45 eV; $XeF_4 \rightarrow XeF_3^+$: 9,66 eV; $XeF_6 \rightarrow XeF_5^+$: 9,24 eV) [12]. Daraus ist zu folgern, daß die ψ-oktaedrische Struktur des XeF_5^+ besonders bevorzugt sein muß, wie es auch bei der Kristallstruktur des XeF_6 beobachtet wird. Dagegen wirkt das Aufbrechen der ψ-oktaedrischen Struktur des XeF_4-Moleküls der Kationenbildung entgegen.

So existiert von XeF_4 auch nur eine Verbindung mit der stärksten Lewis-Säure SbF_5 [13]. Von XeF_2 und XeF_6 dagegen gibt es zahlreiche Komplexe, in denen als Akzeptoren hauptsächlich die Pentafluoride von Sb, As, V, Nb, Ta sowie Ru, Rh, Pd, Os, Ir, Pt fungieren. Aber auch zahlreiche weitere Metallfluoride sind zur Komplexbildung befähigt (z. B. TiF_4, CrF_4, MnF_4, ZrF_4, HfF_4, FeF_3, CoF_3, AlF_3, GaF_3, BiF_5 etc. [14]). Die Komplexe entstehen am besten in BrF_5-Lösung als kristalline, sehr reaktive, leicht hydrolysierbare Festkörper und können die stöchiometrischen Zusammensetzungen $XeF_n \cdot MF_5$, $2\,XeF_n \cdot MF_5$ und $XeF_n \cdot 2\,MF_5$ haben.

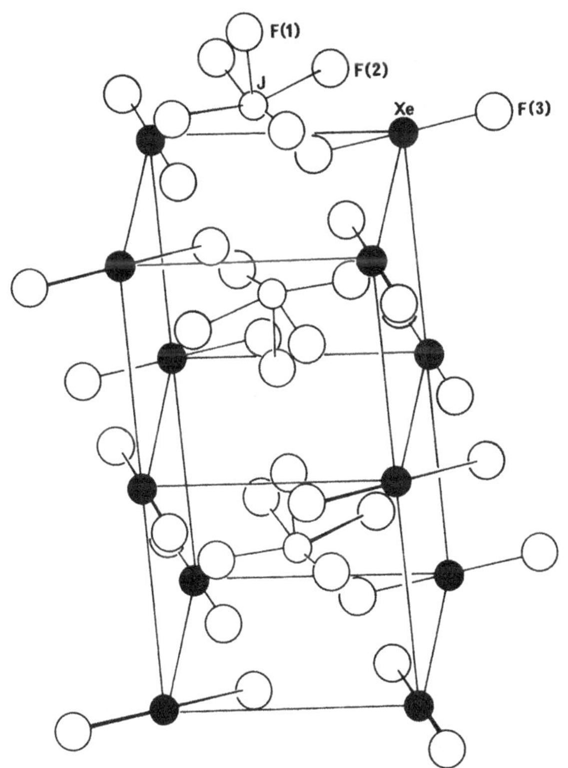

Abb. 2.3. – 2   Molekülgitter von $XeF_2 \cdot IF_5$ nach Jones, Burbank und Bartlett [17]

Im Festkörper liegen die Xenonfluoride in den kationischen Formen $[XeF]^+$ und $[XeF_5]^+$ vor. Diese wirken so stark polarisierend, daß sie im Überschuß der Xenonfluoride zu diesen Fluorbrücken ausbilden; dabei entstehen die Kationen $[Xe_2F_3]^+$ und $[Xe_2F_{11}]^+$.

Die Xe – F-Bindung in den einfachen Kationen ist wesentlich stabiler als in den neutralen Molekülen. Die Bindungsenergie steigt von 134 kJ/mol in XeF_2 auf 205 kJ/mol in XeF^+, der Bindungsabstand wird von 2,0 Å auf 1,84 Å verkürzt. Das assoziierte $[Xe_2F_3]^+$ ist symmetrisch V-förmig planar gebaut. Durch das Brücken-F-Atom wird die stark polarisierende Wirkung des XeF^+ reduziert und somit auch die Kation-Anion-Wechselwirkung in den Komplexen geringer. Analoges gilt für die XeF_6-Komplexe.

Mit WOF_4 bildet XeF_2 1 : 1- und 1 : 2-Komplexe, in denen ^{19}F-NMR-spektroskopisch nachweisbar sowohl Xe – F – W- als auch Xe – O – W-Brücken vorliegen [15].

Mit abnehmender Fluoridionenakzeptor-Stärke der Lewis-Säuren nimmt auch der kovalente Fluorbrückenbindungsanteil zu; es liegen also teils ionische, teils kovalente Wechselwirkungen zwischen Anion und Kation vor [16]. Mit der schwachen Lewis-Säure IF_5 sowie mit den isostrukturellen Molekülen XeF_4, $XeOF_4$ und $[XeF_5]^+$ werden Molekülverbindungen gebildet, in denen keine ionischen Bindungsanteile mehr nachweisbar sind. Im Molekülgitter des $XeF_2 \cdot IF_5$ liegen die XeF_2- und IF_5-Einheiten nahezu unverändert vor [17]. Die Struktur ist vergleichbar mit der des festen XeF_2: jedes XeF_2-Molekül ist kubisch von 8 IF_5-Molekülen umgeben und umgekehrt (Abb. 2.3. – 2).

Die Fluoridionenakzeptor-Eigenschaften sind dagegen nur schwach ausgeprägt. Nur die Xe(VI)-Verbindungen bilden mit Alkalimetallfluoriden sowie NOF und NO_2F thermisch stabile Komplexe. Kristallstrukturuntersuchungen von 2 NOF $\cdot$ XeF_6 deuten darauf hin, daß $[XeF_8]^{2-}$-Einheiten vorliegen, in denen die 8 F-Atome quadratisch antiprismatisch um das Xe-Atom angeordnet sind [18].

Die unterschiedlichen Fluoridionen-Donator-Akzeptor-Eigenschaften ermöglichen eine Isolierung von XeF_4 und XeF_6 aus einem Gemisch der Xenonfluoride.

Da XeF_4 keinen AsF_5-Komplex bildet, kann es durch Behandeln des Gemischs mit überschüssigem AsF_5 in BrF_5-Lösung abgetrennt werden:

$$\left.\begin{array}{l} XeF_2 \\ XeF_4 \\ XeF_6 \end{array}\right\} + AsF_5 \xrightarrow[\text{Vak.}]{0\,°C} \left.\begin{array}{l} [Xe_2F_3][AsF_6] \\ XeF_4 \\ [XeF_5][AsF_6] \end{array}\right\} \xrightarrow[\text{Vak.}]{20\,°C} XeF_4 \uparrow.$$

Mit NaF bildet nur XeF_6 eine schwerflüchtige Verbindung, die bei 125 °C im Vakuum wieder gespalten wird:

$$\left.\begin{array}{l} XeF_2 \\ XeF_4 \\ XeF_6 \end{array}\right\} + NaF \xrightarrow{50\,°C} \left.\begin{array}{l} XeF_2 \\ XeF_4 \\ (2\,NaF)\cdot XeF_6 \end{array}\right\} \xrightarrow[-XeF_2,\ -XeF_4]{50\,°C,\ Vak.} (2\,NaF)\cdot XeF_6$$

$$\xrightarrow[\text{Vak.}]{125\,°C} XeF_6 + 2\,NaF.$$

Xenonoxidfluoride

In reinem Wasser ist XeF_2 molekular gelöst; sehr verdünnte Lösungen zersetzen sich bei Raumtemperatur nur langsam; diese Stabilität kann nur kinetische Gründe haben. Erst bei höherer Konzentration oder in Gegenwart von Fluoridionenakzeptoren oder Basen erfolgt heftige Reaktion. Dagegen reagieren XeF_4 und XeF_6 normalerweise explosionsartig. Unter ganz bestimmten Vorsichtsmaßnahmen können die Hydrolysereaktionen aber auch kontrolliert durchgeführt werden. Dabei bilden sich sauerstoffhaltige Xenonverbindungen (Tab. 2.3. – 1).

Bei der Hydrolyse von XeF_4 bei – 80 °C entsteht das spektroskopisch nachgewiesene $XeOF_2$ als hellgelber, bis – 25 °C stabiler, über O-Brücken

Tab. 2.3. – 1 Reaktionen der Xenonfluoride mit Wasser

Oxidationsstufe des Xe	Reaktionen
+2	$XeF_2 \xrightarrow{H_2O} Xe,\ O_2,\ HF,\ H_2O_2$
+4	$XeF_4 \xrightarrow{H_2O} Xe,\ O_2,\ HF,\ XeO_3$ $\xrightarrow[-80\,°C]{H_2O} XeOF_2 \xrightarrow{CsF} \cdot Cs\,XeOF_3$
+6	$XeF_6 \xrightarrow{H_2O} XeOF_4 \xrightarrow{H_2O} XeO_2F_2 \xrightarrow{H_2O} XeO_3$ $XeO_3 \xrightarrow{MX} MXeO_3X\ (X = F,\ Cl,\ Br)$ $XeO_3 \xrightarrow{MOH} MHXeO_4$ $XeO_3 \xrightarrow[MOH]{O_3} M_4XeO_6$ $MHXeO_4 \xrightarrow{MOH} M_3HXeO_6$
+8	$M_4XeO_6 \xrightarrow{konz.\ H_2SO_4} XeO_4$, $M_3HXeO_6 \xrightarrow{konz.\ H_2SO_4} XeO_4$ $M_4XeO_6 \xrightarrow{XeF_6} XeO_3F_2$, $XeO_4 \xrightarrow{XeF_6} XeO_3F_2$ $XeO_3F_2 \xrightarrow{XeF_6} XeO_2F_4$

koordinierter Festkörper [19]. Beim Erwärmen erfolgt Zersetzung zu XeF_2 und XeO_2F_2. Mit CsF bildet sich in HF bei $-63\,°C$ $Cs[XeOF_3]$ [20].

Die Hydrolyse von XeF_6 verläuft stufenweise zu $XeOF_4$, XeO_2F_2 und XeO_3. Eine analoge Reaktion tritt mit SiO_2 ein. Die molekularen sauerstoffhaltigen Verbindungen sind explosive Stoffe, wobei die Zersetzlichkeit mit steigendem O-Gehalt zunimmt. $XeOF_4$ ist unter Normalbedingungen flüssig (Fp. zwischen -46 und $-28\,°C$), leicht flüchtig und bildet sich aus XeF_6 sehr rasch; daher sind XeF_6-Proben oft mit $XeOF_4$ verunreinigt. Die Struktur des $XeOF_4$ entspricht der des IF_5; die Reaktionen beider Verbindungen sind vergleichbar.

XeO_3 reagiert mit Alkalimetallhalogeniden MX zu den thermisch sehr stabilen Halogenoxenaten $MXeO_3X$ ($CsXeO_3F$ zersetzt sich erst oberhalb $200\,°C$ langsam). In $MXeO_3F$ sind XeO_3-Einheiten über F-Brücken zu einer endlosen Kette verknüpft. Durch Disproportionierung oder bei der Oxidation stark alkalischer XeO_3-Lösungen mit Ozon entstehen die Xe(VIII)-Verbindungen M_4XeO_6 bzw. M_3HXeO_6, aus denen mit konz. Schwefelsäure XeO_4 gebildet wird, das mit XeF_6 zu den Xenon(VIII)-oxidfluoriden XeO_3F_2 und XeO_2F_4 reagiert.

Kryptonfluoride

Von Krypton, dessen Ionisierungspotential 14,0 eV beträgt, ist als einzige binäre Verbindung KrF_2 bekannt. Alle Versuche, Krypton weiter zu oxidieren, scheiterten bisher. KrF_2 entsteht z. B., wenn ein $Kr-F_2$-Gemisch bei $-183\,°C$ einer elektrischen Entladung ausgesetzt wird, oder auch, wenn eine flüssige Mischung aus Kr und F_2 bei $-196\,°C$ mit UV (365–366 nm, Hg-Drucklampe, 400 W) bestrahlt wird [21]. Es kann durch Sublimation unterhalb $-10\,°C$ gereinigt werden, bei höherer Temperatur erfolgt rascher Zerfall. Es bildet farblose Kristalle mit linearen KrF_2-Molekülen [22]. KrF_2 entsteht im Gegensatz zu XeF_2 endotherm, die mittlere $Kr-F$-Bindungsenergie beträgt 50 kJ/mol, der Bindungsabstand 1,89 Å, der Dampfdruck bei $0\,°C$ 40 mbar. KrF_2 und sein Kation $[KrF]^+$ sind die stärksten bekannten Fluorierungsmittel. So konnten hiermit erstmals $[BrF_6]^+$ [23] und AuF_5 [24] hergestellt werden. Schon unterhalb $-78\,°C$ reagiert KrF_2 mit H_2O zu HF, O_2 und Kr; Hg wird zu HgF_2, AgCl zu AgF_2, ClF_3 und ClF_5, Jod zu IF_7 und Xe zu XeF_6 oxidiert.

Produkte aus Fluoraustauschreaktionen mit Protonsäuren zu isolieren, ist bisher nicht gelungen, da hierbei sofort Zersetzung unter Bildung der Peroxide erfolgt. Mit starken Fluoridionenakzeptoren bildet KrF_2 analoge Verbindungen wie XeF_2. Hierin liegen je nach Stöchiometrie der Umsetzung $[KrF]^+$- oder $[Kr_2F_3]^+$-Kationen vor. Durch ^{19}F-NMR und Raman sind eindeutig charakterisiert die Komplexe mit SbF_5, AsF_5, PtF_5, TaF_5 und NbF_5 [25]. Die SbF_5-Komplexe sind erwartungsgemäß die stabilsten, zersetzen sich erst ab Raumtemperatur und lassen sich wesentlich besser handhaben als KrF_2 selbst.

Mit XeF_6 bildet KrF_2 einen Molekülkomplex $KrF_2 \cdot XeF_6$, der im kristallinen Zustand bei $20\,°C$ einen Dampfdruck von 15 mbar besitzt (Fp. $40\,°C$) und im Vakuum als 1:1-Addukt destillierbar ist [26]. Mit Graphit wird eine bis etwa $200\,°C$ stabile Einlagerungsverbindung variabler Zusammensetzung gebildet [27].

Radonfluoride

Aufgrund des relativ niedrigen Ionisierungspotentials von 10,75 eV sollte man erwarten, daß Radon von allen Edelgasen am leichtesten zur Verbindungsbildung befähigt ist. Jedoch besitzt das stabilste Rn-Isotop ^{222}Rn nur eine Halbwertszeit von 2,8 Tagen; daher sind alle Untersuchungen der Rn-Chemie sehr schwierig. Wird ^{222}Rn unter verschiedenen Bedingungen fluoriert, so bildet sich immer dasselbe Radonfluorid, wahrscheinlich ein ionisches RnF_2 [28]. Bei Raumtemperatur wird Radon auch schon von ClF_3, BrF_3 und BrF_5 sowie den festen Komplexen $[ClF_2][SbF_6]$, $[BrF_2][SbF_6]$ und $[BrF_4][Sb_2F_{11}]$ oxidiert. Diese Reaktionen könnten künftig dazu genutzt werden, das radioaktive Rn aus den flüchtigen Produkten einiger Zerfallsreihen zu entfernen.

Literatur

a) Übersichtsartikel

N. Barlett und *F. Sladky* in Comprehensive Inorganic Chemistry, Vol. 1, S. 213, Pergamon Press – Oxford – New York – Toronto – Sydney – Paris – Braunschweig, 1973.

F. Sladky in MTP International Review of Science, Inorganic Chemistry Series One, Vol. 3, S. 1 (1972) und Series Two, Vol. 3, S. 299 (1975), Butterworths – London, University Park Press – Baltimore.

D. Naumann, Chemie für Labor und Betrieb **27,** 393, 427 (1976).

b) Spezielle Literatur

1. *J. Levec, J. Slivnik* und *B. Žemva,* J. inorg. nucl. Chem. **36,** 997 (1974).
2. *L. V. Streng* und *A. G. Streng,* Inorg. Chem. **4,** 1370 (1965); *A. Smalc, K. Lutar* und *J. Slivnik,* J. Fluorine Chem. **8,** 95 (1976).
3. *L. S. Bartell* und *R. M. Gavin jr.,* J. Chem. Phys. **48,** 2466 (1966); *G. L. Goodman,* J. Chem. Phys. **56,** 5038 (1972); *H. H. Claassen, G. L. Goodman* und *H. Kim,* J. Chem. Phys. **56,** 5042 (1972).
4. *H. H. Rupp* und *K. Seppelt,* Angew. Chem. **86,** 669 (1974).
5. *E. H. Appelman,* J. Amer. Chem. Soc. **90,** 1900 (1968).
6. *K. Leary, A. Zalkin* und *N. Bartlett,* J. C. S. Chem. Comm. **1973,** 131; Inorg. Chem. **13,** 775 (1974).
7. *H. Selig* und *O. Gani,* Inorg. Nucl. Chem. Lett. **11,** 75 (1975); *H. Selig, M. Rabinovitz, I. Agranat, C.-H. Lin* und *L. B. Ebert,* J. Amer. Chem. Soc. **98,** 1601 (1976), **99,** 953 (1977); *I. Agranat, M. Rabinovitz, H. Selig* und *C.-H. Lin,* Synthesis **1977,** 267.
8. *F. Sladky,* Angew. Chem. **81,** 330, 536 (1969); *K. Seppelt,* Angew. Chem. **84,** 715 (1972); *K. Seppelt* und *D. Nothe,* Inorg. Chem. **12,** 2727 (1973).
9. *D. Lentz* und *K. Seppelt,* Angew. Chem. **90,** 391 (1978).
10. *R. J. Gillespie* und *G. J. Schrobilgen,* Inorg. Chem. **13,** 765 (1974).
11. *R. D. Le Blond* und *D. D. Des Marteau,* J. C. S. Chem. Comm. **1974,** 555.
12. *J. Berkowitz, W. A. Chupka, P. M. Guyon, J. H. Holloway* und *R. Spohr,* J. Phys. Chem. **75,** 1461 (1971).
13. *P. Boldrini, R. J. Gillespie, P. R. Ireland* und *G. J. Schrobilgen,* Inorg. Chem. **13,** 1690 (1974); *R. J. Gillespie, B. Landa* und *G. J. Schrobilgen,* Inorg. Chem. **15,** 1256 (1976).
14. *M. Bohinc, J. Grannec, J. Slivnik* und *B. Žemva,* J. inorg. nucl. Chem. **38,** 75 (1976); *B. Žemva, J. Slivnik* und *M. Bohinc,* J. inorg. nucl. Chem. **38,** 73 (1976); *B. Žemva* und *J. Slivnik,* J. Fluorine Chem. **8,** 369 (1976); *B. Žemva,* 6. Europäisches Fluorsymposium, Dortmund, 1977, Abstract I 33.
15. *J. H. Holloway, G. J. Schrobilgen* und *P. Taylor,* J. C. S. Chem. Comm. **1975,** 40.
16. *B. Frleč* und *J. H. Holloway,* J. C. S. Dalton Trans. **1975,** 535.
17. *G. R. Jones, R. D. Burbank* und *N. Bartlett,* Inorg. Chem. **9,** 2264 (1970).
18. *S. W. Peterson, J. H. Holloway, B. A. Coyle* und *J. M. Williams,* Science **173,** 1238 (1971).
19. *J. S. Ogden* und *J. J. Turner,* J. C. S. Chem. Comm. **1966,** 693; *E. Jacob* und *R. Opferkuch,* Angew. Chem. **88,** 190 (1976); *R. J. Gillespie* und *G. J. Schrobilgen,* J. C. S. Chem. Comm. **1977,** 595.
20. *R. J. Gillespie* und *G. J. Schrobilgen,* 6. Europäisches Fluorsymposium, Dortmund, 1977, Abstract I 35.

21. *J. Slivnik, A. Smalc, K. Lutar, B. Žemva* und *B. Frleč*, J. Fluorine Chem. **5**, 273 (1975).
22. *R. D. Burbank, W. E. Falconer* und *W. A. Sunder*, Science **178**, 1285 (1972).
23. *R. J. Gillespie* und *G. J. Schrobilgen*, Inorg. Chem. **13**, 1230 (1974).
24. *J. H. Holloway* und *G. J. Schrobilgen*, J. C. S. Chem. Comm. **1975**, 623.
25. *R. J. Gillespie* und *G. J. Schrobilgen*, Inorg. Chem. **15**, 22 (1976); *B. Frleč* und *J. H. Holloway*, Inorg. Chem. **15**, 1263 (1976).
26. *V. D. Klimov* et al., Dok. Chem. **217**, 549 (1975).
27. *H. Selig, P. K. Gallagher* und *L. B. Ebert*, Inorg. Nucl. Chem. Lett. **13**, 427 (1977).
28. *L. Stein*, Science **168**, 362 (1970), J. inorg. nucl. Chem. **35**, 39 (1973); *K. S. Pitzer*, J. C. S. Chem. Comm. **1975**, 760; *F. A. Hohorst, L. Stein* und *E. Gebert*, Inorg. Chem. **14**, 2233 (1975).

2.4. Sauerstofffluoride und Fluoroxy-Verbindungen

Es sind bisher acht binäre Verbindungen zwischen Sauerstoff und Fluor der Zusammensetzung O_nF ($n = 1,2$) und O_nF_2 ($n = 1 - 6$) beschrieben worden. Von diesen sind nur die Radikale OF und O_2F sowie die Fluoride OF_2 und O_2F_2 mit Sicherheit nachgewiesen. Daneben existieren die „hypofluorige" Säure HOF und zahlreiche Derivate der allgemeinen Zusammensetzung ROF. Die Bezeichnung „hypofluorige" Säure und „Hypofluorite" für Verbindungen mit OF-Gruppen erfolgte in Anlehnung an die Nomenklatur der schwereren Halogene und gibt nicht die Bindungspolarität wieder, hat sich in der Literatur aber allgemein durchgesetzt. Fluor ist in allen Fällen negativ polarisiert. Vom Nomenklatur-Komitee der American Chemical Society wurde der Name Fluoroxy-Verbindungen vorgeschlagen.

Alle Sauerstoff-Fluor-Verbindungen sind starke Oxidations- und Fluorierungsmittel und mit Ausnahme von OF_2 thermodynamisch instabil bezüglich des Zerfalls in die Elemente.

Monosauerstoffmonofluorid OF

Das OF-Radikal entsteht bei der thermischen und photolytischen Zersetzung von OF_2 und wird bei allen Reaktionen der Sauerstofffluoride als Zwischenprodukt formuliert. Es ist IR-spektroskopisch nachweisbar, wenn OF_2 in einer N_2-Matrix bei 4 K photolysiert wird. Andere Methoden sind die Photolyse von Gemischen aus $OF_2 - N_2O$ [1] und aus $F_2 - N_2O$ [2] bei 8 K:

$$OF_2 + N_2O \rightarrow 2\,OF + N_2$$
$$F_2 + 2\,N_2O \rightarrow 2\,OF + 2\,N_2.$$

Schon bei 29 K rekombinieren die Radikale unter Bildung von O_2F_2 und geringen Mengen OF_2. Die OF-Bindungsdissoziationsenergie beträgt 209 kJ/mol, der Bindungsabstand 1,32 Å.

Disauerstoffmonofluorid O_2F

Das freie Radikal entsteht ebenfalls in der Matrix bei 4 K bei der Photolyse von OF_2 – O_2- oder F_2 – O_2-Gemischen. Es ist gewinkelt gebaut mit einer starken O – O-Bindung und einer sehr schwachen O – F-Bindung (d (OO) 1,217 Å, d (OF) 1,575 Å [3]; D (O – O) 463 kJ/mol, D (O – F) 77 kJ/mol). Sein Ionisierungspotential wurde zu 12,6 eV bestimmt. O_2F ist möglicherweise ein Zwischenprodukt bei der Darstellung von Dioxygenylsalzen aus einem Gemisch von F_2, O_2 und Fluoridionenakzeptoren.

Monosauerstoffdifluorid OF_2

OF_2 (Fp. – 223,8 °C; Kp. – 144,8 °C) entsteht am besten beim Einleiten von F_2-Gas in H_2O in Gegenwart von Alkalimetallfluorid oder in 0,5 molare NaOH in bis zu 80% Ausbeute als gelbes, giftiges Gas. Weitere Darstellungsmethoden sind die Fluorierung von feuchtem Alkalimetallfluorid und die Elektrolyse einer wäßrigen KHF_2-Lösung. Bei allen Reaktionen bildet sich wahrscheinlich HOF als Zwischenprodukt. Reines OF_2 ist nicht explosiv, thermisch stabil bis 200 – 250 °C; bei der Zersetzung entstehen hauptsächlich O_2 und F_2. Das Molekül ist gewinkelt gebaut (d (OF) 1,405 Å; Winkel (FOF) 104,3°); die Bindungsdissoziationsenergie für die erste O – F-Bindung beträgt 178,5 kJ/mol, für die zweite 201,9 kJ/mol [4]; bei Reaktionen wird also bevorzugt die OF-Gruppe übertragen. In vielen Reaktionen ist OF_2 ein starkes Fluorierungs- und Oxidationsmittel; es ist aber weniger reaktiv als elementares Fluor, da für die Reaktion eine höhere Aktivierungsenergie erforderlich ist. Halogenwasserstoffe reagieren gemäß

$$OF_2 + 4\,HX \rightarrow 2\,HF + H_2O + 2\,X_2\ (X = Cl,\ Br,\ I).$$

Viele Nichtmetalle werden beim Erwärmen mit OF_2 teils oxidiert, teils fluoriert. Wasserdampf reagiert beim Entzünden, H_2S schon bei Raumtemperatur explosionsartig. In Wasser ist OF_2 mäßig löslich und wird langsam hydrolysiert [5]:

$$OF_2 + H_2O \rightarrow O_2 + 2\,HF.$$

Mit NF_3 entsteht in einer elektrischen Entladung ONF_3; mit Kr oder Xe bilden sich beim Bestrahlen KrF_2 bzw. XeF_2.

Aus den Photolysereaktionen von OF_2 in Gegenwart von CS_2 und COS – O_2-Mischungen [6], oder mit isotopenmarkiertem SO_3 [7] kann eindeutig auf die Bildung von OF als Zwischenprodukt geschlossen werden:

$$OF_2 \xrightarrow{\ h\cdot\nu\ } OF + F$$
$$F + SO_3 \longrightarrow FSO_3$$
$$FSO_3 + OF \longrightarrow FSO_2OOF.$$

Mit COF_2 bildet OF_2 in Gegenwart von CsF das bei Raumtemperatur stabile Bis(trifluormethyl)-trioxid CF_3OOOCF_3 vermutlich über einen ionischen Mechanismus [8]:

$$COF_2 + CsF \rightarrow Cs^+OCF_3^-$$
$$OF_2 + OCF_3^- \rightarrow CF_3OOF + F^-$$
$$CF_3OOF + OCF_3^- \rightarrow CF_3OOOCF_3 + F^-$$
$$CF_3OOF + COF_2 \rightarrow CF_3OOOCF_3 \, .$$

Eine Dissoziation in Ionen gemäß $OF_2 \rightarrow OF^+ + F^-$ wird nicht beobachtet. Bei Reaktionen mit Fluoridionenakzeptoren, z. B. AsF_5, bilden sich vielmehr Dioxygenylsalze. So wird bei den photochemischen Umsetzungen der Gemische $O_2 - F_2 - AsF_5$, $OF_2 - AsF_5$ und $O_2 - OF_2 - AsF_5$ die intermediäre Bildung des O_2F-Radikals formuliert [9].

Disauerstoffdifluorid O_2F_2

O_2F_2 (Fp. $- 154\,°C$; Kp. (ber.) $- 57\,°C$) entsteht als gelbe, in CCl_3F lösliche Substanz am besten bei der Hochfrequenzentladung eines Gasgemisches aus O_2 und F_2 zwischen 77 und 90 K bei einem Druck von $13 - 25$ mbar [10]. Weitere Methoden sind die Radiolyse eines flüssigen $O_2 - F_2$-Gemischs bei 77 K, die Photolyse eines $O_3 - F_2$-Gemischs bei $120 - 195$ K; quantitativ bildet sich O_2F_2 bei der Bestrahlung eines flüssigen $O_2 - F_2$-Gemischs bei 77 K mit nahem UV [11]. In jedem Fall ist eine starke Anregung erforderlich [12]. Schon unterhalb des Siedepunkts erfolgt in schwach exothermer Reaktion Zersetzung, als Zwischenprodukt entsteht dabei O_2F. Die Struktur ist analog der des H_2O_2

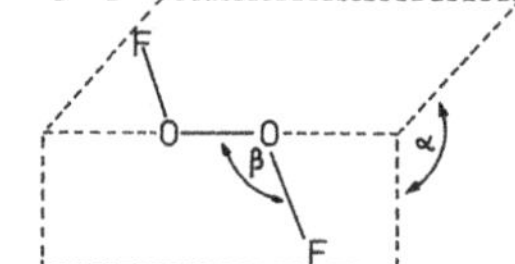

$$d\,(OO)\ 1{,}217\,Å \qquad \alpha = 87{,}5°$$
$$d\,(OF)\ 1{,}575\,Å \qquad \beta = 109{,}5°$$

mit sehr starker $O - O$-Bindung (432,6 kJ/mol) und schwachen $O - F$-Bindungen (75 kJ/mol). O_2F_2 ist ein starkes Oxidations- und Fluorierungsmittel. Schon unterhalb $- 120\,°C$ treten mit allen H-haltigen Verbindungen sehr heftige Reaktionen ein, N_2F_4 wird bei $- 100\,°C$ zu NF_3, SF_4 bei $- 140\,°C$ zu SF_6, PF_3 zu PF_5, ClF bei $- 130\,°C$ zu einer tief violetten Verbindung oxidiert [13]. Bei der Umsetzung mit SO_2 bei $- 160\,°C$ konnte durch ^{17}O-Isotopenmarkierung auf die intermediäre Bildung von O_2F geschlossen werden [14]:

$$SO_2 + O_2F_2 \rightarrow
\underset{\underset{F}{O}}{\overset{\overset{F}{O}}{S}}
+
\underset{\underset{OOF}{O}}{\overset{\overset{F}{O}}{S}}
+ FSOSF +
\underset{\underset{OF}{O}}{\overset{\overset{F}{O}}{S}}$$

Mit Fluoridionenakzeptoren werden Dioxygenylsalze gebildet. Bei der Reaktion von O_2F_2 mit polymerem VF_5 bei $- 119$ bis $- 80\,°C$ und anschließendem Quenchen auf $- 196\,°C$ ließ sich ein Zwischenprodukt isolieren,

44

das aufgrund des Ramanspektrums entweder als $O_2F^+ + F^- + V_2F_{10}$, oder aber als

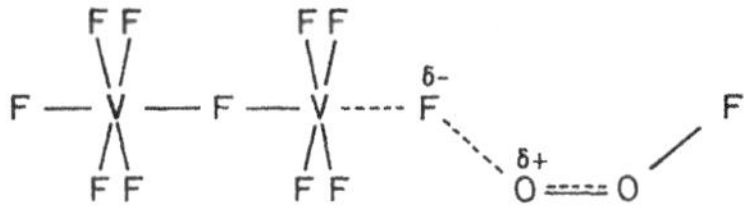

$$\begin{array}{c}
\ F\ FF\ F \\
\ \backslash/\backslash/ \\
F-V-F-V\cdots\cdots\overset{\delta-}{F} F \\
/\backslash/\backslash \ddots\diagup \\
\ F\ FF\ F \overset{\delta+}{O}\!=\!=\!=\!O
\end{array}$$

formuliert werden muß; die Banden des $[V_2F_{11}]^-$-Anions treten nicht auf [15]. Erst beim Erwärmen entsteht $O_2^+[V_2F_{11}]^-$.

Höhere Sauerstofffluoride

Die höheren Sauerstofffluoride O_3F_2 , O_5F_2 und O_6F_2 sind nicht gesichert. So ist O_3F_2 vermutlich ein Gemisch aus O_2F, O_2F_2 und OF-Radikalen [16]. Bei der milden elektrischen Entladung eines $O_2 - F_2$-Gemisches sollen die jeweils bei 90 K zersetzlichen Verbindungen O_5F_2 und O_6F_2 gebildet worden sein [17, 18]. O_4F_2 wird in der Matrix aus O_2F-Radikalen bzw. der Radiolyse eines 3 : 1-Gemisches aus F_2 und O_2 gebildet [18, 19] und liegt mit O_2F im Gleichgewicht. Aus Raman-Spektren [20] und MO-Berechnungen [21] wird eine Assoziation über O abgeleitet:

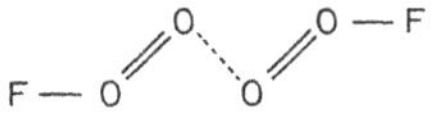

$$\begin{array}{c}
\diagup O\cdots\diagup O-F \\
\diagup\diagdown\diagup \\
F-OO
\end{array}$$

Bei der Reaktion mit SO_2 wird in 32% Ausbeute O_2SOOF gebildet [22]. Als paramagnetische Spezies bei tiefer Temperatur werden die Polysauerstofffluoride $(O_2)_nF$ formuliert [16]:

$$(O_2)_nF \rightleftharpoons O_2F + (n-1)O_2 \; .$$

Hypofluorige Säure HOF

Der erste Beweis für die Existenz eines Moleküls HOF ergab sich bei der Photolyse eines $F_2 - H_2O$-Gemisches in einer N_2-Matrix bei $14 - 20$ K durch Zuordnung des IR-Spektrums [23]. Später konnte die Verbindung auch präparativ in mg-Mengen bei der Reaktion von Fluor mit Eis dargestellt werden (Fp. $-117\,°C$) [24]; die Charakterisierung erfolgte durch Analyse und massenspektrometrisch. Bei Raumtemperatur tritt langsame Zersetzung zu HF und O_2 ein; die Hydrolyse ergibt H_2O_2 und HF, und mit wäßriger Jodidlösung entsteht I_3^-, OH^- und F^-. Mit Fluoratomen entstehen HF und OF [25]. Salze sind bisher nicht isoliert worden. Das HOF-Molekül ist als Hydroxofluorid aufzufassen [26]; seine Bildungsenthalpie ist zu 98 kJ/mol bestimmt worden [27], und die Moleküldaten ergeben sich aus Mikrowellenspektren: d(OH) 0,964 Å, d(OF) 1,442 Å, Winkel (HOF) 97,2° [28].

Kovalente Hypofluorite

Dies sind Verbindungen, die sich von den Sauerstofffluoriden ableiten und eine kovalent gebundene OF-Gruppe enthalten, so daß ihre allgemeine Zusammensetzung als R – OF angesehen werden kann. Formal kann zwischen anorganischen und C-haltigen Fluoralkyl- und -acyl-hypofluoriten unterschieden werden.

Als erste dieser Verbindungen ist schon 1934 bei der Reaktion von Fluor mit 4 N HNO$_3$ *Nitrylhypofluorit O$_2$NOF* als explosives Gas (Kp. – 45,9 °C) gewonnen worden [29]. Reines O$_2$NOF wird beim Überleiten von mit N$_2$ verdünntem Fluor über wasserfreies KNO$_3$ erhalten. Mikrowellen- und Schwingungsspektren ergeben eine nicht-planare Struktur [30]. Aus den stöchiometrischen Mengen F$_2$ und NO$_2$ entsteht bei – 30 °C in einem gut passivierten Reaktor *Nitrosylhypofluorit ONOF* [31], das bei Anwesenheit geringer Verunreinigungen leicht zu Nitrylfluorid FNO$_2$ isomerisiert.

Für *Fluorosulfurylhypofluorit FSO$_2$OF* (Kp. – 31,3 °C) gibt es mehrere Darstellungsmethoden, z. B. die Fluorierung von NaOSO$_2$F oder SO$_3$ bei 200 °C in Gegenwart von AgF$_2$ [32]. Es ist wie O$_2$NOF gefährlich explosiv und ein starkes Oxidationsmittel. Wegen der leichten Spaltbarkeit der OF-Bindung addiert FSO$_2$OF leicht an olefinische Doppelbindungen. Erwähnenswert ist die Reaktion mit CsF bei 75 °C, bei der die intermediäre Bildung von CsOF formuliert wird [33]. Wird SOF$_2$ in Gegenwart von AgF$_2$ oder CsF fluoriert, dann entsteht *Pentafluoroschwefelhypofluorit F$_5$SOF* (Fp. – 86 °C; Kp. – 35,1 °C) [34] als stabilstes anorganisches Hypofluorit. Es zersetzt sich bei 210 °C zu SF$_6$ und O$_2$, bei der Photolyse entsteht Bis-(pentafluoroschwefel)peroxid SF$_5$OOSF$_5$ [35]. Photolyse in Gegenwart von N$_2$F$_4$ liefert F$_5$SONF$_2$. An olefinische Doppelbindungen erfolgt quantitative Addition, und mit überschüssigem SF$_4$ werden SF$_6$, OSF$_4$, SF$_5$OSF$_5$, SF$_5$OOSF$_5$ und SF$_5$OSF$_4$OSF$_5$ gebildet [36]. Das Schwefelatom im F$_5$SOF ist oktaedrisch koordiniert (mittlerer S – F-Abstand 1,53 Å; d (OF) 1,43 Å; d (SO) 1,64 Å).

Ein analoges Selenderivat ist ebenfalls existent. *Pentafluoroselenhypofluorit F$_5$SeOF* (Fp. – 54 °C; Kp. – 29 °C) wird am besten durch Fluorierung von KSeO$_2$F bei – 78 °C als farblose Verbindung gewonnen [37]. Als weiteres Produkt bei der Fluorierung entsteht *Tetrafluoroselenbis(hypofluorit) F$_4$Se(OF)$_2$* (Kp. (ber.) + 12,9 °C) mit den beiden OF-Gruppen in trans-Stellung. Dies ist das einzige, nicht C-haltige Bis-hypofluorit.

Perchlorylhypofluorit O$_3$ClOF (Fp. – 167,3 °C; Kp. – 15,9 °C) wird neben OF$_2$ und O$_2$ beim Durchleiten von F$_2$ durch 70%ige HClO$_4$ als hoch explosives, stark oxidierendes farbloses Gas gewonnen [38].

Die C-haltigen Hypofluorite lassen sich in zwei Gruppen einordnen: die explosiven Perfluoracylhypofluorite RC(O)OF und die stabileren Fluoroxyfluoralkane ROF.

Die *Perfluoracylhypofluorite CF$_3$C(O)OF* (Kp. – 21 °C) und C$_2$F$_5$C(O)OF (Kp. (ber.) + 2 °C) entstehen bei der Fluorierung der entsprechenden Perfluorcarbonsäure als hochexplosive, farblose Substanzen. Die thermische Zersetzung liefert CO$_2$ und CF$_4$ bzw. C$_2$F$_6$. Lediglich das Anfangsglied *Fluoroformylhypofluorit FC(O)OF* (Fp. – 141,4 °C; Kp.

-55 °C) ist stabil; es wird als Zwischenstufe bei der Fluorierung von CO_2 in Gegenwart von CsF erhalten [39]:

$$CO_2 + F_2 \xrightarrow{(CsF)} FC(O)OF \xrightarrow[+F_2]{(CsF)} F_2C(OF)_2 \ .$$

Allgemeine Darstellungsmethode für Fluoroxyperfluoralkane und ihre Derivate ist die Fluorierung von Alkoholen und Ketonen:

$$R_f CH_2OH + F_2 \rightarrow R_f CF_2OF$$
$$(R_f)_2 C = O + F_2 \rightarrow (R_f)_2 CF(OF).$$

Meist quantitativ verläuft die Fluorierung von Acyl- und Diacylverbindungen in Gegenwart von Alkalimetallfluorid; dies läßt auf einen ionischen Prozeß schließen. Der Grundkörper *CF₃OF* (Kp. -95 °C) liegt zwischen 320 und 460 °C in einem reversiblen Gleichgewicht mit $CF_2O + F_2$. Mit CF_2O bei 280 °C und schnellem Quenchen oder bei Bestrahlung bildet es *Bis(trifluormethyl)-peroxid CF₃OOCF₃* (Kp. -37 °C; Zers. ab 225 °C) [40]. In chemischen Reaktionen verhält sich CF_3OF wie CF_3O und F, und nicht wie CF_3 und OF [41]. Die Bindungsdissoziationsenergie $D(O-F)$ beträgt 182 kJ/mol; die Schwingungsspektren sind zugeordnet [42].

Die Fluorierung von $NaOC(O)CF_3$ oder Oxalat sowie von FC(O)OF in Gegenwart von CsF liefert *Bis(fluoroxy)difluormethan CF₂(OF)₂* (Kp. -64 °C). Dies reagiert über mehrere Schritte mit $CF_2O - CsF$ zu CF_3OF; daneben bildet sich das *Bis(trifluormethyl)trioxid CF₃OOOCF₃* (Fp. -138 °C; Kp. -16 °C) [43] sowie $CF_3OOOCF_2OOCF_3$. Das Trioxid entsteht ebenfalls bei der Reaktion von $CsOCF_3$ mit OF_2 [8]; bei Variation der Versuchsbedingungen kann dabei in 25% Ausbeute *Fluorperoxytrifluormethan CF₃OOF* [44] gewonnen werden, das auch bei der Fluorierung von CF_3OOH entsteht [45]. CF_3OOOCF_3 und CF_3OOF sind gut geeignete Quellen für Synthesen weiterer CF_3OO- und OF-Verbindungen [46].

Die Bindungen in Sauerstofffluoriden

Eine Zusammenstellung von Kernabständen, mittleren Bindungsdissoziationsenergien und Valenzkraftkonstanten ist in Tab. 2.4. -1 gegeben. Danach ist die O $-$ F-Bindung in den Monosauerstoffverbindungen am stärksten. Das OF-Radikal, dessen Kernabstand nahezu der Summe der Kovalenzradien (1,30 Å) entspricht, hat sicherlich eine normale O $-$ F-Einfachbindung, die in OF_2 und HOF schwächer wird, wie aus den Moleküldaten ersichtlich. Die Ladungsverteilung in HOF wird mit H($+0,501$) O($-0,309$) F($-0,192$) angegeben [47]. Die Disauerstoffverbindungen dagegen besitzen alle sehr schwache OF- und sehr starke O $-$ O-Bindungen. Der O_2-Bindungsabstand in O_2F und O_2F_2 ist nur unwesentlich größer als der des O_2-Moleküls; auch Bindungsdissoziationsenergien und Kraftkonstanten sprechen für das Vorliegen von weitgehenden Doppelbindungen. Dies wird mit einer Wechselwirkung von Fluor mit den unge-

Tab. 2.4. – 1 Kernabstände, mittlere Bindungsdissoziationsenergien und Valenzkraftkonstanten von Sauerstofffluoriden

Verbindung	Kernabstand [Å]		mittlere Bindungsdissoziationsenergie [kJ/mol]		Kraftkonstante [mdyn/Å]	
	d (OO)	d (OF)	D (O – O)	D (O – F)	f (O – O)	f (O – F)
OF	–	1,32	–	209	–	5,42
OF_2	–	1,405	–	191	–	3,95
O_2F	1,217	1,575	463	77	10,50	1,32
O_2F_2	1,217	1,575	432,6	75	10,25	1,50
HOF	–	1,44	–	–	–	4,37
O_2	1,21	–	497	–	11,43	–

paarten π^*-Orbitalen des Sauerstoffs erklärt; dadurch entsteht ein 3 Zentren-MO, das bezüglich der O – O-Bindung antibindend, für die O – F-Bindung aber bindend ist. Somit bleibt die O – O-Bindung praktisch unbeeinflußt; die O – F-Bindungen aber sind schwach, verglichen mit normalen Elektronenpaarbindungen, der Bindungsgrad beträgt nur noch etwa 0,3 [48]; die Ladungsverteilung im O_2F_2 wird mit F(– 0,114) – O(+ 0,114) angegeben [49]; diese Befunde werden durch folgende Grenzstrukturen verdeutlicht [50]:

$$F - \bar{O} - \bar{O} - F \leftrightarrow F^{\ominus} \; \bar{O} = \overset{\oplus}{O} - F \leftrightarrow F - \overset{\oplus}{O} = \bar{O} \; F^{\ominus}.$$

Literatur

a) Übersichtsartikel

B. J. Brisdon, Oxides and Oxyacids of the Halogens in MTP International Review of Science, Inorganic Chemistry, Series One, Vol. 3, S. 215, Butterworths – London, University Park Press – Baltimore, 1972.

I. V. Nikitin und *V. Ya. Rosolovskii,* Russ. Chem. Rev. **40,** 889 (1971).

H. J. Eméleus, The Chemistry of Fluorine and Its Compounds, S. 21, Academic Press – New York – London, 1969.

R. A. De Marco und *J. M. Shreeve,* Adv. Inorg. Chem. Radiochem. **16,** 109 (1974).

M. Lustig und *J. M. Shreeve,* Adv. Fluorine Chem. **7,** 175 (1973).

b) Spezielle Literatur

1. *A. Arkell, R. R. Reinhard* und *L. P. Larson,* J. Amer. Chem. Soc. **87,** 1016 (1965).
2. *R. R. Smardzewski* und *W. B. Fox,* J. Chem. Phys. **61,** 4933 (1974).
3. *Z. Singh* und *G. Nagajaran,* Mh. Chem. **105,** 91 (1974).
4. *M. C. Lin* und *S. H. Bauer,* J. Amer. Chem. Soc. **91,** 7737 (1969).
5. *S. N. Misra* und *G. H. Cady,* Inorg. Chem. **11,** 1132 (1972).
6. *D. Soria, O. Salinovich, E. Ramondelli de Staricco* und *E. H. Staricco,* J. Fluorine Chem. **4,** 437 (1974).

7. *I. J. Solomon, A. J. Kacmarek* und *J. Raney*, J. Phys. Chem. **72**, 2263 (1968).
8. *L. R. Anderson* und *W. B. Fox*, J. Amer. Chem. Soc. **89**, 4313 (1967).
9. *A. Smalc* und *K. Lutar*, J. Fluorine Chem. **9**, 399 (1977).
10. *A. Arkell*, J. Amer. Chem. Soc. **87**, 4057 (1965).
11. *A. Smalc, K. Lutar* und *J. Slivnik*, J. Fluorine Chem. **6**, 287 (1975).
12. *R. H. Krech, G. J. Diebold* und *D. L. McFadden*, J. Amer. Chem. Soc. **99**, 4605 (1977); *I. V. Nikitin, A. V. Dudin* und *V. Ya. Rosolovskii*, Izv. Akad. Nauk USSR, Ser. Khim. **1973**, 269.
13. *K. O. Christe, R. D. Wilson* und *I. B. Goldberg*, J. Fluorine Chem. **7**, 543 (1976).
14. *I. J. Solomon, A. J. Kacmarek* und *J. Raney*, Inorg. Chem. **7**, 1221 (1968).
15. *J. E. Griffiths, A. J. Edwards, W. A. Sunder* und *W. E. Falconer*, J. Fluorine Chem. **11**, 119 (1978).
16. *I. J. Solomon, J. K. Raney, A. J. Kacmarek, R. G. Maguire* und *G. N. Noble*, J. Amer. Chem. Soc. **89**, 2015 (1967).
17. *A. G. Streng* und *A. V. Grosse*, J. Amer. Chem. Soc. **88**, 169 (1966).
18. *C. T. Goetschel, V. A. Campanile* und *C. D. Wagner*, J. Amer. Chem. Soc. **91**, 4702 (1969).
19. Lit. [18]; *R. D. Spratley, J. J. Turner* und *G. C. Pimentel*, J. Chem. Phys. **64**, 2063 (1966).
20. *D. J. Gardiner* und *J. J. Turner*, J. Fluorine Chem. **1**, 373 (1971/72).
21. *B. Plesničar, D. Kocjan, S. Murovec* und *A. Ažman*, J. Amer. Chem. Soc. **98**, 3143 (1976).
22. *I. J. Solomon* und *A. J. Kacmarek*, J. Fluorine Chem. **1**, 255 (1971/72).
23. *P. N. Noble* und *G. C. Pimentel*, Spectrochim. Acta **24 A**, 797 (1968).
24. *M. H. Studier* und *E. H. Appelman*, J. Amer. Chem. Soc. **93**, 2349 (1971).
25. *E. H. Appelman* und *M. A. A. Clyne*, J. C. S. Faraday Trans. I, **71**, 2072 (1975).
26. *A. A. Woolf*, J. Chem. Educ. **49**, 299 (1972).
27. *J. Berkowitz, E. H. Appelman* und *W. A. Chupka*, J. Chem. Phys. **58**, 1950 (1973).
28. *H. Kim, E. F. Pearson* und *E. H. Appelman*, J. Chem. Phys. **56**, 1 (1972).
29. *G. H. Cady*, J. Amer. Chem. Soc. **56**, 2635 (1934).
30. *L. Pauling* und *L. O. Brockway*, J. Amer. Chem. Soc. **59**, 13 (1937); *K. O. Christe, C. J. Schack* und *R. D. Wilson*, Inorg. Chem. **13**, 2811 (1974).
31. *R. D. Spratley* und *G. C. Pimentel*, J. Amer. Chem. Soc. **88**, 2394 (1966).
32. *F. B. Dudley*, J. Amer. Chem. Soc. **85**, 3407 (1963).
33. *J. K. Ruff* und *M. Lustig*, Inorg. Chem. **3**, 1422 (1964).
34. *F. B. Dudley, G. H. Cady* und *D. F. Eggers*, J. Amer. Chem. Soc. **78**, 1553 (1956).
35. *C. I. Merrill* und *G. H. Cady*, J. Amer. Chem. Soc. **83**, 298 (1961).
36. *S. M. Williamson* und *G. H. Cady*, Inorg. Chem. **1**, 673 (1962); *G. Pass* und *H. L. Roberts*, Inorg. Chem. **2**, 1016 (1963).
37. *J. E. Smith* und *G. H. Cady*, Inorg. Chem. **9**, 1293, 1442 (1970).
38. *G. H. Rohrback* und *G. H. Cady*, J. Amer. Chem. Soc. **69**, 677 (1947).
39. *R. Cauble* und *G. H. Cady*, J. Amer. Chem. Soc. **89**, 5161 (1967).
40. *M. Wechsberg* und *G. H. Cady*, J. Amer. Chem. Soc. **91**, 4432 (1969).
41. *G. Pass* und *H. L. Roberts*, Inorg. Chem. **2**, 1016 (1963).
42. *R. R. Smardzewski* und *W. B. Fox*, J. Fluorine Chem. **6**, 417 (1975).
43. *D. D. DesMarteau*, Inorg. Chem. **9**, 2179 (1970).
44. *I. J. Solomon, A. J. Kacmarek, W. K. Sumida* und *J. K. Raney*, Inorg. Chem. **11**, 195 (1972).
45. *D. D. DesMarteau*, Inorg. Chem. **11**, 193 (1972).

46. *F. A. Hohorst, D. D. DesMarteau, L. R. Anderson, D. E. Gould* und *W. B. Fox*, J. Amer. Chem. Soc. **95**, 3866 (1973); *F. A. Hohorst* und *D. D. DesMarteau*, Inorg. Chem. **13**, 715 (1974); *R. A. De Marco* und *W. B. Fox*, Inorg. Nucl. Chem. Lett. **10**, 965 (1974).
47. *T.-K. Ha*, J. Mol. Struct. **18**, 486 (1973).
48. *K. R. Loos, C. T. Goetschel* und *V. A. Campanile*, J. Chem. Phys. **52**, 4418 (1970).
49. *C. Leibovici*, J. Mol. Struct. **16**, 158 (1973).
50. *J. K. Burdett, D. J. Gardiner, J. J. Turner, R. D. Spratley* und *P. Tchir*, J. C. S. Dalton Trans. **1973**, 1928.

2.5. Fluoride von Schwefel, Selen und Tellur

Schwefel, Selen und Tellur bilden Tetrafluoride und Hexafluoride sowie zahlreiche von diesen abgeleitete Derivate. Niedervalente binäre Fluoride sind hauptsächlich von Schwefel in Form des SF_2, FSSF, SSF_2 und der Polysulfane FS_3F und FS_4F beschrieben worden. Die Bildung der Selenfluoride SeF_2, FSeSeF und $SeSeF_2$ konnte kürzlich nachgewiesen werden.

Niedervalente Chalkogenfluoride

Schwefeldifluorid SF_2 entsteht bei der Fluorierung von SCl_2 mit AgF als sehr instabiles Molekül, das in einer Matrix ausgefroren IR-spektroskopisch nachgewiesen werden kann [1]. Auch bei der Photolyse von SF_4 in einer Ar-Matrix ist es neben SF_3-Radikalen nachweisbar [2]. Mikrowellenspektren der Gasprodukte einer Radiofrequenzentladung von SF_6 ergeben für SF_2 eine gewinkelte Struktur (d(SF) 1,589 Å; Winkel (FSF) 90,3°) [3]. Bei der Fluorierung von SCl_2 oder der Photolyse von S_2F_2 wird auch das Dimere S_2F_4 gebildet, das in Form des F_3SSF vorliegt und in festem oder flüssigem Zustand oder als Lösung in anderen Schwefelfluoriden bis $-75\,°C$ existent ist [4]. Als Derivate beider Verbindungen existieren z. B. das Sulfensäurefluorid CF_3SF und dessen Dimeres $CF_3SF_2SCF_3$ [5].

Dischwefeldifluorid FSSF (Fp. $-133\,°C$, Kp. $15\,°C$) entsteht als farbloses Gas bei der Fluorierung von Schwefel mit AgF bei $125\,°C$ [6]. Sorgfältig getrocknetes Glas wird nicht angegriffen, mit N_2O_4 erfolgt schnelle Oxidation zu $NO(OSO_2F)$. In Gegenwart von Alkalimetallfluoriden isomerisiert FSSF zu Thiothionylfluorid SSF_2. Die Tieftemperatur-IR-Spektren beider Verbindungen sind gemessen worden [7]. Wird überschüssiges FSSF mit H_2S umgesetzt, bilden sich neben unumgesetztem FSSF und F_3SSF auch die NMR-spektroskopisch nachgewiesenen Difluorpolysulfane FSSSF und FSSSSF, die sich in Glasgefäßen ab $0\,°C$ zersetzen [8].

Thiothionylfluorid SSF_2 (Fp. $-164,6\,°C$; Kp. $-10,6\,°C$) bildet sich als Isomeres des FSSF auch bei der Fluorierung von S_2Cl_2 mit KSO_2F; es ist bis $250\,°C$ thermisch stabil, leicht hydrolysierbar und disproportioniert leicht zu SF_4 und elementarem Schwefel. Es ist wesentlich stabiler als das isomere FSSF, wie auch aus einem Vergleich der Moleküldaten ersichtlich ist (1. Wert für FSSF, 2. Wert für SSF_2): d(SS) 1,888 Å, 1,860 Å; d(SF) 1,635 Å, 1,598 Å; Winkel (SSF) 108,3°, 107,5°; Winkel (FSSF) 87,9°, –; Winkel (FSF) –, 92,5°; f(SS) 3,72; 5,0 mdyn/Å; f(SF) 3,21; 4,5 mdyn/Å [9]. Ähnlich wie andere X = S-Gruppen enthaltende Verbindungen reagiert auch SSF_2 mit elektrophilen Reagenzien, z. B. mit BF_3 zu $F_3B - SF_4$ und S, mit HCl zu ClSSCl und HF, mit ClSSCl zu ClSSF, mit HF zu SF_4 und H_2S und mit O_2 zu SO_2, SOF_2 und SO_2F_2.

Selendifluorid SeF_2 (Winkel (FSeF) 94 $\pm$ 1°) und *Diselendifluorid FSe-SeF* entstehen bei der Umsetzung von Selendampf mit hochverdünntem Fluor und können mit dem Trägergas Argon bei 12 K auf einer CsI-Scheibe kondensiert werden. Die Identifizierung gelingt mit Hilfe der IR-Matrixspektren. Bei der UV-Photolyse in der Matrix wandelt sich FSeSeF teilweise in *SeSeF₂* um [10].

Chalkogen(IV)fluoride

Alle drei Tetrafluoride können direkt aus den Elementen gewonnen werden, wobei SeF_4 und TeF_4 bei 0 °C, SF_4 aber nur bei – 78 °C in inerten Lösungsmitteln entstehen [11]. Zahlreiche weitere Methoden eignen sich zur Synthese, z. B. die Reaktionen $SCl_2 + NaF$ in CH_3CN bei 75 °C [12], $S_2Cl_2 + F_2$ bei 110 – 120 °C [13] oder $SCl_2 + Py(HF)_x$ bei 45 °C [14] für SF_4; $SeCl_4 + AgF$ bei 50 °C [15], $SeO_2 + SF_4$ bei 100 °C oder $SeO_2 + ClF$ [16] für SeF_4; $TeO_2 + SeF_4$ bei 80 °C [17], $Te + TeF_6$ bei 200 °C oder $TeO_2 + FeF_3$ bei 700 °C [18] für TeF_4.

Schwefeltetrafluorid SF_4 (Fp. – 121 °C; Kp. – 40 °C) ist ein farbloses Gas, *Selentetrafluorid SeF_4* (Fp. – 9,5 °C; Kp. 106 °C) eine farblose Flüssigkeit und *Tellurtetrafluorid TeF_4* (Fp. (ber.) 129,6 °C; Subl. 120 °C; Zers. 193,8 °C) ein farbloser Festkörper. Alle Verbindungen sind sehr reaktionsfähig und extrem hydrolyseempfindlich, z. B. $SF_4 + H_2O \rightarrow 2 HF + SOF_2 \xrightarrow{H_2O} 2 HF + SO_2$. SF_4 und SeF_4 sind gute Fluorierungsmittel, wobei SF_4 selektiv Carbonyl-, Thiocarbonyl- oder P = O-Gruppen in CF_2- bzw. PF_2-Gruppen umwandelt.

Die Tetrafluoride haben ψ-trigonal-bipyramidale Molekülstruktur mit je zwei längeren axialen Element-Fluor-Bindungen und dem freien Elektronenpaar in äquatorialer Position. Mit größerem Zentralatom steigt auch die Tendenz zur Erhöhung der Koordinationszahl und zur Bildung stabiler Assoziate. So ist SF_4 nur bei tiefer Temperatur über die axialen Fluoratome assoziiert [19]. Ansonsten ist es monomer, seine Schwingungsspektren konnten zugeordnet werden [20]. Bei SeF_4 sind im Festkörper und Dampf Assoziationen über F-Brücken nachgewiesen. TeF_4 hat im Kristall ψ-oktaedrische Struktur, wobei TeF_4-Einheiten über cis-F-Brücken zu endlosen Ketten verknüpft sind (Abb. 2.5. – 1) [21].

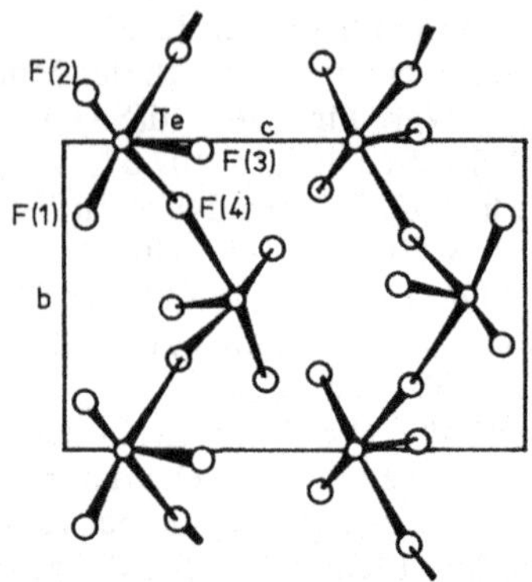

Abb. 2.5. – 1   Kristallstruktur von TeF_4 nach Edwards und Hewaidy [21]

Mit starken Lewis-Basen werden stabile Komplexe gebildet. So reagiert SF_4 mit Pyridin zu einer 1 : 1-Verbindung [22], bei tiefer Temperatur sollen auch 1 : 2-, 1 : 4- und 1 : 8-Komplexe entstehen [23]. $SeF_4 \cdot Py$ hat sich als bequemes Fluorierungsmittel für Alkohole, Ketone, Karbonsäuren u. ä. erwiesen [24]. Der Tellurkomplex $TeF_4 \cdot me_3N$ ist ionisch gebaut $[(me_3N)_2TeF_3]^+[TeF_5]^-$ [25].

In flüssigem SeF_4 liegt eine Eigendissoziation vor gemäß [26]

$$2\,SeF_4 \rightleftharpoons [SeF_3]^+ + [SeF_5]^-.$$

Entsprechend diesem Gleichgewicht reagieren die Tetrafluoride gegenüber vielen anorganischen Fluoriden als Lewis-Säuren oder Lewis-Basen. SF_4 bildet nur mit großen Kationen wie Cs^+ und me_4N^+ salzartige Verbindungen des Typs $M^+[SF_5]^-$ [27]. Zahlreiche Reaktionen des $Cs[SF_5]$ mit Halogenderivaten sind untersucht worden [28]. SeF_4 reagiert mit Alkalimetallfluoriden und mit $NOF \cdot 3\,HF$ zu stabileren Komplexen $M[SeF_5]$ (M = Na, K, Rb, Cs, NO), die aber bei Raumtemperatur schon dissoziieren [29]. Die analogen Tellursalze können als farblose kristalline Verbin-

Tab. 2.5. – 1   Molekülparameter einiger quadratisch-pyramidaler Anionen bzw. Moleküle nach Christe, Curtis, Schack und Pilipovich [31]

	$d\,(M-F_{ax})$ Å	$d\,(M-F_{äqu})$ Å	$f\,(MF_{ax})$ mdyn/Å	$f\,(MF_{äqu})$ mdyn/Å
$[SF_5]^-$	1,62	1,72	4,12	2,06
ClF_5	1,62	1,72	3,47	2,67
$[SeF_5]^-$	1,68	1,78	3,82	2,41
BrF_5	1,68	1,78	4,03	3,24
$[TeF_5]^-$	1,86	1,95	3,56	2,27
IF_5	1,83	1,87	4,82	3,82

52

dungen leicht aus TeO_2 und CsF in 40% HF oder mit SeF_4 gewonnen werden. $[TeF_5]^-$ ist isoelektronisch mit IF_5 und $[XeF_5]^+$. Im Festkörper liegen verzerrt quadratisch pyramidale $[TeF_5]$-Gruppen vor [30]. Die Molekülparameter der Pentafluorochalkogenat(IV)-Anionen sind zusammen mit denen der isoelektronischen Halogenpentafluoride in Tabelle 2.5. – 1 angegeben [31].

Mit Fluoridionenakzeptoren wie BF_3, AsF_5, SbF_5, NbF_5 und TaF_5 bilden alle Tetrafluoride farblose, kristalline, sehr stabile Verbindungen, in denen das $[SF_3]^+$- [32], $[SeF_3]^+$- [33] bzw. $[TeF_3]^+$- [34] Kation über Fluorbrücken mit den Fluoroanionen verknüpft ist.

Chalkogen(IV)oxidfluoride

Hier existieren nur *Schwefeloxiddifluorid SOF_2* (Fp. – 110 °C; Kp. – 44 °C) und *Selenoxiddifluorid SeOF_2* (Fp. 15 °C; Kp. 126 °C). SOF_2 entsteht bei zahlreichen Fluorierungsreaktionen mit SF_4 sowie bei der Umsetzung von $SOCl_2$ mit NaF in CH_3CN über die Stufe SOClF als farbloses Gas, das weniger reaktiv als SF_4 ist. $SeOF_2$ bildet sich als farblose, rauchende Flüssigkeit aus SeO_2 und SeF_4 oder auch aus SeF_4 und TeO_2; auch bei der Reaktion von SeO_2 mit ClF kann $SeOF_2$ gewonnen werden [16]. Wie SOF_2 ist $SeOF_2$ pyramidal gebaut. Im Festkörper sind $SeOF_2$-Moleküle über je zwei O- und eine F-Brücke miteinander verknüpft [35]. Mit NbF_5 bildet sich ein kristalliner Komplex $SeOF_2 \cdot NbF_5$ [36]. Mit KF reagiert $SeOF_2$ zu $K[SeOF_3]$ (Fp. 138 °C; Zers. 400 °C). Während SeO_2 mit wasserfreiem HF ebenfalls $SeOF_2$ bildet, ist in einer entsprechenden Lösung von TeO_2 in HF keine $TeOF_2$-Bildung nachweisbar [37]. Als Derivat ist aber $M_2[TeOF_4]$ synthetisiert worden [38].

Chalkogen(VI)-fluoride

Die *Hexafluoride Schwefelhexafluorid SF_6* (Fp. – 51 °C (unter Druck); Subl. – 63,8 °C) [39], *Selenhexafluorid SeF_6* (Fp. – 34,6 °C (unter Druck); Subl. – 46,6 °C) und *Tellurhexafluorid TeF_6* (Fp. – 37,6 °C; Subl. – 38,9 °C) sind oktaedrische, leicht flüchtige Verbindungen, die direkt aus den Elementen oder durch Fluorierung der Dioxide hergestellt werden können.

SF_6 besitzt in dieser Reihe wegen seiner chemischen Inertheit eine Sonderstellung. Die Reaktivität steigt in der Reihe $SF_6 < SeF_6 < TeF_6$; so ist SF_6 bis 500 °C gegen Hydrolyse stabil, während TeF_6 schon bei Raumtemperatur in wenigen Stunden vollständig hydrolysiert wird. Die Resistenz von SF_6 vor allem gegenüber nukleophilen Reaktionspartnern ist auf die sterische Abschirmung des S-Atoms und auf die vollständige Besetzung aller Valenzorbitale der F-Atome zurückzuführen; es ist daher kein Angriff von Lewis-Basen möglich. Reaktionen des SF_6 sind kinetisch gehemmt. Daher und wegen der sehr kleinen Dielektrizitätskonstanten und hohen Durchschlagsfestigkeit wird SF_6 in großem Maß als Isolator in Hochspannungsanlagen verwendet.

Mit elektrophilen Reagenzien reagiert SF_6 gemäß:

$$Al_2Cl_6 + SF_6 \xrightarrow{180-200\,°C} 2\,AlF_3 + Cl_2 + S_xCl_y$$

$$2\,SO_3 + SF_6 \xrightarrow{250\,°C} 3\,SO_2F_2\,.$$

Als Aufschlußverfahren zur Analyse eignet sich die Reaktion mit Na, die schon bei tiefer Temperatur Na_2S und NaF liefert. Erst oberhalb 500 °C und bei hohem Druck oder in z. B. einer Hochfrequenzentladung reagiert SF_6 auch mit anderen Stoffen, z. B. Metalloxiden [40] oder CS_2 und COS [41].

SeF_6 und TeF_6 sind wesentlich reaktiver als SF_6. Sie reagieren z. B. beim Erwärmen mit Metallen oder mit NH_3:

$$SeF_6 + 2\,NH_3 \rightarrow Se + 6\,HF + N_2\,.$$

SeF_6 ist schwer hydrolysierbar; erst in 10% alkoholischer NaOH-Lösung tritt Hydrolyse ein. TeF_6 hingegen wird vollständig zu $Te(OH)_6$ hydrolysiert. Dabei bilden sich Gleichgewichte mit $TeF_n(OH)_{6-n}$ ($n = 1 - 4$) [42], die ^{19}F-NMR- und Raman-spektroskopisch untersucht sind [43]. Zahlreiche Alkoxytellurfluoride $TeF_n(OR)_{6-n}$ sind ebenfalls durch Fluoraustauschreaktionen von TeF_6 mit z. B. Alkoholen zugänglich [44]. Im Gegensatz zu den beiden anderen Hexafluoriden kann TeF_6 auch als Lewis-Säure reagieren. So bilden sich mit Alkalimetallfluoriden oder AgF Verbindungen der Zusammensetzung $M[TeF_7]$ (D_{5h}-Symmetrie für TeF_7^-); mit CsF bei 250 °C entsteht auch $Cs_2[TeF_8]$ (D_{4d}-Symmetrie für $[TeF_8]^{2-}$) [45]; mit tertiären Aminen entstehen Addukte $(R_3N)_2TeF_6$.

Dischwefeldekafluorid S_2F_{10} (Fp. $-52{,}7$ °C, Kp. 30 °C) entsteht als extrem giftiges Gas als Nebenprodukt bei der Fluorierung von Schwefel oder bequemer bei der Photolyse eines Gemisches von SF_5Cl und H_2. Es ist wesentlich reaktiver als SF_6 und disproportioniert schon bei 150 °C in SF_4 und SF_6. Die $S-F$-Bindung entspricht mit 1,56 Å der in SF_6; die $S-S$-Bindung (2,21 Å) ist aber im Vergleich zu normalen $S-S$-Einfachbindungen (2,08 Å) relativ lang, daher ist der Zerfall in SF_5-Radikale leicht. S_2F_{10} reagiert mit Cl_2 oder Br_2 zu SF_5Cl oder SF_5Br, mit SO_2 zu $F_5S(SO_2F)$, mit N_2F_4 zu SF_5NF_2 und mit NH_3 zu NSF_3. Gegen saure oder alkalische Hydrolyse dagegen ist es resistent. Se_2F_{10} und Te_2F_{10} sind bisher noch nicht nachgewiesen worden.

Chalkogenhexafluoridderivate

Zahlreiche Verbindungen mit Pentafluorochalkogengruppen sind bekannt, wobei als Liganden z. B. Cl, Br, OH, OF, OR, NF_2, NH_2, OMF_5 gebunden sein können.

Schwefelchloridpentafluorid SF$_5$Cl (Fp. $-64\,°C$; Kp. $-15,1\,°C$) und *Schwefelbromidpentafluorid SF$_5$Br* (Fp. $-78,6\,°C$; Kp. $+3,1\,°C$) entstehen bei der Umsetzung von S$_2$F$_{10}$ mit Cl$_2$ bzw. Br$_2$ oder besser bei der Chlorfluorierung bzw. der Chlorierung von SF$_4$ in Gegenwart von CsF [46]. Chlor und Brom sind hierin positiv polarisiert, so daß im Gegensatz zu SF$_6$ leichter ein elektrophiler Angriff erfolgen kann, daher auch leichte Hydrolyse. SF$_5$Cl und SF$_5$Br sind gut geeignet zur Synthese anorganischer und organischer SF$_6$-Derivate und zur Übertragung der SF$_5$-Gruppe, z. B.:

$$2\,SF_5X + O_2 \;\rightarrow\; F_5SOOSF_5 + X_2 \quad (X = Cl,\ Br)$$

$$SF_5Cl + N_2F_4 \rightarrow F_5SNF_2$$

$$SF_5Cl + C_2H_4 \rightarrow F_5S - CH_2 - CH_2 - Cl \rightarrow F_5S - CH = CH_2\,.$$

Mit stark nukleophilen Reagenzien finden auch Fluoraustauschreaktionen statt [47]. Die Struktur des SF$_5$Cl ist durch Elektronenbeugung, Mikrowellen- [48] und Gasphase-Raman-Spektren [49] bestimmt worden.

Selenchloridpentafluorid SeF$_5$Cl (Fp. $-19\,°C$; Kp. $+4,5\,°C$) entsteht als farblose, sehr leicht hydrolysierbare Substanz bei der Reaktion von Cs[SeF$_5$] mit ClSO$_3$F [50].

Tellurchloridpentafluorid TeF$_5$Cl (Fp. $-28\,°C$; Kp. $13,5\,°C$) und *Tellurbromidpentafluorid TeF$_5$Br* werden bei der Fluorierung von TeCl$_4$ bzw. TeBr$_4$· als niedrigsiedende Flüssigkeiten gebildet [51]; eine bequemere Synthese für TeF$_5$Cl ist die Reaktion von TeF$_4$, TeCl$_4$ oder TeO$_2$ mit ClF [52].

Die Pentafluoro-orthochalkogensäuren HOXF$_5$ (X = S, Se, Te) [53] entstehen auf unterschiedlichen Wegen. *Pentafluororthoschwefelsäure HOSF$_5$* (Zers. $-65\,°C$) wird aus SOF$_4$, ClF und HCl gemäß

$$SOF_4 + ClF \xrightarrow[\text{CsF}]{-78\,°C} ClOSF_5$$

$$ClOSF_5 + HCl \xrightarrow[-90\,°C]{} HOSF_5 + Cl_2$$

erhalten [54]. Bei der Zersetzung entsteht SOF$_4$ und HF. Die beste Methode zur Darstellung von *Pentafluororthoselensäure HOSeF$_5$* (Fp. $38\,°C$; Kp. $47\,°C$) ist die Reaktion von SeO$_2$F$_2$ mit HOSO$_2$F und HF [55].

Die am leichtesten zugängliche dieser Säuren ist *Pentafluororthotellursäure HOTeF$_5$* (Fp. $39,1\,°C$; Kp. $59,7\,°C$), die bei der Reaktion von BaH$_4$TeO$_6$ mit HOSO$_2$F gebildet wird [56]. Die Säuren sind als starke Säuren einzuordnen, die OXF$_5$-Gruppe ist stark elektronegativ, und es sind zahlreiche Derivate mit OXF$_5$-Gruppen synthetisiert worden [53, 54, 57], von denen hier nur zwei Beispiele erwähnt seien: UF$_6$ reagiert mit B(OTeF$_5$)$_3$ zu U(OTeF$_5$)$_6$ [58]; bei der Fluorierung von Tc(OTeF$_5$)$_4$ entsteht F$_2$Te (OTeF$_5$)$_4$ bzw. bei der Umsetzung von Te(OTeF$_5$)$_4$ mit Xe(OTeF$_5$)$_2$ das Te(OTeF$_5$)$_6$ als Derivate des TeF$_6$ [59]. Weiterhin sind hier die Pentafluorochalkogenhypofluorite F$_5$XOF (vgl. Kap. 2.4.) und die Bis(pentafluorochalkogen)-oxide F$_5$XOXF$_5$ und -peroxide F$_5$XOOXF$_5$ zu nennen, die bei den Fluorierungen der Dioxide oder Oxidhalogenide mitentstehen.

Chalkogen(VI)oxidfluoride existieren in den Zusammensetzungen XO_2F_2 und XOF_4. *Schwefeldioxiddifluorid* SO_2F_2 (Fp. -120 °C; Kp. -55 °C) entsteht u. a. beim trockenen Erhitzen von $Ba(OSO_2F)_2$, während *Selendioxiddifluorid* SeO_2F_2 (Fp. -99 °C; Kp. $-8,4$ °C) und *Tellurdioxiddifluorid* TeO_2F_2 aus $BaXO_4$ (X = Se, Te) mit überschüssigem $HOSO_2F$ gebildet werden. Die Moleküle haben C_{2v}-Symmetrie und sind verzerrt tetraedrisch gebaut.

Schwefeloxidtetrafluorid SOF_4 (Kp. -49 °C) wird bei den Reaktionen von SF_4 mit O_2, SOF_2 mit F_2 oder besser SOF_2 mit BrF_5 [60] gebildet. Mit AsF_5 und SbF_5 entstehen ionische Verbindungen, die das verzerrt tetraedrische $[OSF_3]^+$-Kation enthalten [61]. *Selenoxidtetrafluorid* $SeOF_4$ kann als bei -196 °C weißer Festkörper bei der Vakuumpyrolyse von $Na[OSeF_5]$ erhalten werden. Oberhalb -100 °C polymerisiert es u. a. zu dem hydrolyseempfindlichen, farblosen Dimeren $(SeOF_4)_2$ (Fp. 12 °C; Kp. 65 °C), dem nach den Spektren die Struktur

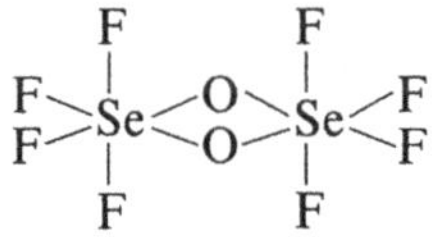

$$
\begin{array}{ccccc}
 & F & & F & \\
 & | & & | & \\
F\!-\!Se & \!<\!\!\!\overset{O}{\underset{O}{}}\!\!\!> & Se\!-\!F & & \\
F\!-\!Se & & Se & & \!<\!\!\begin{array}{c}F\\F\end{array} \\
 & | & & | & \\
 & F & & F & \\
\end{array}
$$

zugeschrieben wird [62]. Bei der Pyrolyse von $Li[OTeF_5]$ entsteht nicht das monomere *Telluroxidtetrafluorid* $TeOF_4$, sondern das ebenfalls farblose Dimere $(TeOF_4)_2$ (Fp. 28 °C; Kp. 77,5 °C), das analog dem $(SeOF_4)_2$ gebaut, aber wesentlich hydrolyseempfindlicher ist [62].

Schwefel-Stickstoff-Fluor-Verbindungen [63 – 65]

Als Grundverbindungen der inzwischen sehr umfangreichen NSF-Chemie sind $(NSF)_x$ ($x = 1$, 3, 4), NSF_3 und Additionsprodukte an die NS-Mehrfachbindung anzusehen.

Thiazylfluorid $N \equiv S - F$ (Fp. -89 °C; Kp. 0,4 °C) ist ein instabiles farbloses Gas, das in guter Ausbeute bei der Fluorierung von S_4N_4 mit Metallfluoriden, z. B. HgF_2 in CCl_4, bei den Reaktionen $SF_4 + NH_3$, $NF_3 + S$, $MoS_2 + NF_3$ etc. entsteht. Es hat gewinkelte Struktur (d(NS) 1,446 Å, d(FS) 1,646 Å; Winkel (NSF) 116,8°). Die Valenzkraftkonstante f(NS) = 10,7 mdyn/Å ergibt eine Bindungsordnung von 2,4. In der Gasphase im Vakuum zersetzt es sich zu S_4N_4 und $S_3N_2F_2$ (Fp. 83 °C), dessen Struktur noch ungeklärt ist. Im flüssigen Zustand erfolgt Assoziation zu dem cyclischen Trimeren $(NSF)_3$. Bei der Fluorierung mit AgF_2 entsteht NSF_3; mit BF_3, AsF_5 und SbF_5 werden 1 : 1-Komplexe gebildet, die im Falle der starken Lewis-Säuren AsF_5 und SbF_5 in den ionischen Formen $[NS]^+[MF_6]^-$ vorliegen [66]. Mit CsF in CH_3CN entsteht $Cs[NSF_2]$, mit Cl_2

über die Stufe des NSCl das Trimere $(NSCl)_3$ und mit Cl_2 in Gegenwart von CsF ein $ClN = SF_2$. Einige weitere Derivate der Form $RN = SF_2$ lassen sich mit $Hg(NSF_2)_2$ gewinnen. Verbindungen der Form $R_2N - SF_3$ können durch die Reaktion von $(CH_3)_3SiNR_2$ mit SF_4 erhalten werden.

Das cyclische *Trithiazyltrifluorid (NSF)$_3$* (Fp. 74,2 °C; Kp. 92,5 °C) ist das Polymerisationsprodukt von NSF und kann auch aus der Reaktion von $N_3S_3Cl_3$ mit AgF_2 in CCl_4 erhalten werden. Hierin sind alle N – S-Bindungen gleich (d(NS) 1,593 Å; d(FS) 1,61 Å) [67]. Der S – S-Abstand im Ring ist mit 2,8 Å kleiner als der v. d. Waals-Abstand (3,7 Å), aber größer als der S – S-Einfachbindungsabstand (2,04 Å). Es ist eine Lewis-Base, bildet mit BF_3 einen nicht-ionischen, bis 60 °C stabilen, farblosen Festkörper $F_3S_3N_3 \cdot BF_3$ [66], ist sehr hydrolyseempfindlich und zersetzt sich beim Erhitzen auf 250 °C zu monomerem NSF.

Das cyclische *Tetrathiazyltetrafluorid (NSF)$_4$* (Fp. 153 °C; Zers. ab 128 °C) entsteht ebenfalls bei der Fluorierung von S_4N_4 mit AgF_2 in CCl_4 in Form farbloser Kristalle. Der Ring ist flacher als im S_4N_4 und enthält lokalisierte S = N-Doppel-(d(SN) 1,54 Å) und -Einfachbindungen (d(SN) 1,66 Å). $(NSF)_4$ hydrolysiert zu NH_4F und H_2SO_3, mit BF_3, AsF_5, SbF_5 bilden sich ionische 1:1-Komplexe mit dem $[N_3S_3F_2]^+$-Kation, die in trockener Atmosphäre bei Raumtemperatur stabil sind; beim Erwärmen erfolgt Spaltung des N_3S_3-Ringes [68]:

$$[N_3S_3F_2]^+[AsF_6]^- \xrightarrow{85\,°C} [NS]^+[AsF_6]^- + 2\,NSF.$$

Thiazyltrifluorid NSF$_3$ (Fp. – 72,6 °C; Kp. – 27,1 °C) entsteht als chemisch und thermisch stabiles, farbloses Gas u. a. bei der Fluorierung von S_4N_4 mit AgF_2 in siedendem CCl_4. Es ist tetraedrisch gebaut (C_{3v}-Symmetrie; d(SN) 1,416 Å; d(SF) 1,552 Å; Winkel (FSF) 94°). In verdünnter Säure wird NSF_3 nicht hydrolysiert, mit Na reagiert es erst bei 300 °C, mit Fluoridionenakzeptoren bilden sich 1:1-Komplexe, mit Aminen und Alkoholen finden Fluoraustauschreaktionen statt:

$$N \equiv SF_3 + R_2NH \xrightarrow{20\,°C} N \equiv SF_2 - NR_2 + HF$$

$$N \equiv SF_3 + ROH \xrightarrow{0-20\,°C} N \equiv SF_2 - OR + HF.$$

HF addiert an die Mehrfachbindung zu F_5SNH_2, das sich bei Raumtemperatur langsam wieder zu NSF_3 und HF zersetzt; mit ClF entsteht bei – 78 °C F_5SNCl_2 und mit SF_4 bei 180 °C in Gegenwart von BF_3 das F_5SNSF_2. *F_5SNF_2* entsteht bei vielen Reaktionen von N_2F_4 mit Schwefelverbindungen, z. B. SF_5Cl, SF_4, S_2F_{10}, S_2Cl_2.

Literatur

a) Übersichtsartikel
H. J. Emeléus, Fluorine and Its Compounds, S. 105, Academic Press – New York – London, 1969.
F. Seel, Adv. Inorg. Chem. Radiochem. **16**, 297 (1974).

R. *Steudel*, Chemie der Nichtmetalle, S. 271, de Gruyter – Berlin – New York, 1974.

B. *Cohen* und R. D. *Peacock*, Adv. Fluorine Chem. **6**, 343 (1970).

G. H. *Cady*, Intra-Science Chemistry Reports **5**, 1 (1971).

b) Spezielle Literatur

1. *A. Haas* und *H. Willner*, 6. Europäisches Fluorsymposium, Dortmund 1977, Abstract I 15.
2. *R. R. Smardzewski* und *W. B. Fox*, J. Fluorine Chem. **7**, 353 (1976).
3. *D. R. Johnson* und *F. X. Powell*, Science **164**, 950 (1969).
4. *F. Seel, R. Budenz* und *W. Gombler*, Chem. Ber. **103**, 1701 (1970); *F. Seel, R. Budenz* und *K. P. Wanczek*, Chem. Ber. **103**, 3946 (1970).
5. *W. Gombler*, Z. anorg. allg. Chem. **439**, 193 (1978).
6. *F. Seel* und *R. Budenz*, Chimia **17**, 355 (1963); **22**, 79 (1968).
7. *K. P. Wanczek, C. Bliefert* und *R. Budenz*, Z. Naturforsch. **30 A**, 1156 (1975).
8. *F. Seel, R. Budenz, W. Gombler* und *H. Seitter*, Z. anorg. allg. Chem. **380**, 262 (1971).
9. *R. D. Brown, G. P. Pez* und *M. F. O'Dwyer*, Aust. J. Chem. **18**, 627 (1965).
10. *A. Haas* und *H. Willner*, Z. anorg. allg. Chem. im Druck, Nachr. Chem. Techn. Lab. **27**, 117 (1979).
11. *D. Naumann* und *D. K. Padma*, Z. anorg. allg. Chem. **401**, 53 (1973).
12. *C. W. Tullock, F. S. Fawcett, W. C. Smith* und *D. D. Coffman*, J. Amer. Chem. Soc. **82**, 539 (1960).
13. *W. Becher* und *J. Massonne*, Chem. Ztg. **98**, 117 (1974).
14. *G. A. Olah, M. R. Bruce* und *J. Welch*, Inorg. Chem. **16**, 2637 (1977).
15. *O. Glemser, F. Meyer* und *A. Haas*, Naturwiss. **52**, 130 (1965).
16. *C. Lau* und *J. Passmore*, J. Fluorine Chem. **6**, 77 (1975).
17. *R. Campbell* und *P. L. Robinson*, J. Chem. Soc. **1956**, 785.
18. *J. H. Moss, R. Ottie* und *J. B. Wilford*, J. Fluorine Chem. **3**, 317 (1973/74).
19. *W. Gombler* und *F. Seel*, J. Fluorine Chem. **4**, 333 (1974).
20. *C. J. Adams* und *A. J. Downs*, Spectrochim. Acta **28 A**, 1841 (1972); *K. O. Christe, W. Sawodny* und *P. Pulay*, J. Mol. Struct. **21**, 158 (1974).
21. *A. J. Edwards* und *T. I. Hewaidy*, J. Chem. Soc. **A 1968**, 2977.
22. *E. L. Muetterties*, J. Amer. Chem. Soc. **82**, 1082 (1960).
23. *D. K. Padma*, J. Fluorine Chem. **4**, 441 (1974).
24. *G. A. Olah, M. Nojima* und *J. Kerekes*, J. Amer. Chem. Soc. **96**, 925 (1974).
25. *N. N. Greenwood, A. C. Sarma* und *B. P. Straughan*, J. Chem. Soc. **A 1968**, 1561.
26. *M. Brownstein* und *R. J. Gillespie*, J. C. S. Dalton Trans. **1973**, 67.
27. *C. W. Tullock, D. D. Coffman* und *E. Muetterties*, J. Amer. Chem. Soc. **86**, 357 (1964); *R. Tunder* und *B. Siegel*, J. inorg. nucl. Chem. **25**, 1097 (1963).
28. *M. D. Vorobev, A. S. Filatov* und *M. A. Englin*, Zh. Obshch. Khim. **43**, 2386 (1973).
29. *E. E. Aynsley, R. D. Peacock* und *P. L. Robinson*, J. Chem. Soc. **1952**, 1231.
30. *J. C. Jumas, M. Maurin* und *E. Philippot*, J. Fluorine Chem. **10**, 219 (1977).
31. *K. O. Christe, E. C. Curtis, C. J. Schack* und *D. Pilipovich*, Inorg. Chem. **11**, 1679 (1972).
32. *F. Seel* und *O. Detmer*, Z. anorg. allg. Chem. **301**, 113 (1959); *H. Azeem, M. Brownstein* und *R. J. Gillespie*, Can. J. Chem. **47**, 4159 (1969); *D. D. Gibler, C. J. Adams, M. Fischer, A. Zalkin* und *N. Bartlett*, Inorg. Chem. **11**, 2325 (1972).
33. *R. J. Gillespie* und *A. Whitla*, Can. J. Chem. **48**, 657 (1970); *A. J. Edwards* und *G. R. Jones*, J. Chem. Soc. **A 1970**, 1891.

34. *A. J. Edwards* und *P. Taylor,* J. C. S. Dalton Trans. **1973,** 2150.

35. *J. C. Dewan* und *A. J. Edwards,* J. C. S. Dalton Trans. **1976,** 2433.

36. *A. J. Edwards* und *G. R. Jones,* J. Chem. Soc. **A 1969,** 2858.

37. *H. Selig* und *U. Elgad,* J. inorg. nucl. Chem. Supplement **1976,** 233.

38. *J. B. Milne* und *D. Moffett,* Inorg. Chem. **12,** 2240 (1973).

39. *A. A. Opalovskii* und *E. V. Lobkov,* Russ. Chem. Rev. **44,** 97 (1975).

40. *A. P. Hagen, D. J. Jones* und *S. R. Ruttman,* J. inorg. nucl. Chem. **36,** 1217 (1974); *A. A. Opalovskii, E. V. Lobkov* und *Y. V. Zakharev,* Zh. Neorg. Khim. **20,** 2321 (1975).

41. *A. P. Hagen* und *B. W. Callaway,* Inorg. Chem. **14,** 2825 (1975).

42. *L. Kolditz* und *I. Fitz,* Z. anorg. allg. Chem. **349,** 175, 184 (1967).

43. *G. W. Fraser* und *G. D. Meikle,* J. C. S. Chem. Comm. **1974,** 624; *U. Elgad* und *H. Selig,* Inorg. Chem. **14,** 140 (1975).

44. *G. W. Fraser* und *J. B. Millar,* J. C. S. Chem. Comm. **1972,** 1113, J. C. S. Dalton Trans. **1974,** 2029; *G. W. Fraser* und *G. D. Meikle,* J. C. S. Dalton Trans. **1975,** 1033; **1977,** 1985, J. C. S. Perkin II **1975,** 312; *I. Agranat, M. Rabinovitz* und *H. Selig,* Inorg. Nucl. Chem. Lett. **11,** 185 (1975).

45. *H. Selig, S. Sarig* und *S. Abramovitz,* Inorg. Chem. **13,** 1508 (1974).

46. *J. I. Darragh* und *D. W. A. Sharp,* J. C. S. Chem. Comm. **1969,** 864; *C. J. Schack, R. D. Wilson* und *M. G. Warner,* J. C. S. Chem. Comm. **1969,** 1110; *T. A. Kovacina, A. D. Berry* und *W. B. Fox,* J. Fluorine Chem. **7,** 430 (1976).

47. *T. Kitazume* und *J. M. Shreeve,* J. Amer. Chem. Soc. **99,** 3690 (1977).

48. *C. J. Marsden* und *L. S. Bartell,* Inorg. Chem. **15,** 3004 (1976).

49. *R. E. Noftle, R. R. Smardzewski* und *W. B. Fox,* Inorg. Chem. **16,** 3380 (1977).

50. *C. J. Schack, R. D. Wilson* und *J. F. Hon,* Inorg. Chem. **11,** 208 (1972).

51. *G. W. Fraser, R. D. Peacock* und *P. M. Watkins,* J. C. S. Chem. Comm. **1968,** 1257.

52. *C. Lau* und *J. Passmore,* Inorg. Chem. **13,** 2278 (1974).

53. *F. Aubke* und *D. D. DesMarteau,* Fluorine Chem. Rev. **8,** 73 (1977).

54. *K. Seppelt,* Angew. Chem. **88,** 56 (1976), Z. anorg. allg. Chem. **428,** 35 (1977).

55. *K. Seppelt,* Angew. Chem. **84,** 212 (1972).

56. *A. Engelbrecht* und *F. Sladky,* Angew. Chem. **76,** 379 (1964); Mh. Chem. **96,** 159 (1965).

57. *A. Engelbrecht* und *F. Sladky* in MTP, International Review of Science, Inorganic Chemistry, Series Two, Vol. 3, S. 167 (1975).

58. *K. Seppelt,* Z. anorg. allg. Chem. **416,** 12 (1975); Chem. Ber. **109,** 1046 (1976); *L. K. Templeton, D. H. Templeton, N. Bartlett* und *K. Seppelt,* Inorg. Chem. **15,** 2720 (1976).

59. *H. Pritzkow* und *K. Seppelt,* Angew. Chem. **88,** 846 (1976); Inorg. Chem. **16,** 2685 (1977); *D. Lentz, H. Pritzkow* und *K. Seppelt,* Angew. Chem. **89,** 741 (1977).

60. *K. Seppelt,* Z. anorg. allg. Chem. **386,** 229 (1971).

61. *M. Brownstein, P. A. W. Dean* und *R. J. Gillespie,* J. C. S. Chem. Comm. **1970,** 9; *C. Lau, H. Lynton, J. Passmore* und *P.-Y. Siew,* J. C. S. Dalton Trans. **1973,** 2535.

62. *K. Seppelt,* Angew. Chem. **86,** 103, 104 (1974); Z. anorg. allg. Chem. **406,** 287 (1974).

63. *O. Glemser* und *R. Mews,* Adv. Inorg. Chem. Radiochem. **14,** 333 (1972).

64. *R. Mews,* Adv. Inorg. Chem. Radiochem. **19,** 185 (1976).

65. *A. J. Banister* in MTP, International Review of Science, Inorganic Chemistry, Series Two, Vol. 3, S. 61 (1975).
66. *O. Glemser* und *W. Koch,* Ass. Asoc. Quim. Argent. **59,** 143 (1971).
67. *B. Krebs, S. Pohl* und *O. Glemser,* J. C. S. Chem. Comm. **1972,** 548; *B. Krebs* und *S. Pohl,* Chem. Ber. **100,** 1069 (1973).
68. *R. Mews, D. L. Wagner* und *O. Glemser,* Z. anorg. allg. Chem. **412,** 148 (1975).

2.6. Stickstofffluoride

Von Stickstoff sind die binären Verbindungen NF_3, N_2F_4, N_2F_2 und FN_3 bekannt sowie als Stickstoff(V)-Verbindungen ONF_3 und Salze mit dem NF_4^+-Kation.

Stickstofftrifluorid NF_3 (Fp. $-206{,}8\,°C$; Kp. $-129{,}0\,°C$) entsteht als farbloses, giftiges Gas bei der Fluorierung von NH_3 über Cu oder der Elektrofluorierung von NH_4F oder Harnstoff in HF. NF_3 ist pyramidal gebaut analog dem NH_3-Molekül (C_{3v}-Symmetrie; d(NF) 1,37 Å; Winkel (FNF) 103°; D(N – F) 238 kJ/mol). Es ist reaktionsträge; Hydrolyse in basischer Lösung beginnt erst bei ca. 100 °C; mit Al_2Cl_6 erfolgt bei 70 °C Umsetzung zu N_2, Cl_2 und AlF_3. Von Metallen, z. B. Cu, wird NF_3 bei 375 °C reduziert zu N_2F_4; bei der elektrischen Entladung eines NF_3-O_2-Gemisches entsteht ONF_3. Der Lewis-Base-Charakter ist nur sehr gering, bei $-125\,°C$ wurde eine schwache Assoziation mit BF_3 beobachtet.

Als Derivate existieren zahlreiche *Difluoramin-Verbindungen XNF_2*, von denen hier nur auf das *Chlordifluoramin $ClNF_2$* (Kp. $-67\,°C$) eingegangen werden soll. Es entsteht z. B. bei den Reaktionen von HNF_2 mit NaOCl oder mit ClF_3 und ClF [1] bzw. Butylhypochlorit [2] oder bei der Umsetzung von FN_3 mit Cl_2 bei 50 – 80 °C. Bei vielen Reaktionen des $ClNF_2$ entstehen komplexe Gemische, die analog auch bei den Umsetzungen mit N_2F_4-Cl_2-Gemischen gebildet werden. Bei der Photolyse oder bei Reaktionen mit nukleophilen Reagenzien bildet sich N_2F_4. Organo-Hg-Verbindungen R_2Hg (R = n-Alkyl) z. B. reagieren mit $ClNF_2$ gemäß:

$$3\,ClNF_2 + 2\,R_2Hg \rightarrow RNF_2 + 2\,RHgCl + RCl + N_2F_4\,.$$

Tetrafluorhydrazin F_2NNF_2 (Fp. $-164{,}5\,°C$; Kp. $-73\,°C$) entsteht als farbloses, giftiges Gas bei der Reduktion von NF_3 mit Metallen (Cu, As, Sb, Bi) bei 375 °C oder mit Hg in einer elektrischen Entladung oder bei der Oxidation von HNF_2 mit Hypochlorit bei pH = 12 ($2\,HNF_2 + NaOCl \rightarrow N_2F_4 + NaCl + H_2O$). Seine Struktur entspricht der des Hydrazins (d(NF) 1,39 Å; d(NN) 1,48 Å; Winkel (NNF) 102,5°; D(N – F) 297 kJ/ mol, D(N – N) 85 kJ/mol), wobei vergleichbare Anteile einer trans- und gauche-Form nebeneinander vorliegen. Im Vakuum oder bei erhöhter Temperatur stellt sich ein reversibles Gleichgewicht

$$F_2N - NF_2 \rightleftharpoons 2\,NF_2$$

mit NF_2, einem der wenigen stabilen Fluoridradikale, ein [3]. Das NF_2-Radikal ist gewinkelt gebaut (C_{2v}-Symmetrie; d(NF) 1,365 Å; Winkel (FNF) 103°). Auf der leichten Dissoziation des N_2F_4 beruht auch seine große Reaktionsfähigkeit; mit zahlreichen Reaktionspartnern werden NF_2-Verbindungen gebildet:

$$
\begin{aligned}
N_2F_4 + R_fCF &= CF_2 & &\rightarrow & R_fCF(NF_2)CF_2(NF_2) \\
+ NO & & &\rightarrow & ONNF_2 \\
+ SO_2 & & &\rightarrow & FSO_2NF_2 \\
+ S_2F_{10} & & &\rightarrow & F_2NSF_5 \\
+ Cl_2 & & &\rightarrow & ClNF_2
\end{aligned}
$$

N_2F_4 hat auch fluorierende Eigenschaft, Schwefel wird bei 110 – 140 °C zu SF_4 und F_2NSF_5 oxidiert; gegenüber OF_2 wirkt es als Reduktionsmittel, es entstehen NF_3 und NOF. Bei der Hydrolyse bei 60 °C entstehen HF und NO, bei 133 °C Nitrat und N_2 [4]. Mit H_2 läuft eine explosionsartige Reaktion ab unter Bildung von N_2 und HF [5]. Mit starken Fluoridionenakzeptoren bildet N_2F_4 stabile Komplexe der Form $[N_2F_3][AsF_6]$, $[N_2F_3][SbF_6]$ und $[N_2F_3][SnF_5]$ [6]. Die Photolyse von N_2F_4 liefert N_2F_2 und NF_3 über folgende Reaktionsschritte:

$$
N_2F_4 \rightleftharpoons 2\,NF_2\,;\; NF_2 \xrightarrow{h\cdot\nu} NF_2^* \rightarrow NF + F
$$
$$
\downarrow + NF \quad \downarrow + NF_2
$$
$$
N_2F_2 \quad NF_3
$$

Difluordiimin N_2F_2 kommt in zwei isomeren Formen vor, die nebeneinander z. B. bei der thermischen Zersetzung von $KF \cdot HNF_2$ oder FN_3 entstehen, wobei die Reaktionen über die intermediäre Bildung von NF-Radikalen verlaufen [7]:

$$
FN_3 \xrightarrow{70-90\,°C} N_2 + NF \rightarrow FNNF
$$
$$
KF \cdot HNF_2 \xrightarrow{20\,°C} KHF_2 + NF \rightarrow FNNF.
$$

Das trans-Isomere allein entsteht z. B. bei den Reaktionen von N_2F_4 mit Al_2Cl_6 bei -80 bis -112 °C, oder der Reduktion von $[N_2F_3]^+ [AsF_6]^-$ mit NOCl. Beide Isomere liegen in einem temperaturabhängigen Gleichgewicht, das sich aber erst bei höherer Temperatur einstellt (bei 75 °C etwa 90% cis-N_2F_2). Daher ist eine Trennung in die reinen Komponenten bei tiefer Temperatur möglich: cis-N_2F_2 (Fp. < -195 °C; Kp. $-105,7$ °C), trans-N_2F_2 (Fp. -172 °C; Kp. $-111,4$ °C). Beide sind planar:

$$
F{\diagup}\overset{}{N}=N\diagdown_F \qquad F{\diagup}\overset{}{N}=N{\diagup}^F
$$

cis-N_2F_2 (C_{2v} Symmetrie, d(NF) 1,409 Å; d(NN) 1,209 Å; Winkel (NNF) 114°); trans-N_2F_2 (C_{2h}-Symmetrie; d(NF) 1,398 Å; d(NN) 1,244 Å; Winkel (NNF) 106°; D(N – F) 285 kJ/mol; D(N – N) 451 kJ/mol). Die trans-Form ist etwa 12 kJ/mol stabiler, daher ist auch die cis-Form etwas reaktiver. N_2F_2 ist thermisch stabil bis etwa 300 °C; gegen H_2O und O_2 ist es beständig.

Bei der Photolyse eines N_2F_2-SO_2-Gemisches bilden sich N_2, N_2O und mehrere Schwefeloxidfluoride [8]. Mit AsF_5 und anderen starken Lewis-Säuren reagiert es in HF zu $[N_2F]^+[AsF_6]^-$, das das lineare N_2F^+-Kation enthält (isoelektronisch mit N_2O; Schwingungsspektren [9]). $[N_2F][AsF_6]$ bildet mit NaF in HF cis-N_2F_2 und $Na[AsF_6]$, mit NO bei 25 °C $NO[AsF_6]$, N_2 und cis-N_2F_2, mit O_2 entstehen N_2, F_2 und $O_2[AsF_6]$.

Wird die thermische Zersetzung von FN_3 im Gemisch mit ClN_3 durchgeführt, dann entsteht auch das hochexplosive $ClN=NF$.

Ein kovalentes *Stickstoffpentafluorid* NF_5 existiert nicht. Es wurde lediglich über ein sehr instabiles $NF_4^+F^-$ berichtet [10]. Dagegen gibt es zahlreiche salzartige Verbindungen mit dem *Tetrafluoroammonium-Kation* NF_4^+ [11], als Anionen eignen sich starke Fluoridionenakzeptoren. Zur Darstellung werden NF_3 und F_2 mit dem Elementfluorid umgesetzt. Hierzu ist eine Aktivierung erforderlich, da NF_3 exotherm, NF_4^+ aber stark endotherm ist. Die Aktivierung kann entweder durch elektrische Entladung, Photolyse oder thermisch bei hohem Druck erfolgen. Als weitere Methoden eignen sich Austauschreaktionen, bei denen – am besten von $[NF_4]^+[BF_4]^-$ ausgehend – das NF_4^+-Salz mit dem Elementfluorid umgesetzt wird, oder auch Metathesereaktionen in HF-Lösung, z. B.
$$2\,[NF_4][SbF_6] + Cs_2[NiF_6] \rightarrow [NF_4]_2[NiF_6] + 2\,Cs[SbF_6].$$

So sind Salze hergestellt worden mit den Anionen BF_4^-, AsF_6^-, SbF_6^- [11, 12], PF_6^-, GeF_5^-, GeF_6^{2-} [13], BiF_6^-, SnF_5^-, SnF_6^{2-} [14], TiF_6^{2-}, $Ti_2F_9^-$, $Ti_3F_{13}^-$ [15] und NiF_6^{2-} [16]. Die meisten dieser Salze sind weiße, kristalline, stabile Festkörper; $[NF_4][BiF_6]$ schmilzt z. B. bei 341 °C, $[NF_4]_2[SnF_6]$ zersetzt sich bei 240 °C, $[NF_4]_2[TiF_6]$ bei 200 °C. Das NF_4^+-Kation ist tetraedrisch gebaut. Die Salze sind hydrolyseempfindlich: $NF_4^+ + H_2O \rightarrow NF_3 + H_2F^+ + 1/2\,O_2$; sie sind hervorragende ionische Oxidationsmittel. Besonderes Interesse liegt beim $[NF_4]_2[NiF_6]$, einem tiefroten, bis etwa 100 °C stabilen, hygroskopischen Festkörper; es ist das erste Beispiel einer Verbindung, in der zwei extrem oxidierende Ionen in einem stabilen Salz kombiniert sind. Bei der thermischen Zersetzung entstehen aus 1 Mol $[NF_4]_2[NiF_6]$ 3 Mol elementares Fluor:

$$[NF_4]_2[NiF_6] \xrightarrow{\Delta} 2\,NF_3 + NiF_2 + 3\,F_2 \,.$$

Fluorazid FN_3 (Fp. -154 °C; Kp. -82 °C) bildet sich bei der Fluorierung von HN_3 als gelbgrünes, sehr instabiles Gas, das schon bei Raumtemperatur langsam in N_2F_2 und N_2 zerfällt [17].

Als weitgehend kovalente *Oxidfluoride* sind ONF, O_2NF und ONF_3 bekannt.

Nitrosylfluorid NOF (Fp. $-132{,}5$ °C; Kp. $-59{,}9$ °C) kann als farbloses Gas z. B. bei der Fluorierung von NO erhalten und als Säurefluorid der salpetrigen Säure aufgefaßt werden. Es ist gewinkelt gebaut (d(NF) 1,52 Å; d(NO) 1,13 Å; Winkel (FNO) 110°). Gegenüber vielen Elementen wirkt es als Fluorierungsmittel, mit Fluoridionenakzeptoren werden Nitrosylverbindungen und mit Hydroxylverbindungen Nitrite gebildet.

Nitrylfluorid NO_2F (Fp. $-166\,°C$, Kp. $-72,5\,°C$) ist ebenfalls ein farbloses Gas, das bei der Fluorierung von NO_2 mit CoF_3 bei $300\,°C$ oder mit F_2 bei $25\,°C$ entsteht und als Säurefluorid der Salpetersäure betrachtet werden kann. Es ist planar gebaut (d(NF) 1,35 Å; d(NO) 1,23 Å; C_{2v}-Symmetrie). Seine chemischen Reaktionen sind vergleichbar mit denen des NOF.

Bei den Reaktionen von NO bzw. NO_2 mit F_2 bei 8 bzw. 20 K in einer Inertgasmatrix bilden sich auch die Isomeren Stickstoffhypofluorit $N-O-F$ und Nitrosylhypofluorit ONOF [18].

Trifluoraminoxid ONF_3 (Fp. $-160\,°C$; Kp. $-87,6\,°C$) wird als farbloses Gas bei der elektrischen Entladung eines NF_3-O_2-OF_2-Gemisches bei $-196\,°C$ oder besser bei der Fluorierung von NOF mit IrF_6 erhalten [19]. Es ist ein tetraedrisches Molekül (d(NF) 1,48 Å; d(NO) 1,15 Å; C_{3v}-Symmetrie). Mit starken Fluoridionenakzeptoren entstehen Salze mit dem ONF_2^+-Kation [20]. Gegenüber N_2F_4, N_2O_4, Cl_2, SF_4, H_2SO_4 wirkt ONF_3 als Fluorierungsmittel [21]. Bei der Photolyse [22] oder Radiolyse [23] von festem ONF_3 läßt sich ESR-spektroskopisch das ONF_2-Radikal nachweisen, das pyramidale Struktur hat.

Literatur

a) Übersichtsartikel
C. B. Colburn, Adv. Fluorine Chem. **3**, 92 (1963).
H. J. Emeléus, Fluorine and Its Compounds, S. 77, Academic Press – New York – London, 1969.
R. Steudel, Chemie der Nichtmetalle, S. 352, de Gruyter-Verlag – Berlin – New York, 1974.

b) Spezielle Literatur
1. D. Pilipovich und C. J. Schack, Inorg. Chem. **7**, 368 (1968).
2. K. O. Christe, Inorg. Chem. **8**, 1539 (1969).
3. C. B. Colburn, Chem. in Britain **2**, 336 (1966).
4. A. V. Pankratov, L. A. Akhanshchikova, Yu. A. Adamova, O. N. Shalaeva und V. V. Antipova, Russ. J. Inorg. Chem. **13**, 1516 (1968).
5. L. P. Kuhn und C. Wellmann, Inorg. Chem. **9**, 602 (1970).
6. J. K. Ruff, J. Amer. Chem. Soc. **87**, 1140 (1965); Inorg. Chem. **5**, 1791 (1966); K. O. Christe und C. J. Schack, Inorg. Chem. **17**, 2749 (1978) und dort zitierte Literatur.
7. E. A. Lawton, D. Pilipovich und R. D. Wilson, Inorg. Chem. **4**, 118 (1965).
8. M. Lustig, Inorg. Nucl. Chem. Lett. **5**, 723 (1969).
9. K. O. Christe, R. D. Wilson und W. Sawodny, J. Mol. Struct. **8**, 245 (1971).
10. C. T. Goetschel, V. A. Campanile, R. M. Curtis, K. R. Loos, C. D. Wagner und J. N. Wilson, Inorg. Chem. **11**, 1696 (1972).
11. W. E. Tolberg, R. T. Rewick, S. S. Stringham und M. E. Hill, Inorg. Chem. **6**, 1156 (1967).
12. K. O. Christe, R. D. Wilson und A. E. Axworthy, Inorg. Chem. **12**, 2478 (1973); K. O. Christe, C. J. Schack und R. D. Wilson, J. Fluorine Chem. **8**, 541 (1976).
13. K. O. Christe, C. J. Schack und R. D. Wilson, Inorg. Chem. **15**, 1275 (1976).

14. *K. O. Christe, C. J. Schack* und *R. D. Wilson*, Inorg. Chem. **16**, 849, 937 (1977).
15. *K. O. Christe* und *C. J. Schack*, Inorg. Chem. **16**, 353 (1977).
16. *K. O. Christe*, Inorg. Chem. **16**, 2238 (1977).
17. *K. Dehnicke*, Angew. Chem. **79**, 253 (1967).
18. *R. R. Smardzewski* und *W. B. Fox*, J. C. S. Chem. Comm. **1974**, 241; J. Amer. Chem. Soc. **96**, 304 (1974).
19. *N. Bartlett* und *S. P. Beaton*, J. C. S. Chem. Comm. **1966**, 167; *N. Bartlett, J. Passmore* und *E. J. Wells*, J. C. S. Chem. Comm. **1966**, 213; *W. B. Fox*, J. S. MacKenzie, E. R. McCarthy, J. R. Holmes, R. F. Stahl und *R. Juurik*, Inorg. Chem. **7**, 2064 (1968); *P. J. Bassett* und *D. R. Lloyd*, J. Chem. Soc. A **1971**, 3377; *I. V. Nikitin* und *V. Ya. Rosolovskii*, Izv. Akad. Nauk SSSR, Ser. Khim. **1971**, 1603.
20. *K. O. Christe* und *W. Maya*, Inorg. Chem. **8**, 1253 (1969); *C. A. Wamser, W. B. Fox, B. Sukornick, J. R. Holmes, B. B. Stewart, R. Juurik, N. Vanderhooi* und *D. Gould*, Inorg. Chem. **8**, 1249 (1969).
21. *W. B. Fox, C. A. Wamser, R. Eibeck, D. K. Huggins, J. S. MacKenzie* und *R. Juurik*, Inorg. Chem. **8**, 1247 (1969).
22. *N. Vanderhooi, J. S. MacKenzie* und *W. B. Fox*, J. Fluorine Chem. **7**, 415 (1976).
23. *K. Nishikida* und *F. Williams*, J. Amer. Chem. Soc. **97**, 7166 (1975).

2.7. Fluoride von Phosphor, Arsen, Antimon und Wismut

Alle vier Elemente bilden Trifluoride und Pentafluoride; von Phosphor ist auch P_2F_4 bekannt. Darüber hinaus existieren zahlreiche Derivate der binären Verbindungen, in denen ein oder mehrere Fluoratome gegen Wasserstoff, schwerere Halogene, Pseudohalogene, Chalkogene, organische Reste u. a. ersetzt sind.

Diphosphortetrafluorid P_2F_4 (Fp. $-86{,}5$ °C; Kp. $-6{,}2$ °C) entsteht als farbloses Gas in hoher Ausbeute bei der Reaktion von PF_2I mit Hg unter vermindertem Druck [1] Die P – P-Bindung ist stärker als im homologen N_2F_4, daher erfolgt auch nicht so leichte Dissoziation in PF_2-Radikale; diese werden erst bei hoher Temperatur und niedrigem Druck gebildet. Das Molekül liegt in Trans-Form vor [2]:

$$\begin{array}{l} \text{F} \\ \text{F} \diagdown \mid \\ \quad \text{P} - \text{P} \\ \qquad \mid \diagdown \text{F} \\ \qquad \text{F} \end{array} \qquad \begin{array}{l} d(PP)\ 2{,}281\ \text{Å; Winkel (FPF) } 99{,}1°; \\ d(PF)\ 1{,}587\ \text{Å; Winkel (FPP) } 95{,}4°. \end{array}$$

(Spektroskopische Daten [3]). Mit Wasser erfolgt leicht Hydrolyse zu PF_2H und F_2POPF_2, das auch bei der Reaktion von PF_2I mit HgO entsteht. Mit HI bilden sich PF_2H und PF_2I. Mit C_2H_4 z. B. reagiert P_2F_4 beim Bestrahlen oder bei 300 °C zu $F_2PCH_2CH_2PF_2$ [4]. Bei 900 °C im Vakuum wird P_4F_6 in Form des $P(PF_2)_3$ (Fp. -68 °C) gebildet [5]. Dem P_2F_4 entsprechende Verbindungen des As, Sb und Bi sind noch nicht bekannt.

Trifluoride von P, As, Sb und Bi

Phosphortrifluorid PF$_3$ (Fp. $-151,5\ ^\circ$C; Kp. $-101,2\ ^\circ$C) wird als farbloses, giftiges Gas durch Fluorierung von PCl$_3$ mit z. B. HF, AsF$_3$, ZnF$_2$ gewonnen. Es ist trigonal-pyramidal gebaut (d(PF) 1,546 Å, Winkel (FPF) 97,8°; D(P $-$ F) 499 kJ/mol). Der kurze P $-$ F-Bindungsabstand deutet auf einen starken Doppelbindungscharakter hin (berechnet für P $-$ F 1,66 Å, für P $=$ F 1,52 Å). (Spektroskopische Daten [3].) Von Wasser wird PF$_3$ im Gegensatz zu den anderen Trihalogeniden nur langsam hydrolysiert, mit Alkalien erfolgt rasche Hydrolyse. Aus den Untersuchungen zahlreicher Reaktionen von PF$_3$ mit Metallen und Nichtmetallen bei erhöhter Temperatur ergibt sich kein Beweis, daß analog der Reaktion 2 NF$_3$ + Cu $\rightarrow$ N$_2$F$_4$ + CuF$_2$ das P$_2$F$_4$ entsteht. Mit O$_2$ bilden sich in einer elektrischen Entladung die beiden Sauerstoff-Verbindungen

$$
\begin{array}{ccc}
\text{F} & & \text{F} \\
| & & | \\
\text{O} = \text{P} - \text{O} - \text{P} = \text{O} \\
| & & | \\
\text{F} & & \text{F}
\end{array}
\quad \text{und} \quad
\left[\begin{array}{c}
\text{O} \\
\| \\
- \text{P} - \text{O} - \\
| \\
\text{F}
\end{array}\right]_n .
$$

Bei den Hochdruckreaktionen von PF$_3$ mit H$_2$S mit CS$_2$ entsteht SPF$_3$, mit CO$_2$ und SO$_2$ entsteht OPF$_3$ [6]. Bei ca. 4000 bar und 300 $^\circ$C reagiert PF$_3$ mit O$_2$, S und Se zu XPF$_3$ (X $=$ O, S, Se); mit Te wird keine Reaktion beobachtet [7].

PF$_3$ zeigt keine Akzeptoreigenschaften; es reagiert mit Fluoriden auch bei höherer Temperatur nicht zu Fluorokomplexen [PF$_4$]$^-$; vielmehr entstehen bei der Umsetzung mit KF bei 240 $^\circ$C Phosphor und K[PF$_6$]. Dagegen ist PF$_3$ eine starke Lewis-Base; mit Boran bildet sich PF$_3 \cdot$ BH$_3$ (Kp. $-61,8\ ^\circ$C). Bei der Reaktion von PF$_3$ mit SbF$_5$ soll der ionische Komplex [PF$_2$]$^+$[SbF$_6$]$^-$ gebildet worden sein [8]. In einer neueren Arbeit werden die Umsetzungen von PF$_3$ mit AsF$_5$ und SbF$_5$ als Redoxreaktionen formuliert: PF$_3$ + MF$_5$ $\rightarrow$ PF$_5$ + MF$_3$ (M $=$ As, Sb), wobei mit überschüssigem SbF$_5$ noch Folgereaktionen zu [PF$_4$]$^+$[Sb$_3$F$_{16}$]$^-$ und SbF$_3 \cdot$ (SbF$_5$)$_x$ eintreten [9].

Die wohl interessanteste Eigenschaft von PF$_3$ ist die Fähigkeit, mit Übergangsmetallen Komplexe zu bilden, die denen des CO sehr ähneln [10]. Hierauf beruht auch die Giftigkeit, da PF$_3$ wie CO einen Hämoglobin-Komplex bildet. PF$_3$ ist ein noch stärkerer π-Komplexbildner als CO und kann dieses in Carbonylen austauschen.

Als Derivate von PF$_3$ existieren noch zahlreiche gemischte Fluoridhalogenide PF$_2$X und PFX$_2$ (X $=$ Cl, Br, I, Pseudohalogene), von denen PF$_2$I besonders gut zur Einführung der PF$_2$-Gruppe in andere Systeme geeignet ist [11]. Mit N$_2$F$_4$ z. B. reagiert PF$_2$I bei 23 $^\circ$C zu der außerordentlich explosiven Verbindung F$_2$NPF$_2$ [12].

Arsentrifluorid AsF$_3$ (Fp. $-5,95\ ^\circ$C; Kp. 62,8 $^\circ$C) wird als farblose Flüssigkeit am besten durch Fluorierung von As$_2$O$_3$ mit HF oder HOSO$_2$F gewonnen. Es ist wie PF_3 pyramidal gebaut (d(AsF) 1,708 Å; Winkel (FAsF) 95,95°; D(As – F) 453,5 kJ/mol) [13]. AsF_3 ist leicht hydrolysierbar. Es findet weite Anwendung als Fluorierungsmittel. Flüssiges AsF_3 ist elektrisch leitend, was auf eine Eigenionisation gemäß $2\,AsF_3 \rightleftharpoons [AsF_2]^+ + [AsF_4]^-$ schließen läßt. AsF_3 besitzt im Gegensatz zu PF_3 sowohl saure als auch basische Eigenschaften. Bei Zugabe von z. B. KF oder SbF_5 zu AsF_3 wird die Leitfähigkeit erhöht, und es bilden sich die Verbindungen $K[AsF_4]$ bzw. $[AsF_2][SbF_6]$ [14]. Mit Chlor entsteht bei 0 °C eine Verbindung der Form $[AsCl_4]^+[AsF_6]^-$, die in polaren Lösungsmitteln ionisch vorliegt, bei der Vakuumsublimation aber in die molekulare Form $AsCl_2F_3$ übergeht. Auch Produkte aus Fluoraustauschreaktionen, gemischte Halogenide $AsClF_2$ und $AsCl_2F$ sowie zahlreiche organo-substituierte Verbindungen $RAsF_2$ und R_2AsF sind bekannt.

Antimontrifluorid SbF_3 (Fp. 292 °C; Kp. 319 °C) bildet sich bei der Einwirkung von HF auf Sb_2O_3 in Form farbloser Kristalle. Im Festkörper sind SbF_3-Moleküle (d(SbF) 1,92 Å; Winkel (FSbF) 87,3°) über Fluorbrücken (d(SB ... F) 2,61 Å) miteinander verknüpft. Dadurch erhält jedes Sb-Atom eine verzerrt oktaedrische Umgebung von F-Atomen [15]. SbF_3 ist wie AsF_3 ein mäßig starkes Fluorierungsmittel und sehr leicht hydrolysierbar. In der Schmelze ist ebenfalls eine elektrische Leitfähigkeit meßbar, die auf eine Eigenïonisation schließen läßt; jedoch ist die Lewis-Basizität im Gegensatz zu AsF_3 nur noch sehr schwach ausgeprägt. Dagegen ist SbF_3 eine starke Lewis-Säure. Mit Alkalimetallfluoriden bilden sich die Verbindungen $M[SbF_4]$ und $M_2[SbF_5]$. Das $[SbF_4]^-$ ist im Gegensatz zum monomeren $[AsF_4]^-$ polymer $(SbF_4^-)_n$ (a) oder cyclisch tetramer $(SbF_4^-)_4$ (b) mit tetraedrischer Anordnung der 4 Sb-Atome gebaut; hierin liegen ψ-oktaedrische $[SbF_5]$-Einheiten vor:

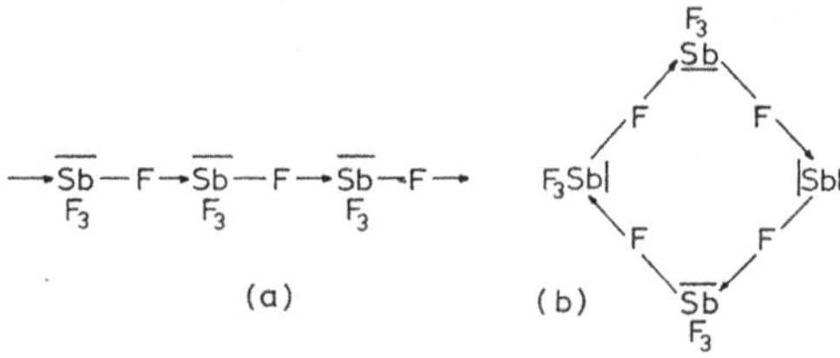

$$
\text{(a)} \qquad \cdots \rightarrow \overline{Sb}_{F_3} - F \rightarrow \overline{Sb}_{F_3} - F \rightarrow \overline{Sb}_{F_3} \rightarrow F \rightarrow \cdots
$$

(a)   (b)

Einige Übergangsmetalle bilden auch hydratisierte Salze der Form $M[SbF_4]_2 \cdot 6\,H_2O$ (z. B. M = Co, Ni, Cu, Zn) [16]. Röntgenstrukturuntersuchungen an $M_2[SbF_5]$ (M = Na, NH_4) zeigen das Vorliegen diskreter $[SbF_5]^{2-}$-Anionen mit verzerrt quadratisch-pyramidaler (ψ-oktaedrischer) Struktur an (d(SbF$_{ax}$) 1,916 Å; d(SbF$_{äqu}$) 2,075 Å) [17]. Zahlreiche Polyfluoroantimonate(III) sind hergestellt worden mit Anionen der Zusammensetzung $[Sb_2F_7]^-$, $[Sb_3F_{10}]^-$, $[Sb_4F_{13}]^-$, aber auch $[Sb_2F_9]^{3-}$, $[Sb_3F_{11}]^{2-}$, $[Sb_4F_{15}]^{3-}$ und $[Sb_5F_{19}]^{4-}$ [18].

Im $K[Sb_2F_7]$ liegt eine unendliche Kette alternierender ψ-trigonal-bipyramidaler $[SbF_4]^-$-Anionen und pyramidaler SbF_3-Moleküle vor [19], während in $Cs[Sb_2F_7]$ diskrete $[Sb_2F_7]^-$-Anionen vorhanden sind, in denen ψ-trigonal-bipyramidale $[SbF_4]$-Einheiten über eine axiale F-Brücke verknüpft sind [20]:

d(SbF^1) 1,936 – 1,975 Å
d(SbF^2) 2,24 Å
Winkel (SbF^{2}Sb) 125,3°.

Mit AsF_5 und SbF_5 bildet SbF_3 über F-Brücken verknüpfte, kovalente 1:1-Komplexe, deren Spektren keinen Hinweis auf das Vorliegen von $[SbF_2]^+$-Kationen geben [21]. Bei der unvollständigen Fluorierung von Sb entsteht neben SbF_3 auch das Fluorid $Sb_{11}F_{43}$, in dem neben $[SbF_6]^-$-Anionen auch die Kationen $[SbF_2]^+$, $[Sb_2F_5]^+$ und das kettenförmige $[Sb_6F_{13}]^{5+}$ nachweisbar sind [22].

Wird SbF_3 mit Sb_2O_3 im Verhältnis 1:1 in einer abgeschlossenen Goldkapsel auf 150 – 160 °C erwärmt, bildet sich *Antimonoxidfluorid SbOF*, das in 3 kristallinen und einer glasartigen Modifikation vorkommt. 2 der kristallinen Formen sind orthorhombisch und enthalten ψ-trigonal-bipyramidale $[SbFO_3]$-Einheiten mit dem freien Elektronenpaar in äquatorialer Position (d(SbF) 1,95Å; d(SbO) 1,99 Å) [23].

Wismuttrifluorid BiF$_3$ (Fp. 727 °C) entsteht als farbloses, kristallines, wasserunlösliches Pulver bei der Reaktion von Bi_2O_3 oder BiOCl mit HF. BiF_3 bildet als einziges Fluorid der Elemente der 5. Hauptgruppe ein Ionengitter. Es kristallisiert im rhombischen YF_3-Typ (vgl. Abb. 3.3. – 2), in dem 8 F-Atome um ein Bi-Atom in Form eines leicht deformierten quadratischen Antiprismas (d(BiF) 2,217 – 2,502 Å) angeordnet sind [24]. Mit AsF_5 und SbF_5 werden 1:1- und 1:3-Komplexe gebildet, die kein $[BiF_2]^+$-Kation enthalten, sondern kovalente, über F-Brücken verknüpfte Polymere sind [21]. Mit Bi_2O_3 entsteht bei 650 °C eine kristalline Verbindung der Zusammensetzung BiOF, deren IR-Spektrum beschrieben ist [25].

Pentafluoride von P, As, Sb und Bi

Phosphorpentafluorid PF$_5$ (Fp. −93,8 °C; Kp. −84,6 °C) entsteht leicht als farbloses Gas bei der Umsetzung von PCl_5 mit CaF_2 bei 300−400 °C oder auch aus der Direktfluorierung von elementarem Phosphor. Das Molekül ist trigonal-bipyramidal gebaut (d(PF$_{ax}$) 1,577 Å; d(PF$_{äqu}$) 1,534 Å, D(P − F) 458,5 kJ/mol). Im ^{19}F-NMR-Spektrum ist keine Unterscheidung der axialen und äquatorialen Fluoratome möglich, da diese durch eine intramolekulare Pseudorotation schnell ihre Plätze wechseln, so daß sie im zeitlichen Mittel magnetisch äquivalent erscheinen (Spektroskopische Daten [3]). PF_5 ist leicht hydrolysierbar, raucht daher an feuchter Luft, ist in trockenem Glas aber bis 250 °C stabil. PF_5 ist eine starke Lewis-Säure, bildet mit Aminen, Ethern und anderen Basen hexakoordinierte Komplexe, die durch Wasser und Alkohole rasch zersetzt werden (^{19}F-NMR [26]). Mit Fluoridionen entsteht das regulär oktaedrische Hexafluorophosphat $[PF_6]^-$ (d(PF) 1,593 Å), das beim Erhitzen von PF_5 mit Alkalimetallfluoriden direkt gebildet wird, oder aber aus der Umsetzung $PCl_5 + MCl + 6 HF \rightarrow M[PF_6] + 6 HCl$ dargestellt werden kann. Die freie Hexafluorophosphorsäure HPF_6 ist in reinem Zustand nicht isolierbar, sie kann in Lösung nur bis zu einer Konzentration von ca. 75% angereichert werden. Jedoch ist ein Hydrat $HPF_6 \cdot 6 H_2O$ (Fp. 31 °C) bekannt. Bei der Umsetzung von PF_5 mit $[HF_2]^-$ bildet sich bei Raumtemperatur Pentafluorohydridophosphat $[PF_5H]^-$ [27], das ebenfalls bei der Reaktion von PF_4H (Fp. ca. $-89,6$ °C; Kp. -39 °C) mit N-haltigen organischen Basen entsteht [28]. Aus den Reaktionen von PF_3H_2 (Fp. ca. -51 °C; Kp. 3,8 °C) mit MF werden die Salze $M[PF_4H_2]$ (M = K, Cs) erhalten, in denen die H-Liganden trans-ständig gebunden sind (D_{4h}-Symmetrie des Anions) [28, 29]. Zahlreiche weitere gemischt-ligandige, hexakoordinierte Phosphatanionen sind existent.

Mit dem stärkeren Fluoridionenakzeptor SbF_5 reagiert PF_5 zu dem 3:1-Komplex $[PF_4]^+[Sb_3F_{16}]^-$ [9].

Als weitere Derivate des PF_5 sind die gemischten Fluoridhalogenide $PF_{5-n}X_n$ (X = Cl, Br) zu nennen sowie eine große Zahl an Fluorophosphoranen R_nPF_{5-n} (R = H, organischer Rest u. a., $n = 1-3$) [30].

Arsenpentafluorid AsF$_5$ (Fp. $-79,8$ °C; Kp. $-53,2$ °C) entsteht als farbloses Gas bei der Fluorierung von Arsen oder As_2O_3. Es ist wie PF_5 trigonal-bipyramidal gebaut (d($AsF_{äqu}$) 1,656 Å; d(AsF_{ax}) 1,711 Å); im ^{19}F-NMR-Spektrum wird wie bei PF_5 nur ein Signal beobachtet. AsF_5 ist eine starke Lewis-Säure (mit basischen Molekülen bilden sich 1:1-Komplexe) und ein starker Fluoridionenakzeptor. Mit Fluoriden entsteht das oktaedrische Hexafluoroarsenation $[AsF_6]^-$ (d(AsF) 1,72 Å): $MF_x + AsF_5 \rightarrow [MF_{x-1}]^+[AsF_6]^-$. Die Bindung zwischen Anion und Kation kann je nach Fluoridionendonatorstärke der Base zwischen weitgehend ionisch bis kovalent (über Fluorbrücken) variieren. Bei -78 °C ist im Überschuß von AsF_5 auch das Perfluorodiarsenat $[As_2F_{11}]^-$ nachweisbar [31]. Mit Fluoridionenakzeptoren werden keine $[AsF_4]^+$-Verbindungen gebildet.

Mit Graphit entstehen schon bei Raumtemperatur blau-schwarze Einschlußverbindungen der Zusammensetzung $C_{10}AsF_5$, die ab 60 °C AsF_5 wieder abspalten [32].

AsF_5 kann auch als Oxidationsmittel wirken, z. B. reagiert es mit Schwefel unter Bildung von $S_8^{2+}[AsF_6^-]_2$ und AsF_3. Einige Übergangsmetalle werden in SO_2 oxidiert zu Verbindungen der Form $M[AsF_6]_2$, $MF[AsF_6]$ und deren Solvate [33], mit Hg bildet sich $Hg_3[AsF_6]_2$ [34].

Im alkalischen Medium wird $[AsF_6]^-$ nicht hydrolysiert, in Säuren bildet sich die Hexafluoroarsensäure $HAsF_6$, die mit Wasser reversibel reagiert [35]:

$$HAsF_6 + H_2O \rightleftharpoons H[AsF_5(OH)] + HF.$$

Fluorohydroxoarsenate bilden isolierbare Alkalisalze. Die Anionen $[AsF_5OH]^-$ und $[AsF_4(OH)_2]^-$ kondensieren schnell zu den O-verbrückten Dimeren $[F_5As - O - AsF_5]^{2-}$ und $[F_4As\diagdown_O^O\diagup AsF_4]^{2-}$ mit jeweils oktaedrischer Umgebung des Arsens [36]. Mit ClO_2SO_3F bildet AsF_5 das Komplexsalz $ClO_2[AsF_5(OSO_2F)]$ [37].

Auch von AsF_5 und $[AsF_6]^-$ sind zahlreiche gemischt-ligandige Derivate existent, z. B. AsF_3Cl_2 , $AsF_{5-n}R_n$ (R = organischer Rest), $[AsF_{6-n}R_n]^-$.

Antimonpentafluorid SbF_5 (Fp. 8,3 °C; Kp. 141 °C) entsteht bei der Fluorierung von Sb_2O_3 als viskose Flüssigkeit. Es ist in allen 3 Aggregatzuständen über Fluorbrücken assoziiert. Im Festkörper liegen cyclische Tetramere mit cis-Fluorbrücken vor; jedes Sb-Atom ist dabei verzerrt oktaedrisch koordiniert. Die Bindungsabstände (SbF) betragen zu den endständigen F-Atomen 1,82 Å, zu den Brücken-F-Atomen 2,02 Å; die Winkel (FSbF) zwischen den Brücken-F-Atomen sind alternierend 170 bzw. 141° [38]. Die Festkörperstruktur wie auch die Molekülstruktur in flüssiger Phase ähnelt der des NbF_5 (vgl. Abb. 3.6. – 3). In flüssiger Phase oder in Lösung liegt SbF_5 über cis-F-Brücken gebunden polymer vor, wobei nicht geklärt ist, ob es sich um lineare oder cyclische Polymere handelt. Die Fluorbrücken sind so stark, daß sie unterhalb des Siedepunktes unverändert bleiben [39].

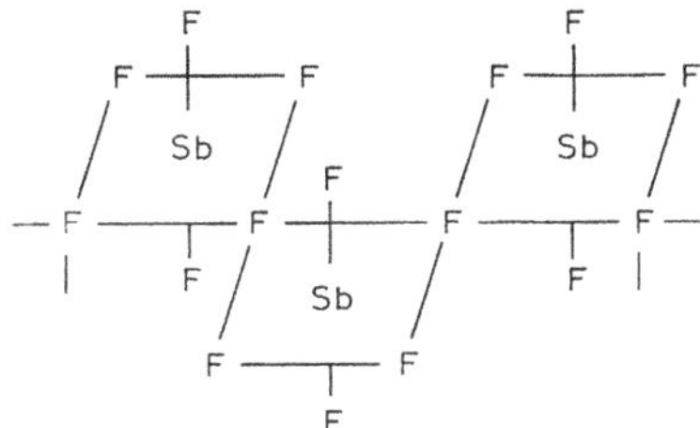

Auch in der Gasphase treten noch starke Assoziationen auf. Erst oberhalb 350 °C ist im Massenspektrum bzw. den Schwingungsspektren das monomere SbF_5 nachweisbar [40].

Mit Graphit bildet SbF_5 sehr leicht Einschlußverbindungen [41]. SbF_5 ist eine der stärksten Lewis-Säuren und Fluoridionenakzeptoren. Mit flüssigem HF ist SbF_5 beliebig mischbar, dabei bilden sich leitende Lösungen gemäß:

$$2\,HF + SbF_5 \rightleftharpoons [H_2F]^+ + [SbF_6]^-.$$

Ein Leitfähigkeitsmaximum wird erreicht bei 3,5 Mol-% SbF_5 ; bei höherer SbF_5-Konzentration bilden sich polymere Anionen $[Sb_nF_{5n+1}]^-$ [42].

Mit SO_3 entsteht das viskose, polymere Addukt $SbF_4(OSO_2F)$, das in HSO_3F ebenfalls eine starke Säure ist:

$$SbF_4(OSO_2F) + 2\,HOSO_2F \rightarrow [H_2OSO_2F]^+ + [SbF_4(OSO_2F)_2]^-.$$

Daher ist SbF_5 ausgezeichnet geeignet zur Erhöhung der Säurestärke von HF bzw. $HOSO_2F$ [43] (vgl. Kap. 2.1.).

Mit den meisten Elementfluoriden reagiert SbF_5 unter Bildung von Hexafluoroantimonaten $[SbF_6]^-$ bzw. polymeren Anionen $[Sb_nF_{5n+1}]^-$. Jedes Sb-Atom ist dabei oktaedrisch von 6 F-Atomen umgeben, wobei in den polymeren Anionen die $[SbF_6]$-Einheiten über cis-F-Brücken verknüpft sind. Mit Methylfluorid in flüssigem SO_2 entsteht das Komplexsalz $[CH_3OSO]^+[Sb_2F_{11}]^-$ [44]. Mit vielen schwachen Basen (z. B.: $B = SO_2ClF$, SOF_2, SO_2F_2 etc.) werden Komplexe der Zusammensetzung $SbF_5 \cdot B$ und $(SbF_5)_2 \cdot B$ gebildet [45]. Die relative Basenstärke gegenüber SbF_5 nimmt ab in der Reihe $[SbF_6]^- > CH_3SO_2F > SO_2 > SOF_2 > SO_2ClF > SbF_5 > SO_2F_2$.

Analog dem AsF_5 ist auch SbF_5 ein Oxidationsmittel und stabilisiert in Form von Fluoroantimonaten zahlreiche Polykationen, und wie $[AsF_6]^-$ bildet auch $[SbF_6]^-$ bei der Hydrolyse in HF-Lösung ein Gleichgewicht [46]:

$$[SbF_6]^- + H_2O \rightleftharpoons [SbF_5OH]^- + HF.$$

Antimonchloridfluoride entstehen bei der vorsichtigen Fluorierung von $SbCl_5$; mit AsF_3 bildet sich das tetramere $(SbCl_4F)_4$ (Fp. 83 °C), mit ClF entsteht $SbCl_2F_3$ (Fp. 67 – 70 °C), das gemäß Einkristallstrukturuntersuchungen aus $[SbCl_4]^+$- und $[F_4ClSb - F - SbClF_4]^-$-Ionen besteht [47]. $SbCl_4F$ reagiert mit SbF_5 in flüssigem SO_2 zu dem tetragonal kristallisierenden $SbCl_3F_2$, das cis-F-verbrückte Tetramere enthält, so daß jedes Sb-Atom verzerrt oktaedrisch von je 3 Cl- und F-Atomen umgeben ist [48]. Aus der Reaktion von SbF_5 mit NaCl bei -10 °C in SO_2 wird als Hauptprodukt cis-$Na[SbF_2Cl_4]$ erhalten, das mit $ClONO_2$ gemäß

$$4\,ClONO_2 + Na[SbF_2Cl_4] \rightarrow Na[SbF_2O(ONO_2)_2] + 4\,Cl_2 + 2\,NO_2 + 1/2\,O_2$$

reagiert. Das Reaktionsprodukt zersetzt sich beim Erwärmen zu $Na[SbF_2O_2]$ [49]. $Na[SbCl_6]$ reagiert mit überschüssigem HF bei Raumtemperatur zu $Na[SbCl_2F_4]$; die gleiche Reaktion bei 30 °C unter Druck liefert $Na[SbF_6]$ [50].

Wismutpentafluorid BiF_5 (Fp. 151,4 °C; Kp. 230 °C) entsteht bei der Fluorierung von geschmolzenem Wismut bei 500 – 600 °C unter Druck als bei Normalbedingungen farbloser, kristalliner Festkörper. Die BiF_5-Moleküle sind über trans-F-Brücken zu Ketten verknüpft, so daß jedes Bi-Atom oktaedrisch von 6 F-Atomen umgeben ist (Bindungsabstände von Bi zu den endständigen F-Atomen 1,90 Å, zu Brücken-F-Atomen 2,11 Å) [51]. Auch in der Gasphase liegt BiF_5 assoziiert vor [52]. Es sublimiert zu langen weißen Nadeln, zerfällt beim Erhitzen zu BiF_3 und F_2 und ist ein starkes Oxidationsmittel [53]. Die Lewis-Azidität ist wesentlich geringer als bei SbF_5. In $HOSO_2F$ entsteht zwar eine saure Lösung gemäß:

$$BiF_5 + HOSO_2F \rightarrow H[BiF_5(OSO_2F)]$$
$$H[BiF_5(OSO_2F)] + HOSO_2F \rightleftharpoons [H_2OSO_2F]^+ + [BiF_5(OSO_2F)]^-;$$

diese ist aber viel weniger azide als das „Supersäure"-System SbF_5-$HOSO_2F$ [54]. Mit Alkalimetallfluoriden MF bilden sich die Hexafluorobismutate $M[BiF_6]$ [55]. Das Kaliumsalz $K[BiF_6]$ besteht aus oktaedrischen $[BiF_6]^-$-Einheiten, die in zwei Formen auftreten: eine bei Raumtemperatur stabile kubische α-Form mit 6 gleichen Bi-F-Abständen (1,79 Å) und eine metastabile tetragonale β-Form mit 4 Bi-F-Abständen von 2,14 Å und 2 von 2,15 Å. Auch das Raman-Spektrum von $Cs[BiF_6]$ steht mit der O_h-Symmetrie des $[BiF_6]^-$-Anions in Einklang [56]. In WF_6-Lösung bildet BiF_5 bei Raumtemperatur mit SbF_5 Komplexe, die die Zusammensetzungen $(BiF_5)_m(SbF_5)_n$, $BiF_5 \cdot 3\,SbF_5$, $BiF_5 \cdot 2\,SbF_5$ und $BiF_5 \cdot 1,53\,SbF_5$ haben, in denen BiF_5 und SbF_5 über F-Atome verbrückt sind [57].

Chalkogenderivate von P(V)-, As(V)- und Sb(V)-fluoriden

Hiervon sind hauptsächlich die P-Verbindungen untersucht worden, von den schwereren Homologen gibt es nur wenige Beispiele. Grundkörper sind Verbindungen der Zusammensetzung XMF_3 (X = Chalkogen, M = P, As, Sb), die als Fluoride der entsprechenden Säuren aufzufassen sind. Darüber hinaus kennen wir auch Derivate der Di- und Polysäuren, z. B.

$P_2O_3F_4$ als Fluorid der Diphosphorsäure

$$O = \overset{\overset{\displaystyle F}{|}}{\underset{\underset{\displaystyle F}{|}}{P}} - O - \overset{\overset{\displaystyle F}{|}}{\underset{\underset{\displaystyle F}{|}}{P}} = O \quad \text{(Fp. 0,1 °C;}$$

Kp. 72,0 °C), das bei der elektrischen Entladung eines PF_3-O_2-Gemisches neben polymerem $(PO_2F)_n$ entsteht. (Spektroskopische Daten der Phosphor-Fluor-Chalkogen-Verbindungen [3].) Die Phosphorverbindungen XPF_3 (X = O, S, Se) bilden sich bei der Hochdruckreaktion (ca. 4000 bar, 300 °C) von PF_3 mit dem Chalkogen. Eine Tellurverbindung konnte nicht nachgewiesen werden [7].

OPF$_3$ (Fp. −39,1 °C (1,05 bar); Kp. −39,7 °C) kann ebenfalls bei der Fluorierung von $OPCl_3$ mit Metallfluoriden oder der elektrischen Entladung eines PF_3-O_2-Gemisches [58] als farbloses Gas gewonnen werden; es hat Tetraederstruktur (d(PF) 1,524 Å; d(PO) 1,436 Å; Winkel (FPF) 101,3°; D(P=O) 542,6 kJ/mol) [59]. Mit BF_3, AsF_5, SbF_5 werden Addukte gebildet, die über O koordiniert sind [60]. Mit Alkalimetallfluoriden oder NOF entstehen keine Tetrafluorophosphate(V) $[POF_4]^-$, sondern [61]:

$$3\,MF + 3\,OPF_3 \rightarrow 2\,MPF_6 + MPO_3$$

SPF$_3$ (Fp. −148,8 °C; Kp. −52,2 °C) bildet sich ebenfalls bei der Fluorierung von $SPCl_3$ oder $SPBr_3$ oder der Druckreaktion von PF_3 mit CS_2 oder COS [6] als farbloses Gas (d(PF) 1,538 Å; d(PS) 1,866 Å; Winkel (FPF) 99,6° [62]).

Die photochemische Bildung von OPF_3, $OAsF_3$ und $OSbF_3$ aus dem Trifluorid und Ozon kann in der Matrix bei $8-30$ K durch IR und Raman nachgewiesen werden [63]. Die Strukturen von polymeren $OAsF_3$ (Kp. 26 °C) und $OSbF_3$ sind noch ungewiß; wahrscheinlich liegen aber Verbrückungen zwischen den Molekülen vor, so daß die Zentralatome jeweils oktaedrische Umgebung besitzen [64]. Das Anion $[AsOF_4]_2^{2-}$ ist dimer mit einem sehr kurzen As-As-Abstand (2,665 Å) [36, 65].

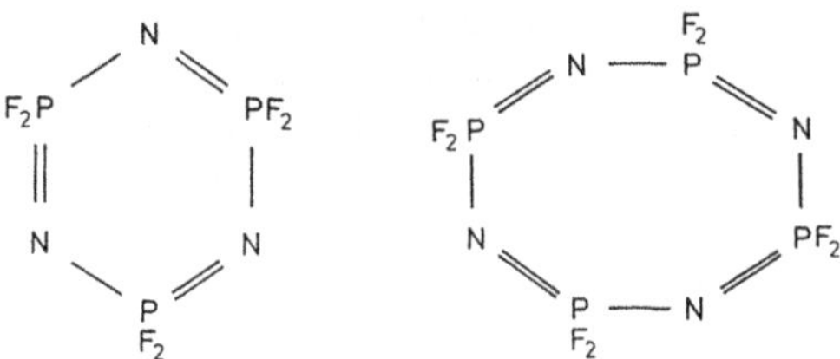

Das trimere Anion $[SbOF_4]_3^{3-}$ ist cyclisch gebaut [66].

Phosphornitridfluoride [67]

Es existieren lineare und cyclische Polymere $(NPF_2)_n$ mit n bis 17, die durch Umsetzung von $(NPCl_2)_n$ mit NaF oder besser KSO_2F hergestellt werden können; dabei bilden sich auch gemischte Chloridfluoride. Am besten untersucht sind das cyclische Trimere $(NPF_2)_3$ (Fp. 26 °C; Kp. 50,9 °C; d(PF) 1,521 Å) und das planare cyclische Tetramere $(NPF_2)_4$ (Fp. $28-29$ °C; Kp. 89,7 °C; d(PF)1,51 Å).

Die F-Atome können gegen andere Reste ausgetauscht werden. Bei der Umsetzung von $(NPF_2)_3$ mit CsF bildet sich die salzartige Verbindung $Cs^+[(PNF_2)_3F]^-$. Für das Anion wird sowohl eine Ring- als auch eine Kettenstruktur diskutiert [68].

$$[F_3P=\bar{N}-PF_2=\bar{N}-PF_2=\bar{N}]^-$$

72

Mit SbF_5 entstehen Komplexe des Typs $(NPF_2)_n \cdot 2\,SbF_5$ $(n = 3 - 6)$; hierin ist der $(NPF_2)_n$-Ring über F-Brücken mit SbF_5 verknüpft [69]. Zu erwähnen sind noch die Trifluorphosphazene $F_3P = NR$, die aus PF_3Cl_2 mit primären Aminen oder Säureamiden hergestellt werden können.

Literatur

a) Übersichtsartikel
Phosphorfluoride:
R. Schmutzler, Adv. Fluorine Chem. **5**, 31 (1965).
G. I. Drozd, Russ. Chem. Rev. **39**, 1 (1970).
R. Schmutzler und *O. Stelzer* in MTP, International Review of Science, Inorganic Chemistry, Series One, Vol. 2, S. 61, Butterworths – London, University Park Press – Baltimore, 1972.
Arsen-, Antimon-, Wismutfluoride:
R. G. Cavell und *A. R. Sanger* in MTP, International Review of Science, Inorganic Chemistry, Series One, Vol. 2, S. 203, Butterworths – London, University Park Press – Baltimore, 1972.
L. Kolditz, Halides of Arsenic and Antimony in *V. Gutman*, Halogen Chemistry, Vol. 2, S. 115, Academic Press – London – New York, 1967; Adv. Inorg. Chem. Radiochem. **7**, 1 (1965).
K. C. Moss und *M. A. R. Smith* in MTP, International Review of Science, Inorganic Chemistry, Series Two, Vol. 2, S. 221, 287, Butterworths – London, University Park Press – Baltimore, 1975.

b) Spezielle Literatur
1. *R. W. Rudolph, R. C. Taylor* und *R. W. Parry*, J. Amer. Chem. Soc. **88**, 3729 (1966).
2. *H. L. Hodges, L. S. Su* und *L. S. Bartell*, Inorg. Chem. **14**, 599 (1975).
3. *H.-G. Horn*, Chem. Ztg. **96**, 666 (1972).
4. *K. W. Morse* und *J. G. Morse*, J. Amer. Chem. Soc. **95**, 8469 (1973); Inorg. Chem. **14**, 565 (1975).
5. *D. Solan* und *P. L. Timms*, J. C. S. Chem. Comm. **1968**, 1540.
6. *A. P. Hagen* und *B. W. Callaway*, Inorg. Chem. **14**, 1622 (1975); **17**, 554 (1978).
7. *A. P. Hagen* und *E. A. Elphingstone*, Inorg. Chem. **12**, 478 (1973).
8. *R. D. W. Kemmitt, V. M. McRae, R. D. Peacock* und *I. L. Wilson*, J. inorg. nucl. Chem. **31**, 3674 (1969).
9. *G. S. H. Chen* und *J. Passmore*, J. C. S. Chem. Comm. **1973**, 559.
10. *Th. Kruck*, Angew. Chem. **79**, 28 (1967); *J. F. Nixon*, Endeavour **32**, 19 (1973).
11. *G. G. Flaskerud, K. E. Pullen* und *J. M. Shreeve*, Inorg. Chem. **8**, 728 (1969).
12. *J. E. Smith, R. Steen* und *K. Cohn*, J. Amer. Chem. Soc. **92**, 6359 (1970).
13. *T. Chikaraishi* und *E. Hirota*, Bull. Chem. Soc. Jap. **46**, 2314 (1973); *A. A. Woolf*, J. Fluorine Chem. **5**, 172 (1975).
14. *A. J. Edwards* und *R. J. Sills*, J. Chem. Soc. **A 1971**, 942; *T. K. Davies* und *K. C. Moss*, J. Chem. Soc. **A 1970**, 1054.
15. *A. J. Edwards*, J. Chem. Soc. **A 1970**, 2751.
16. *N. Habibi, B. Ducourant, J.-F. Herzog* und *R. Fourcade*, Bull. Soc. Chim. France **1976**, 77.

17. *R. R. Ryan* und *D. T. Cramer,* Inorg. Chem. **11,** 2322 (1972); *R. Fourcade, G. Mascherpa, E. Philipot* und *M. Maurin,* Rev. Chim. Minérale **11,** 481 (1974).
18. *D. R. Schröder* und *R. A. Jacobson,* Inorg. Chem. **12,** 515 (1973); *N. Habibi, B. Ducourant, R. Fourcade* und *G. Mascherpa,* Bull. Soc. Chim. France **1974,** 2320; *B. Ducourant, B. Bonnet, R. Fourcade* und *G. Mascherpa,* Bull. Soc. Chim. France **1975,** 1471; *B. Ducourant, R. Fourcade, E. Philipot* und *G. Mascherpa,* Rev. Chim. Minérale **12,** 553 (1975); *B. Ducourant* und *R. Fourcade,* Compt. rend. **282 C,** 741 (1976).
19. *S. H. Mastin* und *R. R. Ryan,* Inorg. Chem. **10,** 1757 (1971).
20. *R. R. Ryan, S. H. Mastin* und *A. C. Larson,* Inorg. Chem. **10,** 2793 (1971).
21. *T. Birchall, P. A. W. Dean, B. Della Valle* und *R. J. Gillespie,* Can. J. Chem. **51,** 667 (1973).
22. *A. J. Edwards* und *D. R. Slim,* J. C. S. Chem. Comm. **1974,** 178; *A. J. Hewitt, J. H. Holloway* und *B. Frlec,* J. Fluorine Chem. **5,** 169 (1975).
23. *A. Åström* und *S. Andersson,* Acta Chem. Scand. **25,** 1519 (1971); **26,** 3849 (1972); J. Solid State Chem. **6,** 191 (1973).
24. *A. K. Cheetham* und *N. Norman,* Acta Chem. Scand. **28,** 55 (1974); *O. Greis* und *M. Martinez-Ripoll,* Z. anorg. allg. Chem. **436,** 105 (1977).
25. *A. Rulmont,* Spectrochim. Acta **A 28,** 1287 (1972).
26. *K.-P. John* und *R. Schmutzler,* Z. Naturforsch. **29 b,** 730 (1974).
27. *J. F. Nixon* und *J. R. Swain,* Inorg. Nucl. Chem. Lett. **5,** 295 (1969).
28. *A. J. Cowley, P. J. Wisian* und *M. Sanchez,* Inorg. Chem. **16,** 1451 (1977).
29. *K. O. Christe, C. J. Schack* und *E. C. Curtis,* Inorg. Chem. **15,** 843 (1976).
30. *R. Schmutzler,* Fluorophosphoranes in *V. Gutmann,* Halogen Chemistry, Vol. 2, S. 31, Academic Press – London – New York, 1967.
31. *P. A. W. Dean, R. J. Gillespie, R. Hulme* und *D. A. Humphreys,* J. Chem. Soc. **A 1971,** 341.
32. *L. Chun-Hsu, H. Selig, M. Rabinovitz, I. Agranat* und *S. Sarig,* Inorg. Nucl. Chem. Lett. **11,** 601 (1975).
33. *P. A. W. Dean,* J. Fluorine Chem. **5,** 499 (1975); *C. D. Desjardins* und *J. Passmore,* J. Fluorine Chem. **6,** 379 (1975).
34. *B. D. Cutforth, C. G. Davies, P. A. W. Dean, R. J. Gillespie, P. R. Ireland* und *P. K. Ummat,* Inorg. Chem. **12,** 1343 (1973).
35. *W. L. Lockhardt, M. M. Jones* und *D. O. Johnstone,* J. inorg. nucl. Chem. **31,** 407 (1969).
36. *L. Kolditz* und *M. Gitter,* Z. Chem. **7,** 202, 240 (1967); Z. anorg. allg. Chem. **354,** 15 (1967).
37. *P. A. Yeats* und *F. Aubke,* J. Fluorine Chem. **4,** 243 (1974).
38. *A. J. Edwards* und *P. Taylor,* J. C. S. Chem. Comm. **1971,** 1376.
39. *T. K. Davies* und *K. C. Moss,* J. Chem. Soc. **A 1970,** 1054; *J. Bacon, P. A. W. Dean* und *R. J. Gillespie,* Can. J. Chem. **48,** 3413 (1970).
40. *E. W. Lawless,* Inorg. Chem. **10,** 2084 (1971); *L. E. Alexander,* Inorg. Nucl. Chem. Lett. **7,** 1053 (1971); *L. E. Alexander* und *I. R. Beattie,* J. Chem. Phys. **56,** 5829 (1972).
41. *J. M. Lalancette* und *J. Lafontaine,* J. C. S. Chem. Comm. **1973,** 815; *A. A. Opalovskii, A. S. Nazarov* und *A. A. Uminskii,* Russ. J. Inorg. Chem. **19,** 827 (1974); *J. Melin* und *A. Hérold,* Compt. rend. **280 C,** 641 (1975).
42. *R. J. Gillespie* und *K. C. Moss,* J. Chem. Soc. **A 1966,** 1170.
43. *A. Commeyras* und *G. A. Olah,* J. Amer. Chem. Soc. **91,** 2929 (1969); *J. Sommer, S. Schwartz, P. Rimmelin* und *P. Canivet,* J. Amer. Chem. Soc. **100,** 2576 (1978).

44. *J.-Y. Calves* und *R. J. Gillespie*, J. C. S. Chem. Comm. **1976**, 506; J. Amer. Chem. Soc. **99**, 1788 (1977); *R. J. Gillespie, F. G. Riddell* und *D. R. Slim*, J. Amer. Chem. Soc. **98**, 8069 (1976).
45. *P. A. W. Dean* und *R. J. Gillespie*, J. Amer. Chem. Soc. **91**, 7260, 7264 (1969).
46. *J. E. Griffiths* und *G. E. Walrafen*, Inorg. Chem. **11**, 427 (1972).
47. *H. Preiss*, Z. anorg. allg. Chem. **389**, 254 (1972).
48. *J. G. Ballard, T. Birchall* und *D. R. Slim*, J. C. S. Dalton Trans. **1977**, 1469.
49. *U. Müller, K. Dehnicke* und *K. S. Vorres*, J. inorg. nucl. Chem. **30**, 1719 (1968).
50. *W. Schmidt, D. Steinborn* und *L. Kolditz*, Z. Chem. **10**, 440 (1970).
51. *C. Hebecker*, Z. anorg. allg. Chem. **384**, 111 (1971).
52. *M. J. Vasile, G. R. Jones* und *W. E. Falconer*, Int. J. Mass Spectrom. Ion Phys. **10**, 457 (1973); *M. J. Vasile* und *W. E. Falconer*, Inorg. Chem. **11**, 2282 (1972); *E. W. Lawless*, Inorg. Chem. **10**, 2084 (1971).
53. *J. Fischer* und *E. Rudzitis*, J. Amer. Chem. Soc. **81**, 6375 (1959).
54. *R. J. Gillespie, K. Ouchi* und *G. P. Pez*, Inorg. Chem. **8**, 63 (1969).
55. *C. Hebecker*, Z. anorg. allg. Chem. **376**, 236 (1970); **384**, 12 (1971).
56. *T. Surles, L. A. Quarterman* und *H. H. Hyman*, J. inorg. nucl. Chem. **35**, 670 (1973).
57. *G. S. H. Chen, J. Passmore, P. Taylor* und *T. K. Whidden*, Inorg. Nucl. Chem. Lett. **12**, 943 (1976).
58. *U. Wannagat* und *J. Rademacher*, Z. anorg. allg. Chem. **289**, 66 (1957).
59. *Y. Morano, K. Kuchitsu* und *T. Moritani*, Inorg. Chem. **8**, 867 (1969); **10**, 344 (1971).
60. *H. Selig* und *N. Aminadav*, Inorg. Nucl. Chem. Lett. **6**, 595 (1970).
61. *H. Selig* und *N. Aminadav*, J. inorg. nucl. Chem. **35**, 3371 (1973).
62. *K. Karakida* und *K. Kuchitsu*, Inorg. Chim. Acta **16**, 29 (1976).
63. *A. J. Downs* und *G. P. Gaskill*, 6. Europäisches Fluorsymposium, Dortmund, 1977, Abstract I 64.
64. *K. Dehnicke* und *J. Weidlein*, Z. anorg. allg. Chem. **342**, 225 (1966).
65. *W. Haase*, Chem. Ber. **106**, 734 (1973); **107**, 1009 (1974); Z. anorg. allg. Chem. **397**, 258 (1973).
66. *W. Haase*, Acta Cryst. **B 30**, 2465, 2508 (1974).
67. *D. B. Sowerby*, Phosphonitriles in MTP, International Review of Science, Inorganic Chemistry, Series One, Vol. 2, S. 117, Butterworths – London, University Park Press – Baltimore 1972; *H. R. Allcock*, Chem. Rev. **72**, 315 (1972).
68. *W. M. Douglas, M. Cooke, M. Lustig* und *J. K. Ruff*, Inorg. Nucl. Chem. Lett. **6**, 409 (1970).
69. *T. Chivers* und *N. L. Paddock*, J. Chem. Soc. **A 1969**, 1687.

2.8. Kohlenstofffluoride

Von Kohlenstoff sind unzählige Fluorverbindungen bekannt, von denen die den „organischen Verbindungen" zuzuordnenden Beispiele hier nicht behandelt werden können, die z. T. eine herausragende praktische Bedeutung haben, wie z. B. die Fluor-Polymeren und Fluorchlorkohlenwasserstoffe. Als „anorganische" Kohlenstofffluoride werden $(CF)_x$, $(C_4F)_x$ und CF_2 sowie ihre Derivate beschrieben. Bei der Fluorierung von Kohlenstoff oder C-haltigen Verbindungen entsteht als Endprodukt stets das leicht flüchtige Kohlenstofftetrafluorid CF_4. Das Einfachste der übrigen Kohlenstofffluoride ist „*Kohlenstoffmonofluorid*" $(CF_x)_n$, das erstmals bei der Fluorierung von Graphit bei 420–460 °C als graues, hydrophobes Produkt gewonnen wurde [1]. Die stöchiometrische Zusammensetzung des Fluorierungsproduktes schwankt zwischen $x = 0,68$ bis $x = 0,99$; die Reaktion wird durch HF katalysiert. Je höher der Fluorgehalt ist, um so heller und transparenter wird das Produkt [2]: $x = 0,676 - 0,715$ schwarz; $x = 0,773$ grau, undurchsichtig; $x = 0,780 - 0,805$ silbergrau, undurchsichtig; $x = 0,858 - 0,885$ silbergrau, nahezu transparent; $x = 0,983 - 0,988$ silberweiß, transparent. Reine, weiße Produkte entstehen bei der Fluorierung von Graphit bei 627 ± 3 °C $(CF_{1,12})_n$; hierbei ist eine exakte Temperaturkontrolle besonders wichtig, da oberhalb 630 °C Graphit und Graphitfluorid mit Fluor zu CF_4 und schwarzen, rußartigen Verbindungen verbrennen [3]. Ein ebenfalls weißes Produkt der Zusammensetzung $(CF_{1,19})_n$ wird bei der Reaktion von Graphit in einem Fluorplasma bei niedriger Temperatur (Gastemperatur im Fluorplasma kleiner 150 °C) erhalten [4]. IR-Spektrum und Röntgenstrukturdaten dieser Produkte stimmen mit früher berichteten überein [5]. Die Fluorierungsprodukte von Graphit sind die thermisch stabilsten Fluorkohlenstoff-Verbindungen überhaupt und spielen auch im Zusammenhang mit dem technisch wichtigen Anodeneffekt eine bedeutende Rolle bei der Aluminiumherstellung. Sie sind bis 600 °C unbegrenzt stabil, elektrisch nicht leitend, chemisch recht inert, werden weder durch starke Säuren noch durch Alkalien angegriffen, reagieren mit H_2 bis 400 °C nicht und haben hervorragende Schmiermitteleigenschaften. Die Struktur des $(CF)_n$ ist in Abb. 2.8. – 1 wiedergegeben [2]. $(CF)_n$ besteht aus Schichten gewellter Sechsringe; jedes C-Atom ist sp^3-hybridisiert und hat eine kovalente Bindung zu Fluor. Der Abstand zwischen den Schichten beträgt 6,6 Å (vgl. Graphit 3,35 Å); der C – C-Abstand (1,54 Å) entspricht dem normalen Einfachbindungsabstand.

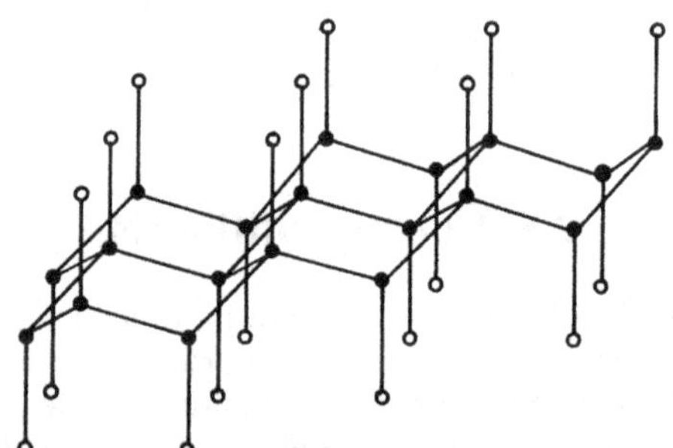

Abb. 2.8. – 1   Struktur des Poly-Kohlenstoffmonofluorids $(CF)_n$ nach W. und G. Rüdorff [2]

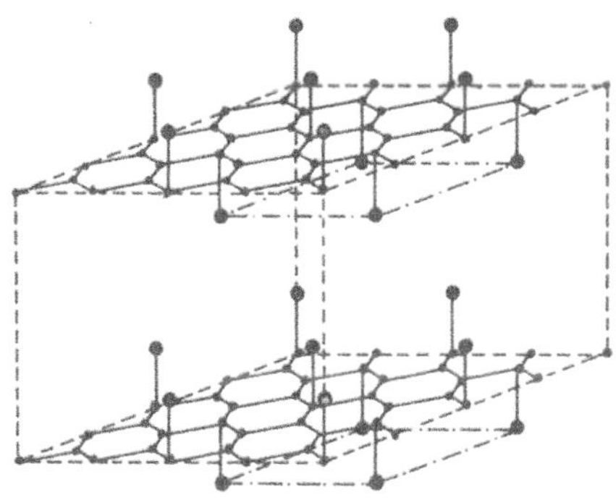

Abb. 2.8. – 2   Struktur des Poly-Tetrakohlenstofffluorids $(C_4F)_n$ nach W. und G. Rüdorff [2]

„Tetrakohlenstoffmonofluorid" $(C_xF)_n$ $(x = 3{,}6 - 4)$ bildet sich als schwarzer Festkörper, wenn Graphit bei Raumtemperatur mit Fluor und HF umgesetzt wird [2, 6]. Es ist chemisch ebenfalls recht inert, thermisch aber weniger stabil als $(CF_x)_n$; die Zersetzung beginnt bei ca. 100 °C. Die elektrische Leitfähigkeit beträgt etwa 1/100 der des Graphit. Die Struktur zeigt Abb. 2.8. – 2; hierin liegen planare C-Schichten vor, in denen an jedem 4. C-Atom ein F-Atom kovalent gebunden ist. Der Abstand zwischen den Schichten beträgt 5,5 Å.

Wird Graphit in Gegenwart von flüssigem HF fluoriert, so entsteht ein salzartiges Fluorid, das als $C_{24}{}^+HF_2{}^- \cdot 4\,HF$ formuliert wird [2], und dessen Eigenschaften denen des Graphithydrogensulfats ähneln. Die Fluorierung von Graphit in wasserfreiem HF mit ClF_3 bei $21 - 22$ °C ergibt ein Produkt, in dem die Ionen $C_{24}{}^+$, $H_2F_3{}^-$, $HF_2{}^-$ und $ClF_2{}^+$ nachgewiesen wurden [7].

Difluorcarben CF_2 kann z. B. gewonnen werden bei der thermischen Zersetzung von Trifluormethyl-Element-Verbindungen $((CF_3)_3PF_2 \rightarrow (CF_3)_2PF_3 + CF_2$ usw.; $(CF_3)_2Hg \rightarrow HgF_2 + 2\,CF_2$ [8]), bei der Photolyse oder Pyrolyse von CF_2-haltigen Verbindungen $(C_2F_4$, $CF_3CF\!-\!CF_2$, $\underset{O}{\diagdown \diagup}$

$CF_3I)$. CF_2 ist nur bei hoher Temperatur oder in einer Matrix als Monomeres stabil, in Abwesenheit anderer Reaktanden dimerisiert oder polymerisiert es sehr schnell. CF_2 ist als Molekül gewinkelt gebaut (d(CF) 1,30 Å; Winkel (FCF) 104,9°; D(C – F) (ber.) 506 kJ/mol) [9]. CF_2 ist sehr reaktiv, wird bei seinen Reaktionen nur als Zwischenprodukt nachgewiesen und geht zahlreiche Einschiebungs- und Additionsreaktionen ein. Mit Jod entstehen CF_2I_2 und ICF_2CF_2I, mit HCl bildet sich $CClF_2H$, mit Sauerstoff COF_2. Von MoF_6 und UF_6 wird CF_2 zu CF_4 fluoriert. In der Gasphase werden keine Reaktionen mit z. B. H_2, BF_3, CO, N_2O, NF_3, CS_2, SO_2 beobachtet.

Literatur

a) Übersichtsartikel

H. J. Emeléus, The Chemistry of Fluorine and Its Compounds, S. 37, Academic Press – New York – London, 1969.

R. J. Lagow, R. B. Badachhape, J. L. Wood und *J. L. Margrave*, J. C. S. Dalton Trans. **1974,** 1268.

Organische Fluorverbindungen, z. B.: *M. Hudlický,* Chemistry of Organic Fluorine Compounds, Ellis Horwood-Chichester, 1976.

b) Spezielle Literatur

1. *O. Ruff, D. Bretschneider* und *F. Ehlert,* Z. anorg. allg. Chem. **217,** 1 (1934).
2. *W. Rüdorff* und *G. Rüdorff,* Z. anorg. allg. Chem. **253,** 281 (1947); Chem. Ber. **80,** 417 (1947).
3. *R. J. Lagow, R. B. Badachhape, J. L. Wood* und *J. L. Margrave,* J. Amer. Chem. Soc. **96,** 2628 (1974).
4. *R. J. Lagow, L. A. Shimp, D. K. Lam* und *R. F. Baddour,* Inorg. Chem. **11,** 2568 (1972).
5. *W. Rüdorff* und *K. Brodersen,* Z. Naturforsch. **126,** 595 (1957); *D. E. Palin* und *K. D. Wadsworth,* Nature **162,** 925 (1948).
6. *R. J. Lagow, R. B. Badachhape, P. Ficalora, J. L. Wood* und *J. L. Margrave,* Syn. React. Inorg. Metal-Org. Chem. **2,** 145 (1972).
7. *A. A. Opalovskii, A. S. Nazarov* und *A. A. Uminskii,* Zh. Neorg. Khim. **17,** 2608 (1972).
8. *I. L. Knunyants, Ya. F. Komissarov, B. L. Dyatkin* und *L. T. Lantseva,* Izv. Akad. Nauk SSSR, Ser. Khim. **1973,** 943.
9. *F. X. Powell* und *D. R. Lide,* J. Chem. Phys. **45,** 1067 (1966).

2.9. Fluoride von Silizium, Germanium, Zinn und Blei

Die Elemente der 4. Hauptgruppe bilden Di- und Tetrafluoride, wobei die Stabilität der Difluoride mit steigender Ordnungszahl zunimmt und die der Tetrafluoride abnimmt. Daneben existieren noch einige Subfluoride und zahlreiche Derivate der binären Fluoride.

Siliziumsubfluoride

Siliziumdifluorid SiF_2 [1 – 3] wird sowohl bei der Umsetzung von SiF_4 mit elementarem Si bei 1100 – 1400 °C im Vakuum als auch bei der thermischen Zersetzung von Si_2F_6 bei 700 °C im Hochvakuum erhalten [4]. Beim Ausfrieren polymerisiert SiF_2 über die Stufe des biradikalischen Dimeren $(SiF_2)_2$ zu dem farblosen wachsartigen $(SiF_2)_x$. Gasförmiges, monomeres SiF_2 ist gewinkelt gebaut (d(SiF) 1,591 Å; Winkel (FSiF) 100°59′)

[5]. Die Halbwertszeit des gasförmigen, monomeren SiF_2 bei 25 °C und 0,2 mm Hg beträgt 150 sec. Es ist erstaunlich stabil, verglichen mit anderen Siliziumdihalogeniden und Dihalogencarbenen. Beim Erhitzen auf 200 – 350 °C im Hochvakuum schmilzt $(SiF_2)_x$ und zersetzt sich unter Bildung von $(SiF)_x$ und Perfluorsilanen Si_nF_{2n+2}. Dabei entstehen die Verbindungen Si_2F_6, Si_3F_8, Si_4F_{10}; weitere Homologe bis $n = 14$ sind massenspektrometrisch nachgewiesen [6]. SiF_2 ist sehr reaktiv und reagiert mit zahlreichen anorganischen und organischen Verbindungen unter Einschiebung von einer oder mehreren SiF_2-Gruppen oder Addition an Mehrfachbindungen. Mit SiF_4 entstehen die perfluorierten Polysilane [6]; mit CF_3I die Verbindungen CF_3SiF_2I, $CF_3SiF_2SiF_2I$, SiF_2I_2 und SiF_2ISiF_2I [7]. Bei der kontrollierten Hydrolyse ($SiF_2 : H_2O$ 1:1 bis 1:7) bildet sich neben Hydrolyseprodukten auch $HF_2SiOSiF_2H$ [8]. Halogene reagieren mit SiF_2 zu den gemischten Si-halogenfluoriden SiF_2X_2, mit HBr bildet sich bei -84 °C das Disilan SiF_2BrSiF_2H [9]. Die bei Raumtemperatur flüchtigen Produkte der Tieftemperaturreaktion von SiF_2 mit SOF_2 enthalten keinen Schwefel, sondern die Fluorsiloxane $F_3Si(SiF_2)_nOSiF_3$ ($n = 0, 1, 2$), $F_3SiOSiF_2OSiF_3$ und $(SiOF_2)_n$ ($n = 2, 3$) [10]. Mit PH_3 reagiert SiF_2 zu F_2HSiPH_2 und F_3SiPH_2 [11], mit GeH_4 entstehen $F_2HSiGeH_3$ und $H(SiF_2)_2GeH_3$ [12]. Mit Ethylen und Acetylen bilden sich cyclische Verbindungen; mit B_2H_6 entsteht bei -196 °C u. a. das Diboran $(SiF_2)_2B_2H_4$, das sich rasch zersetzt zu SiF_4, $HSiF_3$, Si_2F_6, HSi_2F_5, Si_3F_8 sowie $H_{4-n}Si(SiF_3)_n$ ($n = 1 - 4$) [13]. Bei der Kokondensation von SiF_2 und BF_3 bei -196 °C und anschließendem Erwärmen auf Raumtemperatur bilden sich die flüssigen Verbindungen $F_2B(SiF_2)_2F$ (Fp. 0 °C; Kp. 42 °C), $F_2B(SiF_2)_3F$ (Fp. 12 °C; Kp. 85 °C) sowie $F_2B(SiF_2)_4F$ und $F_2B(SiF_2)_5F$ [14]. Charakteristisch für die Chemie des SiF_2 ist, daß sich bei den meisten Tieftemperaturreaktionen Produkte mit 2 und mehr SiF_2-Gruppen bilden; daraus kann gefolgert werden, daß primär eine Di- oder Polymerisierung zu $(SiF_2)_n$-Diradikalen erfolgt, die reaktiver als monomeres SiF_2 sind. Bei Gasreaktionen ist dagegen das monomere SiF_2-Radikal die reaktive Zwischenstufe [15]. Das Vorliegen von Diradikalen ist ESR-spektroskopisch nachgewiesen [16]. Dieser Mechanismus wird auch durch die Ergebnisse der Umsetzung mit Butadien gestützt. Gasförmiges SiF_2 reagiert zu Silacyclopenten (1) [17]. In der kondensierten Phase entsteht als Hauptprodukt 1,2-Disilacylohexen (2) [18]; hierbei muß das Diradikal Si_2F_4 reaktive Zwischenstufe sein.

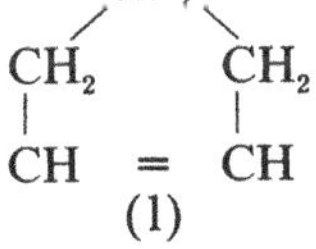

SiF_2 — CH_2 — CH_2 — $CH = CH$ (Ring)

(1)

CH_2, HC, SiF_2, HC, SiF_2, CH_2 (Ring)

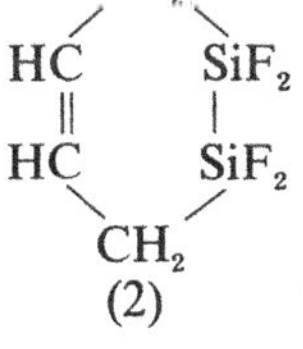

(2)

Polymeres Siliziummonofluorid (SiF)$_x$ entsteht bei der Pyrolyse von $(SiF_2)_x$ [6], oder aus der Umsetzung von $SiBr_3F$ mit Mg in Etherlösung [19] als farbloser Festkörper, der oberhalb 400 °C explosionsartig in Si und SiF_4 zerfällt.

Die Perfluorpolysilane Si$_n$F$_{2n+2}$ bilden sich bis $n = 14$ bei der thermischen Zersetzung von $(SiF_2)_x$. Si_2F_6 (Subl. $-19,1$ °C) entsteht als farbloses Gas ebenfalls bei der Fluorierung von Si_2Cl_6 oder Si_2Br_6 [20]. Bei der sauren oder neutralen Hydrolyse bilden sich Hexafluorokieselsäure, Kieselsäure und H_2. Die Struktur des Si_2F_6-Moleküls ist durch Elektronenbeugung bestimmt (d(SiF) 1,564 Å; d(SiSi) 2,317 Å; Winkel (FSiF) 108,6°) [21]. Si_3F_8 (Fp. $-1,2$ °C; Kp. 42 °C) entsteht in guten Ausbeuten bei der Reaktion

$$Si_3(OCH_3)_8 + 8\,BF_3 \xrightarrow{-50\,°C} Si_3F_8 + \frac{8}{3}[BF_2(OCH_3)]_3$$

als farblose Flüssigkeit [22]. Si_4F_{10} (Fp. 68 °C, Kp. 85,1 °C) läßt sich als farbloser Festkörper aus den Pyrolyseprodukten von $(SiF_2)_x$ isolieren. Bei der Einwirkung von ZnF_2 auf $Si_{10}Cl_{22}$ in benzolischer Lösung wird $Si_{10}F_{22}$ als weißer, nicht flüchtiger Festkörper gewonnen [23]. Die Perfluorsilane unterscheiden sich von den homologen C-Verbindungen sehr, da sie sehr reaktiv sind; sie sind hydrolyse- und sauerstoffempfindlich, in den meisten organischen Lösungsmitteln nur begrenzt löslich. Sie können als Ausgangsverbindungen für zahlreiche andere Si-Derivate dienen.

Difluoride von Ge, Sn und Pb

Die Difluoride GeF_2, SnF_2 und PbF_2 unterscheiden sich von CF_2 und SiF_2 dadurch, daß sie als bei Raumtemperatur stabile Verbindungen isoliert werden können.

Germaniumdifluorid GeF$_2$ (Fp. 112 °C; Kp. 160 °C) entsteht bei der Reduktion von GeF_4 mit Ge oberhalb 120 °C oder aus Ge und wasserfreiem HF bei 225 °C. GeF_2 bildet farblose, hygroskopische Kristalle, in denen GeF_2-Einheiten über F-Atome zu polymeren Ketten verknüpft sind, die wiederum über Brücken-F-Atome verbunden sind, so daß jedes Ge-Atom ψ-trigonal-bipyramidale Umgebung besitzt [24]. Im Dampf liegen Monomere und Dimere vor. Monomeres GeF_2 ist gewinkelt gebaut (d(GeF) 1,723 Å; Winkel (FGeF) ca. 97°; D(Ge $-$ F) 556,8 kJ/mol) [25]; Schwingungsspektren von dimerem GeF_2 in N_2-Matrix ergeben eine centrosymmetrische, nicht-planare Struktur (C_{2h}-Symmetrie) [26]. In Reaktionen wirkt GeF_2 als starkes Reduktionsmittel: $GeF_2 + I_2 \rightarrow GeF_2I_2 \rightarrow GeF_4 + GeI_4$; $2\,GeF_2 + SeF_4 \rightarrow 2\,GeF_4 + Se$. Beim Ansäuern von GeF_2-Lösungen entsteht H_2. Bei Zugabe von GeF_2 zu konzentrierten KF- oder CsF-Lösungen entstehen die Salze $K[GeF_3]$ bzw. $Cs[GeF_3]$ [27]. Wird die Reaktion von GeF_4 mit Ge bei 350 °C und höherem GeF_4-Druck durchgeführt, so lassen sich sehr hygroskopische, farblose Kristalle der Zusammensetzung „Ge_2F_5" isolieren (Fp. 129 °C (Zers.)), die sich beim Schmelzpunkt gemäß: $2\,Ge_2F_5 \rightarrow 3\,GeF_2 + GeF_4$ zersetzen [28]. Strukturuntersuchungen der monoklinen Kristalle ergeben eine Zusammensetzung $Ge_5F_{12}[(GeF_2)_4GeF_4]$; das Ge(IV)-Atom befindet sich im Zentrum eines leicht verzerrten F-Oktaeders (d(GeF) 1,71 – 1,80 Å; Winkel (FGeF) 87,5 – 92,5°); die Ge(II)-Atome sind in einer verzerrten quadratischen Pyramide angeordnet mit 4 F-Atomen in der Basisfläche und dem freien Elektronenpaar an der Spitze; diese Einheiten sind durch starke F-Brükken miteinander verknüpft [29].

Zinndifluorid SnF_2 (Fp. 213 °C; Kp. 853 °C) bildet sich in Form farbloser, monokliner Kristalle beim Eindampfen einer Lösung von SnO in 40%iger Flußsäure. Aus Lösungen von $SnCl_2$ mit anderen Fluoriden wird eine orthorhombische Form isoliert [30]; hierin liegt Sn an der Spitze einer verzerrten trigonalen Pyramide (d(SnF) $2 \times 2,15$ Å; $1 \times 2,45$ Å; Winkel (FSnF) 83,3° und 93,3°), 3 weitere F-Atome sind 2,80 Å von Sn entfernt und bilden insgesamt eine verzerrte Oktaederstruktur [31]. In der orthorhombischen Form sind die Sn – F-Bindungen stärker kovalent als in der monoklinen Form. Im Dampf finden sich neben monomerem SnF_2 auch $(SnF_2)_2$ und $(SnF_2)_3$, die mit steigender Temperatur in das Monomere dissoziieren (z. B. bei 343 °C: 79,5% SnF_2; 20,5% Sn_2F_4 und 0,027% Sn_3F_6) [32]. Monomeres SnF_2 ist gewinkelt gebaut (d(SnF) 2,06 Å; D(Sn – F) 476 kJ/mol) [33]. SnF_2 ist nicht hygroskopisch, gut löslich in H_2O. Es hat Lewis-Säure-Eigenschaften, bildet mit z. B. H_2O, $(CH_3)_2SO$ oder Pyridin 1:1-Komplexe. SnF_2 ist ein starker Fluoridionen-Akzeptor und bildet zahlreiche Salze der Formen $M[SnF_3]$ und $M[Sn_2F_5]$. Trifluorostannate(II) $[SnF_3]^-$ lassen sich aus wäßriger Lösung oder einer Schmelze isolieren. Das Anion ist pyramidal gebaut mit einem sterisch aktiven, nicht bindenden Elektronenpaar (d(SnF) 2,05 – 2,21Å; Winkel (FSnF) 83,1 – 85,9°) [34]. Pentafluorodistannate(II) $[Sn_2F_5]^-$ werden in konzentrierten SnF_2-Lösungen gebildet und sind auch in SnF_2-Schmelzen anwesend; hierin sind zwei SnF_2-Moleküle über eine Fluorbrücke verknüpft [35].

d(SnF¹) 2,07 Å; Winkel (F¹SnF¹) 89,3°;
d(SnF²) 2,22 Å; Winkel (SnF²Sn) 134,4°.

$Na_4[Sn_3F_{10}]$ enthält $[Sn_3F_{10}]^{4-}$-Einheiten mit verzerrten $[SnF_4]$-Pyramiden [36]. Mit SrF_2, BaF_2 und PbF_2 reagiert SnF_2 zu den tetragonal kristallisierenden $M^{II}[SnF_4]$ ($PbCl_2$-Strukturtyp) [37]. Mit den starken Fluoridionen-Akzeptoren SbF_5, AsF_5 und BF_3 werden Komplexe gebildet, die ein SnF^+-Kation enthalten. SnF_2 geht mit $HOSO_2F$ eine Fluoraustauschreaktion zu $Sn(OSO_2F)_2$ ein [38], mit Cl_2 erfolgt Oxidation zu $SnCl_2F_2$. Bei der Oxidation von SnF_2 mit O_2 oder F_2 in HF bildet sich das gemischt valente Sn_3F_8, das aus trans-F-verbrückten $[SnF_6]$-Einheiten besteht, die mit polymeren $(SnF)_x$-Ketten verknüpft sind [39]. Beim Zusammenschmelzen von SnF_2 und SnF_4 in trockener Stickstoffatmosphäre werden Verbindungen der Zusammensetzungen Sn_2F_6, Sn_3F_8, Sn_7F_{16} und $Sn_{10}F_{34}$ gebildet [40]. Von den gemischten Halogeniden sind Sn_3BrF_5 und Sn_2ClF_3 zu nennen. Sn_3BrF_5 enthält ein unendliches Gitter von Sn(II)-fluorid-Kationen und freie Br^--Anionen. Jedes Sn-Atom ist ψ-trigonal-pyramidal koordiniert [41]. Sn_2ClF_3 besteht aus pyramidalen $[SnF_3]$-Einheiten, die über F-Atome verknüpft sind; die Cl-Atome besetzen die großen Hohlräume im Gitter [42].

Bleidifluorid PbF_2 (Fp. 818 °C; Kp. 1292 °C) entsteht als weißes, kristallines Pulver beim Lösen von $PbCO_3$ in HF und anschließendem schnellen Schmelzen des gebildeten Hydrogenfluorids, oder bei der Reaktion von Pb mit HF bei 160 °C. Es ist in kaltem H_2O nahezu unlöslich. PbF_2 ist dimorph, die Tieftemperatur-Form kristallisiert in der rhombischen $PbCl_2$-Struktur, die Hochtemperatur-Form (oberhalb 316 °C) hat kubische Fluorit-Struktur. Im Dampf werden keine Dimeren gefunden [32]; das PbF_2-Molekül ist gewinkelt gebaut (d(PbF) 2,13 Å). Mit Alkalimetallfluoriden bildet PbF_2 die Fluoroplumbate(II) $K_4[PbF_6]$, $Rb[PbF_3]$ und $Cs[PbF_3]$ (Perowskit-Struktur). Ein gemischtes Fluorid der Zusammensetzung $K_{0,25}Pb_{0,75}F_{1,75}$ ist metastabil und zerfällt bei Raumtemperatur in PbF_2 und $K[PbF_3]$ [43]. Bei der Fluorierung von Pb_3O_4 mit wasserfreiem HF bildet sich zwischen -50 und $+110$ °C *Pb_3F_8*; zwischen 110 und 220 °C wird Pb(IV) reduziert und bis 900 °C entsteht PbF_2 [44].

Siliziumtetrafluorid

Siliziumtetrafluorid SiF_4 (Fp. $-90,2$ °C (1,75 bar); Subl. $-95,7$ °C) entsteht als farbloses, an feuchter Luft stark rauchendes Gas aus den Elementen, aus der Reaktion von SiO_2 mit HF in Gegenwart wasserentziehender Mittel, durch Einwirkung von conc. H_2SO_4 auf ein Gemisch von CaF_2 und SiO_2, oder in großem Maßstab auch bei der Reaktion von Fluorapatit mit SiO_2 und conc. H_2SO_4. Sehr reines SiF_4 wird durch Erhitzen von $Ba[SiF_6]$ auf $300-350$ °C im Vakuum erhalten. Das SiF_4-Molekül ist tetraedrisch gebaut (d(SiF) 1,55 Å; D(Si – F) 564 kJ/mol); der Bindungsabstand liegt zwischen dem einer SiF-Einfach- (1,70 Å) und -Doppelbindung (1,48 Å); die Bindungsverstärkung wird durch Rückbindung eines freien Elektronenpaars am Fluor in ein leeres d-Orbital des Si bewirkt.

SiF_4 ist eine Lewis-Säure und bildet mit Elektronenpaardonatoren bevorzugt oktaedrische 1:2-Komplexe mit cis-Anordnung der Basenliganden [45]. Mit Pyridin entsteht bei tiefer Temperatur auch ein 1:1-Addukt mit polymerer Struktur, in dem jedes Si-Atom 6fach koordiniert ist [46].

Addukte mit primären und sekundären Aminen spalten leicht HF ab und bilden Aminofluorosilane F_3SiNR_2 bzw. Fluorosilazane $(RNSiF_2)_n$ [47]. Mit primären Aminen in Gegenwart von tertiären Aminen bilden sich dabei je nach Reaktionsbedingungen und Art des Amins auch substituierte Ammoniumfluorosilikate mit den Anionen $[SiF_5]^-$, $[Si_2F_{11}]^{3-}$ und $[Si_3F_{16}]^{4-}$. Unterhalb $-60\,°C$ reagiert SiF_4 mit N_2O_3 zu einem 1:1-Addukt $NO^+[SiF_4NO_2]^-$, das sich oberhalb $0\,°C$ zersetzt zu u. a. Si_2F_6 und NO bzw. N_2O_4, die wiederum zu Si_2OF_6 reagieren [48].

SiF_4 ist sehr hydrolyseempfindlich. Hauptprodukt der Gasphasenreaktion von SiF_4 mit H_2O ist Hexafluordisiloxan $F_3SiOSiF_3$ [8]. Beim Überleiten von SiF_4 über feuchtes $MgSO_4$ entstehen Si_2OF_6 und $Si_3O_2F_8$ [49]. Beim Einleiten in H_2O reagiert SiF_4 gemäß

$$3\,SiF_4 + 2\,H_2O \rightarrow SiO_2 + 2\,H_2SiF_6$$

zu der auch technisch wichtigen *Hexafluorokieselsäure* H_2SiF_6. Die reine Säure kann aus wäßriger Lösung nicht isoliert werden; sie läßt sich nur bis zu 60% anreichern. Beim Abkühlen konzentrierter Lösungen ist das Hydroxoniumsalz $(H_3O)_2[SiF_6]$ in Form farbloser Kristalle (Fp. 19 °C) isolierbar. H_2SiF_6 ist eine starke Säure und reagiert mit Hydroxiden und Karbonaten zu Hexafluorosilikaten, die auch aus der Reaktion eines Metallfluorids mit SiF_4 darstellbar sind. Die meisten Salze sind wasserlöslich; schwerlöslich sind nur die Fluorsilikate der Alkalimetalle (außer Li) und $Ba[SiF_6]$. Die Säure und ihre Salze sind giftig und werden als bakterien- und insektentötende Mittel angewandt. Das $[SiF_6]^{2-}$-Ion ist oktaedrisch gebaut (d(SiF) 1,71 Å) und viel hydrolysebeständiger als SiF_4.

In wäßriger Lösung von SiF_4 existieren im Gleichgewicht mit anderen Si-F-Komplexen auch $[SiF_5]^-$-Anionen, die aus der Lösung in Form von R_4N^+- oder R_4As^+-Salzen (R = Alkyl, Phenyl) isoliert werden können. Sie sind im Gegensatz zu $[SiF_6]^{2-}$-Salzen in organischen Lösungsmitteln löslich und daher leicht abtrennbar [50]. Aus Röntgenstrukturuntersuchungen, NMR- [51] und Schwingungsspektren [52] ergibt sich ein trigonal-bipyramidaler Aufbau der $[SiF_5]^-$-Anionen, die ähnliche Akzeptoreigenschaften wie SiF_4 besitzen [53].

Von SiF_4 leiten sich weiterhin zahlreiche gemischte Fluoridhalogenide und Organofluorosilane R_nSiF_{4-n} (R = organischer Rest; Cl, Br, I, $n = 1 - 3$) ab.

Tetrafluoride von Ge, Sn und Pb

Germaniumtetrafluorid GeF₄ (Fp. $-15\,°C$ (4 bar); Subl. $-36{,}5\,°C$) entsteht als farbloses Gas aus den Elementen oder beim Erhitzen von $Ba[GeF_6]$ auf 600 °C. Es ist tetraedrisch gebaut (d(GeF) 1,67 Å). GeF_4 ist wie SiF_4 eine Lewis-Säure und bildet mit Donatormolekülen 1:1- und ciskoordinierte 1:2-Addukte [54]. Mit H_2O erfolgt Hydrolyse zu GeO_2 und

H_2GeF_6. Bei Zugabe von Fluoriden oder Hydroxiden zu H_2GeF_6-Lösungen entstehen Salze mit dem oktaedrischen Hexafluorogermanatanion (d(GeF) 1,77 Å). Die Kristallstrukturen einiger Salze sind untersucht [z. B. 55]. Mit großen Kationen wie pr_4N^+, bu_4N^+ und Ph_4As^+ bilden sich auch Pentafluorogermanate $[GeF_5]^-$ [56]; $[GeF_5]^-$ ist ein starker Akzeptor und bildet mit NH_3 einen 1:1-Komplex $[GeF_5NH_3]^-$ [57]. Bei der Photolyse von O_2-F_2-GeF_4- bzw. NF_3-F_2-GeF_4-Gemischen bei tiefer Temperatur entstehen die Salze $O_2^+[GeF_5]^-$ bzw. $NF_4^+[GeF_5]^-$, die eine über cis-F-Brücken verknüpfte polymere Struktur besitzen [58]. GeF_4-Dampf reagiert mit den Chloriden $AlCl_3$, $MgCl_2$ oder $FeCl_3$ unter vollständigem Halogenaustausch; gemischte Halogenide werden dabei nicht gebildet.

Die Chloridfluoride $GeClF_3$ (Kp. $-20,3\ °C$), $GeCl_2F_2$ (Kp. $-2,8\ °C$) und $GeCl_3F$ (Kp. $+37,5\ °C$) entstehen bei der Fluorierung von $GeCl_4$ mit SbF_3.

Zinntetrafluorid SnF_4 (Subl. 705 °C) kann aus den Elementen bei ca. 100 °C oder besser aus der Reaktion von $SnCl_4$ mit wasserfreiem HF als extrem hygroskopischer, weißer Festkörper erhalten werden. Das SnF_4-Molekül ist tetraedrisch gebaut (d(SnF) 1,88 Å). Im festen SnF_4 ist jedes Sn-Atom oktaedrisch von 6 F-Atomen umgeben. Die $[SnF_6]$-Einheiten sind über starke F-Brücken verknüpft [59].

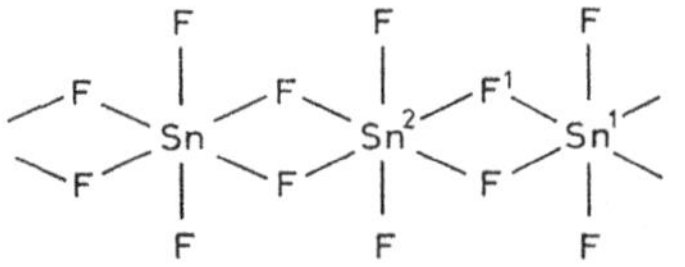

$d(Sn^2F^1)$ 1,88 Å
$d(Sn^1F^1)$ 2,02 Å

Mit Lewis-Basen bildet SnF_4 bevorzugt 1:2-Komplexe. SnF_4 wirkt gegenüber anderen Halogeniden als Fluorierungsmittel. In wasserfreiem HF bildet SnF_4 eine Säure. Entsprechend existieren zahlreiche Salze mit dem oktaedrischen Hexafluorostannatanion $[SnF_6]^{2-}$ [60]. In SO_2-Lösung liegen die $[SnF_6]^{2-}$-Anionen polymer vor; die ^{19}F-NMR-spektroskopisch identifizierten $[Sn_2F_{11}]^{3-}$ und $[(SnF_5)_n]^{n-}$ bestehen aus cis-F-verbrückten oktaedrischen $[SnF_6]$-Einheiten [61]. In alkalischer Lösung erfolgt Hydrolyse des $[SnF_6]^{2-}$-Anions; dabei bilden sich $[SnF_5(OH)]^{2-}$, $[SnF_4(OH)_2]^{2-}$, $[SnF_3(OH)_3]^{2-}$ etc., die jeweils als cis- und trans-Isomere vorliegen [62].

Zahlreiche Organo-Zinnfluoride und einige gemischte Zinnfluoridhalogenide sind bekannt. Bei der Reaktion von $SnCl_4$ mit ClF bildet sich z. B. $SnCl_2F_2$, das mit $ClONO_2$ zu $SnF_2(ONO_2)_2$ umgesetzt wird, welches in der Wärme zu polymerem $(SnF_2O)_x$ reagiert. Bei 350 °C zerfällt SnF_2O in SnF_4 und SnO_2 [63]. Bei der Reaktion von $SnCl_2F_2$ mit $S_2O_6F_2$ oder mit $ClOSO_2F$ entsteht das polymere $SnF_2(OSO_2F)_2$ [64].

Bleitetrafluorid PbF_4 (Fp. ca. 600 °C) entsteht bei der Fluorierung von PbF_2 bei ca. 300 °C in Form farbloser, tetragonaler Nadeln. Es ist sehr empfindlich gegen Verunreinigungen und Hydrolyse und bildet Fluorokomplexe der Zusammensetzungen $[PbF_5]^-$, $[PbF_6]^{2-}$, $[PbF_7]^{3-}$ und $[PbF_8]^{4-}$. Interessante Strukturänderungen ergeben sich bei den Erdalkalihexafluoroplumbaten; $Ca[PbF_6]$ enthält keine diskreten $[PbF_6]^{2-}$-Anionen, sondern kristallisiert in einer Überstruktur des ReO_3-Typs; $Sr[PbF_6]$ enthält lineare polymere $[(PbF_5)_n]^{n-}$-Ionen zusammen mit Fluoridionen, in $Ba[PbF_6]$ liegen diskrete $[PbF_6]^{2-}$-Ionen vor.

Literatur

a) Übersichtsartikel
Siliziumfluoride:
E. Hengge, Inorganic Silicon Halides in *V. Gutmann,* Halogen Chemistry, Vol. 2, S. 169, Academic Press – London – New York, 1967.

Siliziumsubfluoride:
M. Schmeißer und *P. Voss,* Fortschr. chem. Forsch. **9,** 165 (1967).
P. L. Timms, Acc. Chem. Res. **6,** 118 (1973).
H. Bürger und *R. Eujen,* Fortschr. chem. Forsch. **50,** 1 (1974).
E. Hengge, Fortschr. chem. Forsch. **51,** 1 (1974).

Difluoride von Si, Ge, Sn und Pb:
J. L. Margrave, K. G. Sharp und *P. W. Wilson,* Fortschr. chem. Forsch. **26,** 1 (1972).

b) Spezielle Literatur
1. *P. L. Timms,* Adv. Inorg. Chem. Radiochem. **14,** 121 (1972).
2. *J. L. Margrave* und *P. W. Wilson,* Acc. Chem. Res. **4,** 145 (1971).
3. *D. L. Perry* und *J. L. Margrave,* J. Chem. Educ. **53,** 696 (1976).
4. *M. Schmeißer* und *K. P. Ehlers,* Angew. Chem. **76,** 781 (1964).
5. *V. M. Rao, R. F. Curl, P. L. Timms* und *J. L. Margrave,* J. Chem. Phys. **43,** 2557 (1965).
6. *P. L. Timms, R. A. Kent, T. C. Ehlert* und *J. L. Margrave,* J. Amer. Chem. Soc. **87,** 2824 (1965); Nature **207,** 187 (1965).
7. *J. L. Margrave, K. G. Sharp* und *P. W. Wilson,* J. inorg. nucl. Chem. **32,** 1817 (1970).
8. *J. L. Margrave, K. G. Sharp* und *P. W. Wilson,* J. Amer. Chem. Soc. **92,** 1530 (1970).
9. *K. G. Sharp* und *J. F. Bald jun.,* Inorg. Chem. **14,** 2553 (1975).
10. *K. G. Sharp* und *J. L. Margrave,* J. inorg. nucl. Chem. **33,** 2813 (1971).
11. *G. R. Langford, D. C. Moody* und *J. D. Odom,* Inorg. Chem. **14,** 134 (1975).
12. *D. Solan* und *P. L. Timms,* Inorg. Chem. **7,** 2157 (1968).
13. *D. Solan* und *A. B. Burg,* Inorg. Chem. **11,** 1253 (1972).
14. *P. L. Timms, T. C. Ehlert, J. L. Margrave, F. E. Brinckman, T. C. Farrar* und *T. D. Coyle,* J. Amer. Chem. Soc. **87,** 3819 (1965); *R. W. Kirk* und *P. L. Timms,* J. Amer. Chem. Soc. **91,** 6315 (1969); *D. L. Smith, R. W. Kirk* und *P. L. Timms,* J. C. S. Chem. Comm. **1972,** 295.
15. *J. L. Margrave, K. G. Sharp* und *P. L. Wilson,* Fortschr. chem. Forsch. **26,** 1 (1972).
16. *H. P. Hopkins, J. C. Thompson* und *J. L. Margrave,* J. Amer. Chem. Soc. **90,** 901 (1968).
17. *Y. N. Tang, G. P. Gennaro* und *Y. Y. Su,* J. Amer. Chem. Soc. **94,** 4355 (1972); *E. E. Siefert, R. A. Ferrieri, O. F. Zeck* und *Y. N. Tang,* Inorg. Chem. **17,** 2802 (1978).

18. *J. C. Thompson* und *J. L. Margrave*, Inorg. Chem. **11**, 913 (1972).
19. *M. Schmeißer*, Angew. Chem. **66**, 713 (1954).
20. *M. Schmeißer* und *P. Voss*, Fortschr. chem. Forsch. **9**, 165 (1967).
21. *H. Oberhammer*, J. Mol. Struct. **31**, 237 (1976).
22. *F. Höfler* und *R. Jannach*, Mh. Chem. **107**, 731 (1976).
23. *M. Schmeißer*, IUPAC-Kolloquium, Münster, 1954.
24. *J. Trotter, M. Akhtar* und *N. Bartlett*, J. Chem. Soc. **A 1966**, 30.
25. *J. L. Margrave, K. G. Sharp* und *P. W. Wilson*, J. inorg. nucl. Chem. **32**, 1813 (1970); *H. Takeo*, J. Mol. Spectrosc. **43**, 21 (1972).
26. *H. Huber, E. P. Kündig, G. A. Ozin* und *A. Van der Voet*, Can. J. Chem. **52**, 95 (1974).
27. *E. L. Muetterties*, Inorg. Chem. **1**, 342 (1962).
28. *G. P. Adams, J. L. Margrave* und *P. W. Wilson*, J. inorg. nucl. Chem. **33**, 1301 (1971).
29. *J. C. Taylor* und *P. W. Wilson*, J. Amer. Chem. Soc. **95**, 1834 (1973).
30. *J. D. Donaldson, R. Oteng* und *B. J. Senior*, J. C. S. Chem. Comm. **1965**, 618.
31. *J. D. Donaldson* und *R. Oteng*, Inorg. Nucl. Chem. Lett. **3**, 163 (1967); *D. Ansel, J. Debuigne, G. Denes, J. Pannetier* und *J. Lucas*, Ber. Bunsenges. Phys. Chem. **82**, 376 (1978).
32. *K. Zmbov, J. N. Hastie* und *J. L. Margrave*, Trans. Faraday Soc. **64**, 861 (1968).
33. *J. L. Margrave, J. W. Hastie* und *R. H. Hauge*, Amer. Chem. Soc. Div. Petrol. Chem. Preprints **14**, E 11/E 13 (1969).
34. *G. Bergerhoff* und *L. Goost*, Acta Cryst. **B 29**, 632 (1973); *E. Acker, K. Recker* und *S. Haussuehl*, J. Cryst. Growth **35**, 165 (1976); *A. Lari-Lavassani, L. Cot, C. Geneys* und *C. Avinens*, Compt. rend. **280 C**, 1211 (1975).
35. *R. R. McDonald, A. C. Larson* und *D. T. Cromer*, Acta Cryst. **17**, 1104 (1964); *A. Lari-Lavassani, G. Jourdan, C. Avinens* und *L. Cot*, Compt. rend. **279 C**, 307 (1974).
36. *G. Bergerhoff* und *L. Goost*, Acta Cryst. **B26**, 19 (1970).
37. *G. Denes, J. Pannetier* und *J. Lucas*, Compt. rend. **280 C**, 831 (1975).
38. *T. Birchall, P. A. W. Dean* und *R. J. Gillespie*, J. Chem. Soc. **A 1971**, 1777.
39. *M. F. A. Dove, R. King* und *T. J. Krug*, J. C. S. Chem. Comm. **1973**, 944.
40. *R. Sabatier, A. M. Hebrard* und *J. C. Cousseins*, Compt. rend. **279 C**, 1121 (1974).
41. *J. D. Donaldson* und *D. C. Puxley*, J. C. S. Chem. Comm. **1972**, 289.
42. *G. Bergerhoff* und *L. Goost*, Acta Cryst. **B 30**, 1362 (1974).
43. *C. W. F. T. Pistorius* und *J. E. F. van Rensburg*, Z. anorg. allg. Chem. **383**, 204 (1971).
44. *M. Bannert, G. Blumenthal, H. Salter, M. Schönherr* und *H. Wittrich*, Z. Chem. **12**, 191 (1972).
45. *A. P. Hagen* und *B. W. Callaway*, J. inorg. nucl. Chem. **34**, 487 (1972); *A. D. Adley, P. H. Bird, A. R. Fraser* und *M. Onyszchuk*, Inorg. Chem. **11**, 1402 (1972).
46. *B. J. Aylett, I. A. Ellis* und *C. J. Porritt*, J. C. S. Dalton Trans. **1972**, 1953.
47. *J. C. Harris* und *B. Rudner*, J. inorg. nucl. Chem. **34**, 75 (1972); *B. J. Aylett, I. A. Ellis* und *C. J. Porritt*, J. C. S. Dalton Trans. **1973**, 83; *U. Klingebiel, D. Fischer* und *A. Meller*, Mh. Chem. **106**, 459 (1975); *U. Klingebiel, D. Enterling* und *A. Meller*, J. Organomet. Chem. **101**, 45 (1975).
48. *B. J. Aylett, I. A. Ellis* und *J. R. Richmond*, J. C. S. Dalton Trans. **1973**, 1523.
49. *M. Chaigneau*, Compt. rend. **266**, 1053 (1968).

50. *H. C. Clark, P. W. R. Corfield, K. R. Dixon* und *J. A. Ibers,* J. Amer. Chem. Soc. **89,** 3360 (1967); *K. Behrends* und *G. Kiel,* Naturwiss. **54,** 537 (1967).
51. *F. Klanberg* und *E. L. Muetterties,* Inorg. Chem. **7,** 155 (1968).
52. *H. C. Clark, K. R. Dixon* und *J. G. Nicolson,* Inorg. Chem. **8,** 450 (1969).
53. *K. Kleboth,* Mh. Chem. **101,** 357 (1970).
54. *A. D. Adley, P. H. Bird, A. R. Fraser* und *M. Onyszchuk,* Inorg. Chem. **11,** 1402 (1972).
55. *B. Hajek* und *F. Benda,* Coll. Czech, Chem. Comm. **37,** 2534 (1972); Z. Chem. **14,** 365 (1974); *G. Demazeau, F. Menil, J. Portier* und *P. Hagenmuller,* Compt. rend. **273 C,** 1641 (1971).
56. *K. Haman, L. Hesse, L. Kleman, C. Kocher, S. McKinley* und *A. Young,* Inorg. Chem. **8,** 1054 (1969).
57. *I. Wharf* und *M. Onyszchuk,* Can. J. Chem. **48,** 2250 (1970).
58. *K. O. Christe, R. D. Wilson* und *I. B. Goldberg,* Inorg. Chem. **15,** 1271 (1976); *K. O. Christe, C. J. Schack* und *R. D. Wilson,* Inorg. Chem. **15,** 1275 (1976).
59. *R. Hoppe* und *W. Dähme,* Naturwiss. **49,** 254 (1967).
60. *R. Hoppe, V. Wilhelm* und *B. Müller,* Z. anorg. allg. Chem. **392,** 1 (1972); *B. Müller* und *R. Hoppe,* Z. anorg. allg. Chem. **392,** 37 (1972); *R. L. Davidovich* und *T. A. Kaidalova,* Russ. J. Inorg. Chem. **16,** 1354 (1971); *I. A. Baidina, V. V. Bakanin, S. V. Borisov* und *N. V. Podberezskaya,* Zh. Strukt. Khim. **17,** 505 (1976); *J. Durand, J. L. Galigne* und *A. Lari-Lavassani,* J. Solid State Chem. **16,** 157 (1976).
61. *P. A. W. Dean,* Can. J. Chem. **51,** 4024 (1973).
62. *P. A. W. Dean* und *D. F. Evans,* J. Chem. Soc. **A 1968,** 1154.
63. *K. Dehnicke,* Chem. Ber. **98,** 280 (1965).
64. *L. E. Levchuk, J. R. Sams* und *F. Aubke,* Inorg. Chem. **11,** 43 (1972).

2.10. Borfluoride

Bor bildet – ähnlich wie Silizium – zahlreiche Fluoride, die vereinfacht in die Klassen der Borsubfluoride und ihre Derivate sowie Bortrifluorid und seine Derivate aufgeteilt werden können.

Borsubfluoride

Bormonofluorid BF ist als Monomeres nur bei hoher Temperatur und niedrigem Druck existent und entsteht beim Überleiten von BF_3 über elementares Bor bei 2000 °C im Vakuum [1]. Der Bindungsabstand (d(BF) 1,265 Å) liegt zwischen dem einer $B-F$-Einfach- und -Doppelbindung. Seine Reaktionen ähneln denen des SiF_2. Wird BF bei -196 °C kondensiert, so bilden sich mit noch unumgesetzten BF_3 die *Borsubfluoride* B_nF_{n+2}:

$$BF_3 + (n-1)\,BF \rightarrow B_nF_{n+2}\,.$$

Das Reaktionsgemisch läßt sich in 3 Fraktionen trennen: B_2F_4, B_3F_5 und höhere Borsubfluoride mit bis zu 14 B-Atomen. Die höheren Borfluoride gehen beim Erwärmen über in die niederen B_2F_4, B_3F_5 und B_4F_6 sowie das gelbe, nichtflüchtige, polymere $(BF)_n$, das auch bei der thermischen Zersetzung von B_2F_4 bei 100 °C gebildet wird [2]. Bei der Kondensation von BF und B_2F_4 entsteht als Hauptprodukt B_3F_5.

Dibortetrafluorid B_2F_4 (Fp. −56 °C; Kp. −34 °C) ist bei Raumtemperatur ein farbloses Gas und wird ebenfalls bei den Fluorierungen von B_2Cl_4 mit SbF_3 oder SF_4 und von Bormonoxid $(BO)_n$ oder Diborsäure und ihren Derivaten mit SF_4 gebildet. Im kristallinen Zustand ist es wie B_2Cl_4 planar gebaut (d(BF) 1,32 Å, d(BB) 1,67 Å; alle Winkel 120°; $D(B-B)$ 302 kJ/mol; D_{2h}-Symmetrie). Raman-Spektren in der Gasphase geben keine Hinweise auf eine Umwandlung in die nicht-planare Form (D_{2d}) [3]. Bei Raumtemperatur erfolgt langsame Disproportionierung in BF_3 und $(BF)_n$ (8% pro Tag). B_2F_4 ist sehr reaktiv, reagiert mit O_2 bei Raumtemperatur explosionsartig; mit Cl_2 entstehen BF_3 und BCl_3; mit H_2O Borsäure, H_2 und HF; an C_2H_4 addiert es zu $F_2B-CH_2-CH_2-BF_2$. B_2F_4 ist eine Lewis-Säure und bildet leicht 1:2-Komplexe; bei der Umsetzung mit Trimethylamin ist auch ein 1:1-Komplex nachgewiesen worden [4]. Über die Bildung ionischer Komplexe mit dem $[B_2F_6]^{2-}$-Anion gibt es bisher keine Angaben.

Triborpentafluorid B_3F_5 (Fp. −55 bis −50 °C (Zers.)) ist eine farblose Verbindung, die sich beim Schmelzpunkt gemäß $4\,B_3F_5 \rightarrow B_8F_{12}+2\,B_2F_4$ zersetzt [1]. IR- und NMR-Spektren ergeben eine kettenförmige Struktur $F_2B-BF-BF_2$. B_3F_5 reagiert explosionsartig mit H_2O oder Luft, wird von H_2 schon bei −70 °C reduziert zu HBF_2, B_2F_4, B_2H_6. Mit CO entstehen B_2F_4 und der flüchtige, kristalline Festkörper B_4F_6CO (Fp. 40 °C), der nach IR- und NMR-Spektren die Struktur $(F_2B)_3BCO$ hat.

Oktabordodekafluorid B_8F_{12} ist ein gelbes, flüchtiges Öl, das sich ab −10 °C zersetzt. Aufgrund spektroskopischer Daten wird die Struktur

vorgeschlagen [5]. Mit Luft und H_2O reagiert B_8F_{12} explosionsartig, mit H_2 bilden sich bei −80 °C neben einem nichtflüchtigen Festkörper BF_3 und HBF_2; mit starken Lewis-Basen (me_3N, CH_3CN oder et_2O) zersetzt es sich zu den entsprechenden BF_3-Komplexen. Mit weichen Basen (L = CO, PF_3, PCl_3, AsH_3, PH_3, me_2S) entstehen bei −70 °C Komplexe der Form $(BF_2)_3BL$. Die Röntgenstrukturanalyse des $(BF_2)_3BPF_3$-Komplexes ergibt eine tetraedrische Anordnung der 3 BF_2-Gruppen und der PF_3-Gruppe um das B-Atom (C_{3v}-Symmetrie) [6].

Bortrifluorid

Bortrifluorid BF_3 (Fp. −127,1 °C, Kp. −99,9 °C) entsteht als farbloses Gas bei zahlreichen Reaktionen von Borverbindungen mit Fluorierungsmitteln. Technisch wird BF_3 aus B_2O_3 mit Flußspat und konz. H_2SO_4 gewonnen: $B_2O_3 + 6\,HF \rightarrow 2\,BF_3 + 3\,H_2O$. Eine der handelsüblichen Formen ist der Diethylether-komplex $et_2O \cdot BF_3$ (Fp. $-57,7$ °C; Kp. 125 °C). Sehr reines BF_3 läßt sich bei der thermischen Zersetzung von $C_6H_5N_2BF_4 \rightarrow C_6H_5F + N_2 + BF_3$ gewinnen. BF_3 ist trigonal planar gebaut (d(BF) 1,30 Å; Winkel (FBF) 120°; D(B – B) 645 kJ/mol). Der sehr kurze Bindungsabstand (berechnet für BF-Einfachbindung 1,43 Å, BF-Doppelbindung 1,21 Å) weist auf starke $p_\pi p_\pi$-Wechselwirkung zwischen dem $2p_z$-Orbital des Bors und einem 2p-Orbital des Fluors hin, so daß eine Resonanz zwischen 4 Grenzformen formuliert werden muß:

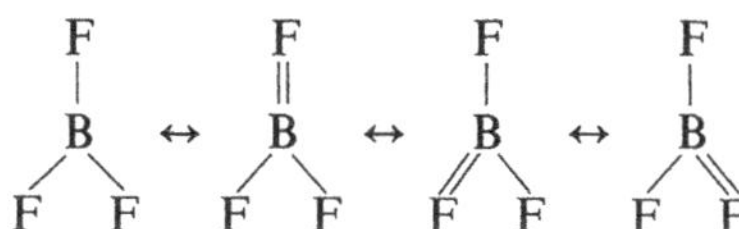

Die Ladungsverteilung beträgt pro F-Atom $-0,47$, am B-Atom $+1,42$. Die IR-Spektren des BF_3 in einer Ar-Matrix und in der Gasphase stimmen überein [7]. BF_3 ist eine starke Lewis-Säure und ein sehr wirksamer Katalysator für zahlreiche organische Reaktionen [8]. Es sind mehrere 100, z. T. sehr stabile 1:1-Komplexe mit anorganischen und organischen Verbindungen bekannt, die teils kovalent, teils ionisch gebaut sind. Der $BF_3 \cdot NH_3$-Komplex z. B. ist im Vakuum sublimierbar und zersetzt sich oberhalb 125 °C zu $NH_4[BF_4]$ und $(BN)_n$; mit HNO_3 bildet sich die Verbindung $HNO_3 \cdot 2\,BF_3$, die nach Raman-Spektren die Struktur NO_2^+ $[(BF_3)_2OH]^-$ besitzt [9]. Auch Salze mit den komplexen Anionen $[CrO_4(BF_3)_n]^{2-}$ und $[SO_4(BF_3)_n]^{2-}$ ($n = 2,\ 3$) lassen sich isolieren [10]. Komplexe mit primären Aminen werden leicht dehydrofluoriert zu Fluorborazinen [11]. Bei der Reaktion $(Ph_3P)_2Pt(C_2H_4) + 2\,BF_3 \rightarrow (Ph_3P)_2Pt(BF_3)_2 + C_2H_4$ in CH_2Cl_2-Lösung bildet sich z. B. ein monomer quadratischer Pt(O)-Komplex [12]. Neben der Adduktbildung sind auch einige Fluoraustauschreaktionen bekannt. Mit B_2O_3 reagiert BF_3 beim Erwärmen zu Trifluorboroxol $B_3O_3F_3$; mit Grignard-Verbindungen werden Organoborane gebildet; mit anderen Bortrihalogeniden laufen in Lösung Redistributionsreaktionen ab: $BF_3 + BX_3 \rightleftharpoons BF_2X + BFX_2$ (X = Cl, Br, I) [13]. BF_3 ist hydrolyseempfindlich, bei der Hydrolyse bilden sich Borsäure und Tetrafluoroborsäure:

$$BF_3 + 3\,H_2O \rightarrow B(OH)_3 + 3\,HF$$
$$3\,BF_3 + 3\,HF \rightarrow 3\,HBF_4\ .$$

Mit stöchiometrischen Mengen H_2O können auch die BF_3-Hydrate $BF_3 \cdot H_2O$ (Fp. 6,0 °C) und $BF_3 \cdot 2\,H_2O$ (Fp. 6,2 °C) als farblose, ölige Flüssigkeiten isoliert werden, die im Festkörper als Molekülkomplexe, im flüssigen Zustand in dissoziierter Form $BF_3 \cdot H_2O \rightleftharpoons H^+ + [BF_3OH]^-$ vorliegen [14].

Tetrafluoroborsäure HBF$_4$ ist eine starke Säure, die in freiem Zustand nicht existent ist; aus wäßriger Lösung kann sie nur als Oxoniumsalz H$_3$O[BF$_4$] isoliert werden. In stark verdünnter wäßriger Lösung wird sie teilweise hydrolysiert:

$$HBF_4 + H_2O \rightleftharpoons H[BF_3(OH)] + HF \qquad K = 2,3 \cdot 10^{-3} \text{ bei } 25\,°C.$$

Das Gleichgewicht liegt weitgehend auf der linken Seite. Bei weiterer Hydrolyse liegen auch die Säuren H[BF$_2$(OH)$_2$], H[BF(OH)$_3$] und H[B(OH)$_4$] im Gleichgewicht vor [15]. In konzentrierter HBF$_4$-Lösung können Tetrafluoroborat-Salze M[BF$_4$] in wasserfreier Form dargestellt werden, die ebenfalls bei anderen Reaktionen entstehen, z. B. KF + B$_2$O$_3$ in BrF$_3$, KCl + BF$_3$. Die Stabilität der Salze nimmt mit der Größe des Kations zu; Na[BF$_4$] z. B. zersetzt sich bei 384 °C, Cs[BF$_4$] schmilzt unzersetzt bei 550 °C. Die Tetrafluoroborate ähneln in ihren Kristallstrukturen und Löslichkeiten sehr den Perchloraten. Das [BF$_4$]$^-$-Ion ist tetraedrisch gebaut (d(BF) 1,42 Å); in Kristallen treten vielfach auch kleinere B – F-Bindungsabstände auf, was auf einen partiellen kovalenten Bindungscharakter hinweist: z. B. 1,406 Å in NH$_4$[BF$_4$] [16]; 1,386 Å in SF$_3$[BF$_4$] [17]. Bei sehr tiefer Temperatur läßt sich durch Zugabe stöchiometrischer Mengen BF$_3$ zu [BF$_4$]$^-$-Salzlösungen die Bildung des Perfluorodiborat-Anions [B$_2$F$_7$]$^-$ NMR-spektroskopisch nachweisen, in dem zwei [BF$_4$]-Tetraeder über ein gemeinsames F-Atom verbrückt sind [18]. In CH$_2$Cl$_2$-Lösung findet zwischen [BF$_4$]$^-$ und [BX$_4$]$^-$ (X = Cl, Br) ein Ligandenaustausch statt; die dabei gebildeten gemischten Fluorohalogenoborate sind in den ^{19}F- und ^{11}B-NMR-Spektren nachweisbar. Der Austausch zwischen [BF$_4$]$^-$ und [BI$_4$]$^-$ ist so schnell, daß keine separaten NMR-Signale beobachtet werden können [19]. Auch ein [BF$_3$O]$^{2-}$-Ion wurde nachgewiesen [20].

Literatur

a) Übersichtsartikel
E. L. Muetterties, The Chemistry of Boron und Its Compounds, Wiley – New York, 1967.
A. G. Massey, Adv. Inorg. Chem. Radiochem. **10**, 1 (1967).
P. L. Timms, Adv. Inorg. Chem. Radiochem. **14**, 121 (1972); Acc. Chem. Res. **6**, 118 (1973).

b) Spezielle Literatur
1. *P. L. Timms,* J. Amer. Chem. Soc. **89**, 1629 (1967).
2. *A. K. Holliday* und *F. B. Taylor,* J. Chem. Soc. **1964**, 2731.
3. *J. R. Durig, J. W. Thompson, J. D. Witt* und *J. D. Odom,* J. Chem. Phys. **58**, 5339 (1973); *D. D. Danielson, J. V. Patton* und *K. Hedberg,* J. Amer. Chem. Soc. **99**, 6484 (1977).
4. *B. W. C. Ashcraft* und *A. K. Holliday,* J. Chem. Soc. A **1971**, 2581.
5. *R. W. Kirk, D. L. Smith, W. Acrey* und *P. L. Timms,* J. C. S. Dalton Trans. **1972**, 1392.
6. *B. G. De Boer, A. Zalkin* und *D. H. Templeton,* Inorg. Chem. **8**, 836 (1969).

7. *I. W. Levin* und *S. Abramowitz*, Chem. Phys. Lett. **9**, 247 (1971).
8. *A. V. Topchiev, S. V. Zavgorodnii* und *Ya. M. Paushkin*, Boron Fluorides and Its Compounds as Catalysts in Organic Chemistry, Pergamon Press – New York, 1959.
9. *R. Fourcade* und *G. Mascherpa*, Bull. Soc. Chim. France **1972**, 4493.
10. *V. Gutmann, U. Meyer* und *R. Krist*, Syn. React. Inorg. Metal-Org. Chem. **4**, 523 (1974).
11. *J. J. Harris* und *B. Ruder*, Inorg. Chem. **8**, 1258 (1969); *V. I. Spitsyn, I. D. Kolli, T. G. Sevastyanova, A. K. Tyulenev* und *R. A. Rodionov*, Dokl. Akad. Nauk SSSR **197**, 852 (1971); *G. Elter, O. Glemser* und *W. Herzog*, J. Organomet. Chem. **36**, 257 (1972); Chem. Ber. **105**, 115 (1972); Inorg. Nucl. Chem. Lett. **8**, 191 (1972).
12. *H. Fishwick, H. Nöth, W. Petz* und *M. G. H. Wallbridge*, Inorg. Chem. **15**, 490 (1976).
13. *D. F. Wolfe* und *G. L. Humphrey*, J. Mol. Struct. **3**, 293 (1969); *J. C. Lockhart*, Redistribution Reactions, Academic Press – New York – London, 1970; *W. Haubold* und *J. Weidlein*, Z. anorg. allg. Chem. **420**, 251 (1975).
14. *N. N. Greenwood* und *R. L. Martin*, J. Chem. Soc. **1953**, 1427; *N. N. Greenwood*, J. inorg. nucl. Chem. **5**, 224, 229 (1958); *C. Gascard* und *G. Mascherpa*, J. Chim. Phys. **70**, 1040 (1973).
15. *R. E. Mesmer* und *A. C. Rutenberg*, Inorg. Chem. **12**, 699 (1973).
16. *A. B. Caron* und *J. L. Ragle*, Acta Cryst. **B 27**, 1102 (1971).
17. *D. D. Gibler, C. J. Adams, M. Fischer, A. Zalkin* und *N. Barlett*, Inorg. Chem. **11**, 2325 (1972).
18. *J. S. Hartman* und *G. J. Schrobilgen*, Inorg. Chem. **13**, 874 (1974); *J. S. Hartman* und *P. Stilbs*, J. C. S. Chem. Comm. **1975**, 566; *J. S. Hartman, G. J. Schrobilgen* und *P. Stilbs*, Can. J. Chem. **54**, 1121 (1976).
19. *J. S. Hartman* und *G. J. Schrobilgen*, Inorg. Chem. **11**, 940 (1972).
20. *M. J. R. Clark* und *H. Lynton*, Can. J. Chem. **47**, 2943 (1969).

2.11. Fluoride von Aluminium, Gallium, Indium und Thallium

Die schwereren Elemente der 3. Hauptgruppe haben größeren metallischen Charakter als Bor; ihre Fluoride sind stärker ionisch als die Borfluoride. Die Trifluoride werden innerhalb der Gruppe zunehmend instabiler, während die Monofluoride von Al zum Tl hin stabiler werden.

Monofluoride von Al, Ga, In und Tl

Aluminiummonofluorid AlF entsteht bei der Reaktion von AlF_3 mit Al bei ca. 1000 °C [1], oder bei der Fluorierung von Al mit MgF_2 [2] als in der Gasphase kurzlebiges monomeres Molekül (d(AlF) 1,655 Å; D(Al – F) 652 kJ/mol). In kondensierter Phase bei Raumtemperatur erfolgt Disproportionierung zu AlF_3 und Al. Das IR-Spektrum in Ar-Matrix zeigt neben monomerem AlF auch das Vorhandensein von dimeren $(AlF)_2$ an [3].

Galliummonofluorid GaF (d(GaF) 1,755 Å; D(Ga – F) 601,9 kJ/mol) und *Indiummonofluorid InF* (d(InF) 1,985 Å; D(In – F) 526,7 kJ/mol) werden bei den Reaktionen der Metalle mit AlF_3 bei ca. 1400 °C gebildet [4]. Auch hier liegen in einer Edelgas-Matrix monomere und dimere Moleküle nebeneinander vor [5].

Thalliummonofluorid TlF (Fp. 322 °C; Kp. 826 °C) wird am besten aus einer Lösung von Tl_2CO_3 in Flußsäure als farbloser, an der Luft stabiler, kristalliner Festkörper gewonnen. Es kristallisiert orthorhombisch, wobei Tl verzerrt oktaedrisch von 6 F-Atomen (d(TlF) $4 \times 2,58$ Å, $2 \times 3,53$ Å) umgeben ist [6]. Bei 81 °C tritt ein Phasenübergang in die tetragonal-verzerrte NaCl-Struktur des TlF(I) ein; bei hohem Druck (12,6 kbar bei 22 °C) entsteht auch eine Hochdruckform TlF(III) [7]. IR- und Raman-Spektren zeigen, daß im TlF-Gitter auch 5 – 10% monomere TlF-Moleküle enthalten sind [8]. Im Dampf [9] und in einer Ar-Matrix sind neben monomeren TlF-Molekülen (d(TlF) 2,084 Å; D(Tl – F) 459,8 kJ/mol) auch dimere $(TlF)_2$-Moleküle, deren Schwingungsspektren auf eine planare, rhombische Struktur schließen lassen [10], und die nicht die früher angenommene lineare Struktur besitzen [11].

Der Ionenradius von Tl^+ (1,54 Å) ist vergleichbar mit dem von K^+ (1,44 Å), Rb^+ (1,58 Å) und Ag^+ (1,27 Å). Daher ähnelt die Chemie des TlF der Chemie der Alkalimetallfluoride und des AgF. Es ist in H_2O leicht löslich. In HF existieren 7 Solvate der Zusammensetzungen TlF · 7 HF, TlF · 5 HF, TlF · 2 HF, 2 TlF · 3 HF, 2 TlF · 13 HF (Fp. – 66,4 °C), TlF · 3 HF (Fp. 9 °C) und TlF · HF (Fp. 104 °C), von denen die ersten 4 sich bereits unterhalb des Fp. zersetzen. TlF · HF kommt in drei Modifikationen vor, die Umwandlungstemperaturen liegen bei 46° und 82,4 °C [12].

Von Halogenen und BrCl, ICl, IBr wird TlF oxidiert zu den gemischten Tl(III)halogeniden $TlFI_2$, TlBrFI, TlClFI, TlBrClF [13]. Mit Fluoridionenakzeptoren bildet TlF zahlreiche Komplexsalze, die hauptsächlich die Zusammensetzungen $Tl[M^{II}F_3]$, $Tl_2[M^{II}F_4]$, $Tl[M^{III}F_4]$, $Tl_2[M^{III}F_5]$, $Tl_2[M^{IV}F_6]$ und $Tl[M^{V}F_6]$ haben.

Bei der thermischen Behandlung von äquimolaren Tl-TlF_3-Gemischen entstehen die durch Röntgenstrukturanalysen identifizierten Phasen $Tl_2F_3 = Tl_3[TlF_6]$ mit Perowskit-Struktur, $Tl_2F_4 = Tl[TlF_4]$, $Tl_3F_5 = Tl_2[TlF_5]$ und $Tl_3F_7 = Tl[Tl_2F_7]$ [14].

Trifluoride von Al, Ga, In und Tl

Aluminiumtrifluorid AlF_3 (Subl. 1272 °C) entsteht als farbloser, kristalliner Festkörper beim Überleiten von HF über Al oder Al_2O_3 bei Rotglut. Es bildet trigonale, trapezoedrische Kristalle, in denen jedes Al-Atom von 6 F-Atomen oktaedrisch umgeben und jedes F-Atom an 2 Al-Atome mit annähernd linearer AlFAl-Gruppe gebunden sind (d(AlF) 1,79 Å; Gitterenergie 6020 kJ/mol). Im Dampf liegt ein Gleichgewicht zwischen $(AlF_3)_2$ und AlF_3 vor. Das AlF_3-Molekül ist nach Elektronenbeugungsmessungen [15] und Matrix-IR-Spektren [16] trigonal-planar gebaut (d(AlF) 1,63 Å; D(Al − F) 582 kJ/mol).

AlF_3 und Kryolith Na_3AlF_6 sind neben HF die wichtigsten technischen anorganischen Fluorprodukte. Sie finden hauptsächlich Verwendung als Schmelzflußmittel bei der Al-Elektrolyse [17]. AlF_3 bildet mehrere Hydrate $AlF_3 \cdot n\,H_2O$, von denen diejenigen mit $n = 1, 3, 9$ gut definiert sind. $AlF_3 \cdot 9\,H_2O$ ist in H_2O sehr gut löslich, oberhalb 8 °C instabil. $AlF_3 \cdot 3\,H_2O$ existiert in zwei Formen. Bei 200 °C bildet sich das Monohydrat $AlF_3 \cdot H_2O$. ^{19}F- und ^1H-NMR-Messungen von wäßrigen AlF_3-Lösungen zeigen die Anwesenheit von $[AlF_x(H_2O)_{6-x}]^{3-x}$-Ionen an; bei hoher F^--Ionenkonzentration liegen auch $[AlF_6]^{3-}$-Ionen vor [18].

Von AlF_3 leiten sich zahlreiche Fluoroaluminate ab, in denen Al stets die Koordinationszahl 6 hat. Die – auch technisch – wichtigsten sind *Kryolith $Na_3[AlF_6]$* (Fp. 1009 °C) und *Chiolith $Na_5[Al_3F_{14}]$*. Kryolith wird synthetisch bei der Reaktion

$$Al_2O_3 + 12\ HF \rightarrow 2\ H_3AlF_6 + 3\ H_2O$$
$$2\ H_3AlF_6 + 3\ Na_2CO_3 \rightarrow 2\ Na_3[AlF_6] + 3\ H_2O + 3\ CO_2$$

gewonnen. Er kristallisiert monoklin und wandelt sich bei 560 °C reversibel in eine kubische Form um. Die Kryolith-Struktur wird häufig bei Salzen mit kleinen Kationen und großen oktaedrischen Anionen gefunden. Es existieren auch zahlreiche Fluoroaluminate der Summenformeln $M_2^I[AlF_5]$ und $M^I[AlF_4]$, in denen die $[AlF_6]$-Oktaeder über 2 bzw. 4 gemeinsame Ecken mit annähernd linearer AlFAl-Bindung verknüpft sind (s. Abb. 2.11. − 1). So bilden sich im Fall des $Tl_2[AlF_5]$ unendliche Ketten von $[AlF_5]_n^{2n-}$-Anionen. Die Koordinationszahl 6 kann hierbei auch durch Bildung von Hydraten, z. B. $Tl_2[AlF_5 \cdot H_2O]$ und $Tl[AlF_4 \cdot 2\,H_2O]$ [19] erreicht werden. Im $Sr[AlF_5]$ liegt eine tetragonale Struktur mit 2 verschiedenen Typen von (AlF)-Ketten vor, die jeweils die Formel $[AlF_5]_n^{2n-}$ besitzen

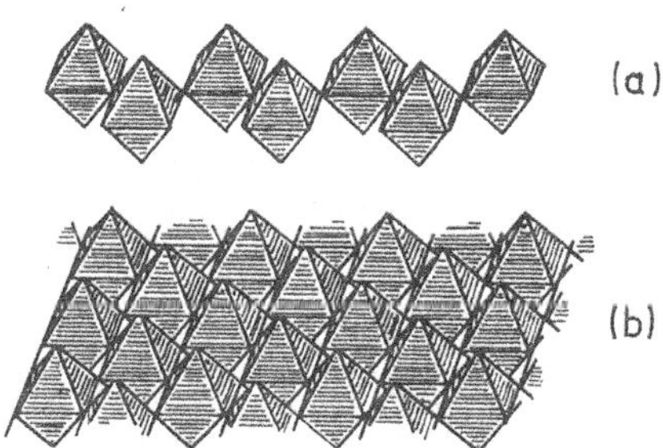

Abb. 2.11. − 1 Kettenstruktur des $[AlF_5]_n^{2n-}$-Anions in $Tl_2[AlF_5]$ (a) und Blattstruktur des $[AlF_4]_n^{n-}$-Anions in $Na[AlF_4]$ (b) nach Cotton-Wilkinson

[20]. Die IR- und Raman-Spektren von $K_3[MF_6]$ (M = Al, Ga, In, Tl) lassen sich für oktaedrische Anionen zuordnen [21]. Zahlreiche quaternäre Salze des Typs $M^IAg[M^{III}F_6]$ und $M^ICu[M^{III}F_6]$ (M^I = K, Rb, Cs; M^{III} = Al, Ga, In, Tl) sind beschrieben und ihre Kristallstrukturen bestimmt worden [22]. Salze des Elpasolith-Typs $M_2M'[AlF_6]$ (M, M' = Alkalimetall) lassen sich durch Erhitzen von Mischungen der binären Fluoride gewinnen [23]. Sie kristallisieren hexagonal-rhomboedrisch und werden bei hohem Druck (15 – 100 kbar) in eine kubische Form umgewandelt [24].

Der Dampf über einer Kryolith-Schmelze enthält hauptsächlich monomere $Na[AlF_4]$- und dimere $(NaAlF_4)_2$-Moleküle; analoges gilt für den Dampf über Schmelzen von AlF_3-NaF [25]- und AlF_3-TlF [26]-Mischungen. Beim Abkühlen zersetzt sich $Na[AlF_4]$ gemäß:

$$5\ Na[AlF_4] \rightarrow Na_5[Al_3F_{14}] + 2\ AlF_3 .$$

Elektronenbeugungsuntersuchungen an $Na[AlF_4]$ und $K[AlF_4]$ ergeben eine Struktur mit C_s-Symmetrie (d(AlF) 1,69 Å) [27]:

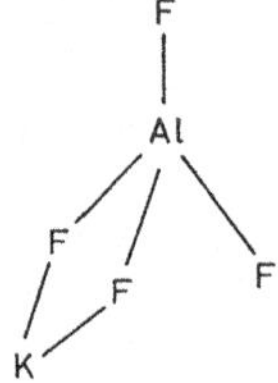

Die Bildung des tetraedrischen $[AlF_4]^-$-Anions in LiF-$Li_3[AlF_6]$- oder AlF_3-$Li_3[AlF_6]$-Schmelzen ist beschrieben worden [28]. Nach anderen Arbeiten soll es jedoch nicht als solches existent sein [29].

Gasförmiges AlF_3 reagiert mit HF bis ca. 330 °C nicht [30]. Bei der Reaktion von Al_2O_3 mit Flußsäure bildet sich als stark saure wäßrige Lösung *Hexafluoroaluminiumsäure* H_3AlF_6. Bis zu 2 N Lösungen sind über lange Zeit stabil, konzentrierte Lösungen zersetzen sich langsam unter Bildung von β-$AlF_3 \cdot 3\ H_2O$:

$$H_3AlF_6 + 3\ H_2O \rightleftharpoons AlF_3 \cdot 3\ H_2O + 3\ HF.$$

Im Niederschlag werden auch geringe Mengen der Hydrolyseprodukte $AlF(OH)_2 \cdot 6\ H_2O$ und $AlF_2(OH) \cdot 6\ H_2O$ gefunden. Mit zahlreichen Kationen, z. B. auch Ag^+, Cu^{++}, Zn^{++}, Cd^{++}, bilden sich hydratisierte Hexafluoroaluminate [31].

Gemischte Fluoridhalogenide des Al in Form der THF-Addukte $AlF_nX_{3-n} \cdot m$THF entstehen bei den Reaktionen von Halogenalanen H_nAlX_{3-n} oder R_nAlX_{3-n} (R = Alkyl, X = Cl, Br, I) mit HF in THF. Auch diese haben oktaedrische Umgebung des Al-Atoms und sind über lineare AlFAl-Brücken assoziiert [32]. In den Massenspektren des Systems Al-AlF_3 – $AlCl_3$ sind u. a. die Chloridfluoride $AlClF_2$ und $AlCl_2F$ nachgewiesen worden (D(Al – F) 606 kJ/mol) [33]. Die Organo-Aluminiumfluoride

$(R_2AlF)_4$ (R = me, et) sind cyclische Tetramere, deren Struktur durch Elektronenbeugung bestimmt worden ist [34].

d(AlF) 1,808 Å
Winkel (FAlF) 94°
Winkel (AlFAl) 148°

Galliumtrifluorid GaF₃ (Subl. 950 °C) und *Indiumtrifluorid InF₃* (Fp. 1170 °C) entstehen aus den Elementen mit HF bei höherer Temperatur als farblose, rhombische (GaF_3) bzw. hexagonale (InF_3) Kristalle. Charakteristisch ist auch hier die Koordinationszahl 6. So bilden sich leicht Komplexe der Form $M_3[GaF_6]$ bzw. $M_3[InF_6]$, auch höher aggregierte Komplexe, z. B. $M_2[Ga_5F_{17}]$ oder $M_5[In_3F_{14}]$ sowie $M[GaF_4]$ bzw. $M[InF_4]$ und $M_2[GaF_5]$ bzw. $M_2[InF_5]$ existieren. Die Strukturen ähneln denen der Al-Verbindungen. Auch zahlreiche quaternäre Derivate der Formen $M_2M'[InF_6]$ (M, M' = Alkalimetall, Tl, Ag), $M^{II}M^I[InF_6]$ (d(InF) 2,04 Å [35]) sind bekannt [36]. Im Massenspektrum des Dampfes über einer NaF-GaF₃-Schmelze sind die Moleküle $Na[GaF_4]$, $Na_2[GaF_5]$ und $(NaGaF_4)_2$ nachgewiesen worden [37].

In wäßriger Lösung bilden sich die Trihydrate. $GaF_3 \cdot 3\,H_2O$ wird in hoher Ausbeute auch bei der Reaktion von Ga mit einer wäßrigen Mischung von 40%iger Flußsäure und 30%igem H_2O_2 erhalten [38]. Die Hydrate hydrolysieren teilweise:

$$GaF_3 \cdot 3\,H_2O + H_2O \rightleftharpoons [GaF_2 \cdot 4\,H_2O]^+ + F^-$$

und es lassen sich NMR-spektroskopisch die hydratisierten Ionen Ga^{3+}, $[GaF]^{2+}$, $[GaF_2]^+$, $[GaF_4]^-$, $[GaF_5]^{2-}$ und bei Fluoridionenüberschuß auch $[GaF_6]^{3-}$ nachweisen [39]; analoges gilt für InF_3. Bei der partiellen Hydrolyse von $GaF_3 \cdot 3\,NH_3$ bzw. $InF_3 \cdot 3\,NH_3$ entstehen $(NH_4)_2[GaF_3(OH)_2]$ bzw. $(NH_4)_2[InF_3(OH)_2]$ [40].

Bei der thermischen Zersetzung von $(NH_4)_3[GaF_6]$ und $(NH_4)_3[InF_6]$ entsteht bei 170 °C primär $NH_4[GaF_4]$ bzw. $NH_4[InF_4]$. $NH_4[GaF_4]$ reagiert mit NH_3 langsam zu $NH_4[GaF_4 \cdot 2\,NH_3]$, bei höherer Temperatur zersetzt es sich über die Stufe des $GaF_3 \cdot NH_3$ zu GaN [41]. $NH_4[InF_4]$ spaltet bei 300 °C NH_4F ab und geht in InF_3 über.

Thalliumtrifluorid TlF₃ (Zers. 500 °C) wird bei der Fluorierung von Tl_2O_3 mit F_2, BrF_3 oder SF_4 bei ca. 300 °C als weißer kristalliner Festkörper gewonnen. TlF_3 bildet orthorhombische Kristalle, ist isostrukturell mit β-BiF₃ und YF₃ (Abb. 3.3. – 2); hierin ist Tl achtfach koordiniert: 6 F-Atome beschreiben ein verzerrt trigonales Prisma (d(TlF) 1×2,09 Å; 2×2,22 Å; 2×2,23 Å; 1×2,24 Å), 2 F-Atome sitzen außerhalb der Prismenflächen (d(TlF) 2,49 Å) [42]. TlF_3 hydrolysiert leicht zu $Tl(OH)_3$. Es bildet den Ga- und In-Verbindungen entsprechende Komplexe. Die Alkalimetalltetrafluorothallate $M[TlF_4]$ ($M = K$, Rb, Cs) können durch Fluorierung von $MTlO_2$ oder äquimolarer Mengen von Tl_2O_3 und MCl bei $450 - 500\ °C$ hergestellt werden. Im trigonalen K-Salz ist Tl heptakoordiniert, die orthorhombischen Rb- und Cs-Salze enthalten verzerrte $[TlF_6]$-Oktaeder [43]. Auch die Kristallstrukturen zahlreicher weiterer Fluorothallate sind bestimmt worden, z. B. $K[Tl_2F_7]$, $Sr[Tl_2F_8]$, $Sr_3[Tl_7F_{27}]$, $Ba[Tl_6F_{20}]$, $K_2[Tl_7F_{23}]$, $Ba_2[TlF_7]$ [44].

Literatur

1. *J. Hoeft, F. J. Lovas, E. Tiemann* und *T. Törring,* Z. Naturforsch. **25 b**, 901 (1970).
2. *B. M. Nikitin, T. I. Litvinova, T. F. Raichenko* und *V. A. Voronov,* Russ. J. Inorg. Chem. **17**, 474 (1972).
3. *A. Snelson,* J. Phys. Chem. **71**, 3202 (1967).
4. *D. Welti* und *R. F. Barrow,* Nature **168**, 161 (1951).
5. *J. W. Hastie, R. H. Hauge* und *J. L. Margrave,* J. Fluorine Chem. **3**, 285 (1973/74).
6. *N. W. Alcock* und *H. D. B. Jenkins,* J. C. S. Dalton Trans. **1974**, 1907.
7. *C. W. F. T. Pistorius* und *J. B. Clark,* Phys. Rev. **173**, 692 (1968).
8. *A. Ruoff* und *J. Weidlein,* Z. anorg. allg. Chem. **370**, 113 (1969).
9. *F. J. Keneshea* und *D. Cubicciotti,* J. Phys. Chem. **71**, 1958 (1967).
10. *M. L. Lesiecki* und *J. W. Nibler,* J. Chem. Phys. **63**, 3452 (1975).
11. *J. M. Brom* und *H. F. Franzen,* J. Chem. Phys. **54**, 2874 (1971); *J. L. Dehmer, J. Berkowitz* und *L. C. Cusacks,* J. Chem. Phys. **58**, 1691 (1973).
12. *M. J. Boinon, G. Coffy* und *A. Tranquard,* Bull. Soc. Chim. France **1975**, 2380.
13. *S. S. Batsanov* und *M. N. Stas,* Russ. J. Inorg. Chem. **20**, 444 (1975).
14. *J. Grannec, L. Lozano, J. Portier* und *P. Hagenmuller,* Z. anorg. allg. Chem. **385**, 26 (1971); *J. Grannec* und *J. Portier,* Compt. rend. **272 C**, 942 (1971).
15. *G. Shanmugasunderan* und *G. Nagarajan,* Z. Phys. Chem. **240**, 363 (1969).
16. *W. Weltner jr.,* Adv. High Temp. Chem. **2**, 85 (1969).
17. *H. Niederprüm* in Ullmanns Encyklopädie der technischen Chemie, 4. Aufl., Bd. 11, S. 606, Verlag Chemie – Weinheim, 1976.
18. *N. A. Matwiyoff* und *W. E. Wageman,* Inorg. Chem. **9**, 1031 (1970); *N. N. Greenwood, J. W. Akitt* und *G. D. Letser,* J. Chem. Soc. **A 1971**, 2450.
19. *P. Bukovec, B. Orel* und *J. Siftar,* Mh. Chem. **104**, 194 (1973).
20. *R. von der Mühll, S. Andersson* und *J. Galy,* Acta Cryst. **B 27**, 2345 (1972).
21. *M. J. Reisfeld,* Spectrochim. Acta **29 A**, 1923 (1973).
22. *B. Müller* und *R. Hoppe,* Z. anorg. allg. Chem. **395**, 239 (1973); *R. Hoppe* und *R. Jesse,* Z. anorg. allg. Chem. **402**, 29 (1973).
23. *J. Setter* und *R. Hoppe,* Z. anorg. allg. Chem. **423**, 133 (1976).
24. *J. Arndt, D. Babel, R. Hägele* und *N. Rombach,* Z. anorg. allg. Chem. **418**, 193 (1975).
25. *E. N. Kolosov, V. B. Sholts* und *L. N. Sidorov,* Zh. Fiz. Chim. **48**, 2199 (1974).
26. *D. H. Feather* und *A. Büchler,* J. Phys. Chem. **72**, 1599 (1973).
27. *V. P. Spiridonov* und *E. V. Erokhin,* Zh. Neorg. Khim. **14**, 636 (1969); *E. Vajda, I. Hargittai* und *J. Tremmel,* Inorg. Chim. Acta **25**, L 143 (1977).

28. *M. Malinovsky* und *J. Vrbenska*, Coll. Czech, Chem. Comm. **36**, 567 (1971); *K. Matiasovsky* und *V. Danek*, J. Electrochem. Soc. **120**, 919 (1973).
29. *S. K. Ratkje* und *E. Rytter*, J. Phys. Chem. **78**, 1499 (1974); *J. Holm*, Acta Chem. Scand. **27**, 371 (1973); Inorg. Chem. **12**, 2062 (1973); High Temp. Sci. **6**, 16 (1974).
30. *T. B. Douglas* und *R. F. Krause* jr., J. Res. Nat. Bur. Stand. Sect. A **77**, 341 (1973).
31. *V. Šćepanović, S. Radosaljević* und *J. Mišović*, J. Fluorine Chem. **3**, 403 (1973).
32. *E. E. Clagg* und *D. L. Schmidt*, J. inorg. nucl. Chem. **31**, 2329 (1969).
33. *M. Farber* und *S. P. Harris*, High Temp. Sci. **3**, 231 (1971).
34. *J. Weidlein* und *V. Krieg*, J. Organomet. Chem. **11**, 9 (1968); *H. Schmidbaur, J. Weidlein, H.-F. Klein* und *K. Eiglmeier*, Chem. Ber. **101**, 2268 (1968); *G. Gundersen, T. Haugen* und *A. Haaland*, J. C. S. Chem. Comm. **1972**, 708.
35. *S. Schneider* und *R. Hoppe*, Z. anorg. allg. Chem. **376**, 277 (1970); *H. Bode* und *E. Voss*, Z. anorg. allg. Chem. **290**, 1 (1957).
36. *F. Menil, J. Grannec, G. Demazeau* und *A. Tressaud*, Compt. rend. **275 C**, 495 (1972); *J. Setter* und *R. Hoppe*, Z. anorg. allg. Chem. **423**, 125 (1976).
37. *L. N. Sidorov* und *N. A. Zhegulshaya*, Int. J. Mass Spectrom. Ion Phys. **17**, 111 (1975).
38. *G. E. Revzin* und *L. M. Petrova*, Poluch. Khim. Reakt. Prep. **24**, 79 (1972).
39. *Yu. A. Buslaev, S. P. Petrosyants* und *V. P. Tarasov*, J. Struct. Chem. **15**, 187 (1974); *R. Haque*, J. inorg. nucl. Chem. **31**, 3869 (1969).
40. *S. P. Kozerenko, S. A. Polyshchuk* und *N. I. Sigula*, Russ. J. Inorg. Chem. **17**, 984 (1972).
41. *G. Mermant, C. Belinski* und *F. Lalau-Keraly*, Compt. rend. **265 C**, 238 (1967).
42. *C. Hebecker*, Z. anorg. allg. Chem. **393**, 223 (1972).
43. *C. Hebecker*, Naturwiss. **58**, 361 (1971); Z. Naturforsch. **30 b**, 305 (1975); Z. anorg. allg. Chem. **412**, 37 (1975).
44. *A. R. Molyneux* und *J. Grannec*, Rev. Chim. Minérale **12**, 41 (1975).

2.12. Erdalkalimetallfluoride

Die Erdalkalimetallfluoride haben ausschließlich die Zusammensetzung MF_2; daneben sind insbesondere von Be noch einige komplexe Fluoride bekannt.

Berylliumfluorid BeF_2 (Fp. 552 °C; Kp. 1327 °C) entsteht am besten bei der thermischen Zersetzung von $(NH_4)_2[BeF_4]$, die bei 125 °C beginnt, in der Praxis bei 900 – 1100 °C durchgeführt wird, oder bei der Umsetzung von BeO mit wasserfreiem HF bei 220 °C. Die thermische Zersetzung von $(NH_4)_2[BeF_4]$ verläuft über folgende Stufen [1]:

$$(NH_4)_2[BeF_4] \rightarrow NH_4[BeF_3] \rightarrow NH_4[Be_2F_5] \rightarrow BeF_2 .$$

In der Gasphase ist BeF_2 nicht dimer; die Elektronenbeugung ergibt d(BeF) 1,43 Å. BeF_2 und die Fluoroberyllate zeigen enge strukturelle Verwandtschaft mit SiO_2 und Silikaten. So erstarrt BeF_2 wie SiO_2 meist als durchsichtiges Glas, das ähnliche Struktur wie Quarzglas besitzt (Spektren

[2]). BeF_2 ist schwierig zu kristallisieren. Die kristallinen Formen enthalten $[BeF_4]$-Tetraeder (4:2-Koordination) und sind isotyp mit den SiO_2-Strukturen: bei Raumtemperatur ist die α-Quarz-Form stabil; bei 227 °C erfolgt reversibler Übergang zur β-Quarz-Form; bei 420–450 °C entsteht die Tridymit-Form, und oberhalb 680 °C bildet sich die α-Cristobalit-Form.

BeF_2 ist hygroskopisch und in H_2O gut löslich; in wäßriger Lösung liegen neben dem Dihydrat $BeF_2(H_2O)_2$ [3] auch die hydratisierten Ionen $[Be(H_2O)_4]^{2+}$, $[BeF(H_2O)_3]^+$ und $[BeF_3(H_2O)]^-$ sowie $[BeF_4]^{2-}$ vor [4]. Im Überschuß von HF entsteht in wäßriger Lösung auch H_2BeF_4 [5]. Aus wäßriger Lösung ist BeF_2 nicht isolierbar, da vor der Dehydratisierung Hydrolyse eintritt. Die alkalische Hydrolyse verläuft in 2 Schritten:

$$2\ BeF_2 + 2\ NaOH \rightarrow Na_2[BeF_4] + Be(OH)_2$$
$$Na_2[BeF_4] + 2\ NaOH \rightarrow 4\ NaF + Be(OH)_2 \,.$$

Mit NH_3 bildet sich bei -78 °C ein 1:1-Komplex $BeF_2 \cdot NH_3$, der sich bei höherer Temperatur zersetzt. Einem Komplex $BeF_2 \cdot 2\ NH_3$ wird nach spektroskopischen Untersuchungen die Form $[Be(NH_3)_4]^{2+}[BeF_4]^{2-}$ zugeschrieben [6]. In HF ist BeF_2 nur wenig löslich, beim Erhitzen in O_2-Atmosphäre entsteht das flüchtige $2\ BeO \cdot 5\ BeF_2$. Oberhalb 1327 °C ist im System BeF_2–BeO das Komplexmolekül Be_2OF_2 massenspektrometrisch nachweisbar [7]. Mit B_2O_3 reagiert BeF_2 bei höherer Temperatur zu Be_2FBO_3; in der Schmelze von $K_2[BeF_4]$ und B_2O_3 wird bei 600–800 °C das wasserunlösliche Doppelsalz $KBe_2F_2BO_3$ gebildet [8]. BeF_2 ist ein Fluoridionenakzeptor und bildet zahlreiche Fluoroberyllate mit den Anionen $[BeF_4]^{2-}$, $[BeF_3]^-$, $[BeF_5]^{3-}$, $[Be_2F_5]^-$, $[Be_2F_7]^{3-}$. Das $[BeF_4]^{2-}$-Ion hat ähnlichen Radius wie SO_4^{2-}, daher sind die Löslichkeiten der Salze vergleichbar; $Ba[BeF_4]$ dient zur gravimetrischen Bestimmung von Be. Die Tetrafluoroberyllate sind isotyp mit den Silikaten; so kommt $Na_2[BeF_4]$ wie Ca_2SiO_4 in 5 verschiedenen Formen vor (Kristallstrukturen [9]); $Li_2[BeF_4]$ ist isotyp mit hexagonalem Be_2SiO_4 [10]. Die $[BeF_4]$-Einheiten sind tetraedrisch gebaut (d(BeF) 1,55 Å) [11]. $Na_2[BeF_4]$ dissoziiert in der Schmelze zu $Na[BeF_3]$ und NaF; der Dampf über $Na_2[BeF_4]$ enthält NaF, BeF_2 und dimeres $(NaBeF_3)_2$.

Im System LiF-BeF_2 sind nur $Li[BeF_3]$ und $Li_2[BeF_4]$ eindeutig nachweisbar [12]; Matrix-IR-Spektren der Reaktionsprodukte von BeF_2-Dampf mit LiF zeigen die Bildung von $Li[BeF_3]$, $(LiBeF_3)_2$ und $Li_2[BeF_4]$ [13]. Die Salze $M_3[BeF_5]$ (M = K, Rb, Cs) kristallisieren tetragonal und sind isotyp mit Sr_3SiO_5 [14]. Dimetafluoroberyllate $M[Be_2F_5]$ (M = Li, Na, K) zersetzen sich unterhalb des Schmelzpunkts, die Rb- und Cs-Salze sind stabil; die Struktur des $Rb[Be_2F_5]$ besteht aus Schichten von $[RbF_6]$-Oktaedern, zwischen denen $[BeF_4]$-Tetraedereinheiten liegen; die Hochtemperaturform von $M[Be_2F_5]$ (M = K, Rb, Cs, NH_4, Tl) besitzt eine Blattstruktur mit $[Be_4F_{10}]^{2-}$-Einheiten [15]. Die monoklinen $RbLi_2[Be_2F_7]$-Kristalle enthalten 6gliedrige Ringe aus $[BeF_4]$- und $[LiF_4]$-Tetraedern, die zu einer

Kettenstruktur verknüpft sind; die Rb-Atome besetzen die Hohlräume in den Ringen [16].

Magnesiumfluorid MgF₂ (Fp. 1263 °C; Kp. 2227 °C), *Calciumfluorid CaF₂* (Fp. 1423 °C; Kp. 2786 °C), *Strontiumfluorid SrF₂* (Fp. 1400 °C; Kp. 2460 °C) und *Bariumfluorid BaF₂* (Fp. 1320 °C, Kp. 2260 °C) entstehen bei der Umsetzung von z. B. den Karbonaten mit HF:
$$2\,HF + MCO_3 \rightarrow MF_2 + CO_2 + H_2O.$$

MgF_2 kristallisiert im Rutilgitter (6:3-Koordination), die restlichen Fluoride im Fluoritgitter (8:4-Koordination) (s. Abb. 2.12.–1). Sie

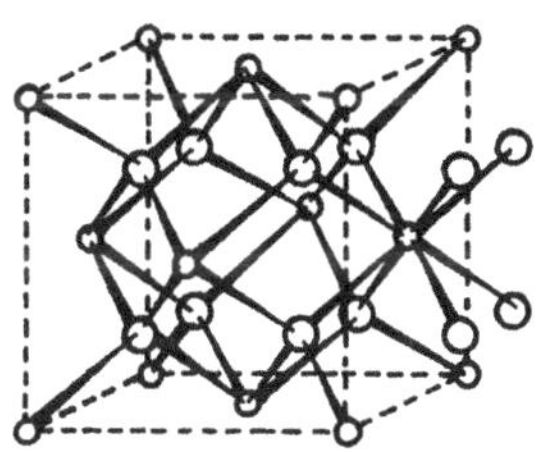

Abb. 2.12. – 1   Fluorit (CaF_2)-Struktur nach Cotton-Wilkinson

sind gegen Hydrolyse beständig. Die molare Löslichkeit der Fluoride in H_2O nimmt in der Reihe CaF_2, SrF_2, MgF_2, BaF_2 zu; mit HF werden leichter lösliche saure Salze gebildet, z. B. $CaF_2 \cdot 2\,HF \cdot 6\,H_2O$ [17]. Häufigstes und zugleich wichtigstes Fluorid ist das als Flußspat in der Natur verbreitete CaF_2, das vor allem als Ausgangsmaterial zur Flußsäure-Herstellung, als Trübungsmittel in der Emaille-Industrie und als Flußmittel bei metallurgischen Prozessen dient. Wegen seiner guten Dispersion und Lichtdurchlässigkeit wird reines CaF_2 auch als Prismenmaterial verwendet. Lanthaniden(II)-Ionen lassen sich in CaF_2 als stabilisierendem Gitter abfangen. Mit Alkalimetallfluoriden bilden die Erdalkalimetallfluoride kristalline Komplexe der Form $M^I[M^{II}F_3]$. Bei der Fluorierung der Erdalkalimetalloxide mit SF_6 in Gegenwart von MF (M = Alkalimetall) entstehen die Verbindungen $M[MgF_3]$, $M_2[MgF_4]$ (M = K, Cs), $Cs[CaF_3]$, $Cs[SrF_3]$ und $Li[BaF_3]$ [18].

Literatur

a) Übersichtsartikel

N. A. Bell, Beryllium Halides and Pseudohalides, Adv. Inorg. Chem. Radiochem. **14,** 255 (1972).

b) Spezielle Literatur

1. O. N. Breusov, N. M. Vagurtova, A. V. Novoselova und Y. P. Simanov, Russ. J. Inorg. Chem. **4,** 1008 (1959); J. C. Tedenac und L. Cot, Compt. rend. **268 C,** 1687 (1969).

2. *A. S. Quist, J. B. Bates* und *G. E. Boyd,* Spectrochim. Acta **28 A,** 1103 (1972); *A. H. Narten,* J. Chem. Phys. **56,** 1905 (1972).

3. *R. A. Kovar* und *G. L. Morgan,* J. Amer. Chem. Soc. **92,** 5067 (1970).

4. *Y. A. Buslaev* und *S. P. Petrosyants,* Zh. Strukt. Khim. **10,** 726 (1969).

5. *A. K. Baral, H. K. Saha* und *N. N. Ray,* J. inorg. nucl. Chem. **29,** 2490 (1967).

6. *A. I. Grigorev, V. A. Sipachev* und *A. V. Novoselova,* Russ. J. Inorg. Chem. **12,** 319 (1967).

7. *J. Efimenko,* J. Res. Nat. Bur. Stand. Sect. A **72,** 75 (1968).

8. *L. R. Batsanova, V. A. Egorov* und *A. V. Nikolaev,* Dokl. Chem. **178,** 153 (1968).

9. *Deganello,* J. Amer. Ceram. Soc. **55,** 584 (1972); Acta Cryst. **B 29,** 2593 (1973); *D. Tranqui, J. Vicat* und *S. Aleonard,* Cryst. Struct. Comm. **2,** 339 (1973).

10. *J. H. Burns* und *E. K. Gordon,* Acta Cryst. **20,** 135 (1966).

11. z. B.: *A. D. van Ingen Schenau, G. C. Verschoor* und *R. A. G. de Graaf,* Acty Cryst. **B 32,** 1127 (1976); *M. R. Anderson, S. Vilminot* und *I. D. Brown,* Acta Cryst. **B 29,** 2961 (1973).

12. *D. M. Roy, R. Roy* und *E. F. Osborn,* J. Amer. Ceram. Soc. **37,** 300 (1954); *R. E. Thoma, H. Insley, H. A. Friedman* und *G. M. Hebert,* J. Nucl. Mater. **27,** 166 (1968).

13. *A. Snelson, B. N. Cyvin* und *S. J. Cyvin,* J. Mol. Struct. **24,** 165 (1975).

14. *G. Boucherle* und *S. Aleonard,* Mater. Res. Bull. **6,** 525 (1971).

15. *Y. Le Fur* und *S. Aleonard,* Acta Cryst. **B 28,** 2115 (1972).

16. *J. Vicat, D. Tranqui* und *S. Aleonard,* Acta Cryst. **B 32,** 1356 (1976).

17. *D. D. Ikrami, A. S. Paramzine, A. N. Pirmantova* und *N. Sh. Gamburg,* Russ. J. Inorg. Chem. **16,** 1479 (1971).

18. *A. A. Opalovskii, E. V. Lobkov, Yu. V. Zakharev* und *L. K. Kamenek,* Russ. J. Inorg. Chem. **20,** 1271 (1975).

2.13. Alkalimetallfluoride

Die Alkalimetallfluoride *Lithiumfluorid LiF* (Fp. 848 °C; Kp. 1681 °C), *Natriumfluorid NaF* (Fp. 995 °C; Kp. 1704 °C), *Kaliumfluorid KF* (Fp. 858 °C; Kp. 1505 °C), *Rubidiumfluorid RbF* (Fp. 795 °C; Kp. 1410 °C) und *Caesiumfluorid CsF* (Fp. 682 °C; Kp. 1251 °C) entstehen bei der Neutralisation der Hydroxide oder Karbonate mit Flußsäure und lassen sich als weiße, kristalline, ionische Festkörper isolieren. Sie kristallieren im kubischen NaCl-Gitter (Gitterenergien: LiF 1025 kJ/mol, NaF 903 kJ/mol, KF 800 kJ/mol, RbF 767 kJ/mol, CsF 715 kJ/mol; Bindungsabstände d(MF): LiF 1,91 Å, NaF 2,31 Å, KF 2,67 Å, RbF 2,82 Å, CsF 3,01 Å). Die Bindungsabstände in den Alkalimetallfluoridschmelzen sind nahezu identisch mit denen im Kristallgitter [1].

Die Löslichkeit in H_2O nimmt von LiF zu CsF zu; so ist LiF in H_2O nur wenig löslich (0,148% bei 20 °C) und fällt bei Zugabe von Fluoridlösungen zu Lithiumsalzlösungen aus. Durch Zugabe von HF steigt die Löslichkeit in H_2O; dabei bilden sich Hydrogenfluoride der Form MH_nF_{n+1}. LiF ist das stabilste der Alkalimetallfluoride, ist nicht hygroskopisch und bildet keine isolierbaren Hydrate; KF, RbF und CsF sind stark hygroskopisch. Die Hydrolyseempfindlichkeit nimmt von LiF zu CsF ab. NaF reagiert bei erhöhter Temperatur schon mit der Luftfeuchtigkeit zu NaOH und HF; auch wäßrige KF-Lösungen reagieren noch schwach basisch.

Mit Fluoridionenakzeptoren bilden alle Alkalimetallfluoride Salze mit komplexen Fluoroanionen. Die Massenspektren der Dämpfe von LiF, NaF und KF zeigen das Vorliegen der monomeren und dimeren Moleküle sowie der trimeren $(LiF)_3$ und $(NaF)_3$ an [2]. Die dimeren Alkalimetallfluoride lassen sich auch in der Ar-Matrix schwingungsspektroskopisch nachweisen [3]. Sie haben planare, rhombische Struktur (D_{2h}-Symmetrie):

$$M \diagup^{\textstyle F}\diagdown M$$

Folgende Molekülparameter wurden bestimmt [4]:

	Li_2F_2	Na_2F_2	K_2F_2	Rb_2F_2	Cs_2F_2
d(MF) [Å]	1,68	2,11	2,34	2,44	2,52
Winkel (FMF)	104°	100°	92°	88°	82°

Die dimeren Moleküle sind ebenfalls über den Schmelzen von binären Fluoridgemischen nachweisbar: z. B. $KF\text{-}BeF_2$ [5] oder $LiF\text{-}GaF_3$ [6]. Mit LiF reagiert NaF in der Dampfphase zu $LiNaF_2$.

Die Anwendungen der Alkalimetallfluoride sind vielfältig. So haben LiF-Einkristalle im IR-Bereich eine größere Lichtdurchlässigkeit als CaF_2 und sind für optische Zwecke von Bedeutung. Weiterhin dient LiF als Zusatz für $Al_2O_3\text{-}Na_3[AlF_6]$-Schmelzen bei der Al-Herstellung, als Zusatz für Flußmittel zum Löten von Leichtmetallen und speziellen Glasuren sowie als wichtiger Bestandteil von eutektischen Gemischen. NaF wird ebenfalls als Flußmittelzusatz in zahlreichen Schmelzprozessen und auch als Konservierungsmittel für Holz, Klebstoffe und Leime benutzt; es eignet sich besonders zur Absorption von HF aus Gasen und Flüssigkeiten und wird auch als Fluorierungsmittel eingesetzt; ein besonders nukleophil und basisch reagierendes Fluoridion wird erhalten, wenn NaF in organischen Lösungsmitteln in Gegenwart von Kronenethern aufgelöst wird [7]. Die Anwendung von KF entspricht der des NaF.

Literatur

1. *M. E. Melnichak* und *O. J. Kleppa*, Rev. Chim. minérale **9**, 63 (1972).
2. *A. S. Alikhanyan*, *V. B. Sholts* und *L. N. Sidorov*, Vestnik Moskov. Univ., Khim. **13**, 639 (1972).

3. *A. Snelson, B. N. Cyvin* und *S. J. Cyvin,* Molecular Structure Vibrations, Elsevier
   – Amsterdam, S. 246, 1972; *K. Ismail, R. H. Hauge* und *J. L. Margrave,* J. inorg.
   nucl. Chem. **35,** 3201 (1973); *W. F. Howard* und *L. Andrews,* Inorg. Chem. **14,** 409
   (1975).
4. *K. S. Krasnov, V. G. Solomonik* und *E. V. Morozov,* Teplofiz. Vys. Temp. **10,** 760
   (1972).
5. *A. N. Rykov, Tu. M. Korenev* und *A. V. Novoseleva,* Zhur. neorg. Khim. **18,** 2483
   (1972).
6. *L. N. Sidorov, N. A. Zhefulskaya* und *M. V. Korobov,* Zhur. fiz. Khim. **47,** 1336
   (1973).
7. *C. Lioffa* und *H. P. Harris,* J. Amer. Chem. Soc. **96,** 2250 (1974).

DRITTER TEIL

Fluoride der Nebengruppenelemente

3.1. Fluoride von Kupfer, Silber, Gold

Die beständigsten Fluoride der Münzmetalle sind Kupfer(II)-fluorid CuF_2, Silber(I)-fluorid AgF und Gold(III)-fluorid AuF_3. Von Kupfer ist noch das Monofluorid CuF, von Silber das Subfluorid Ag_2F und das Difluorid AgF_2 bekannt; in den Oxidationsstufen 3 und 4 existieren die beiden Elemente in Form von Fluorokomplexen. Gold läßt sich auch zum Pentafluorid AuF_5 oxidieren.

Kupferfluoride

Kupfer(I)-fluorid CuF ist in reiner Form unbekannt. Es läßt sich lediglich in einer bzw. im Dampf über einer CuF_2-Schmelze im Gleichgewicht nachweisen; beim Abkühlen erfolgt schnelle Disproportionierung zu Cu und CuF_2.

Einziges beständiges binäres Kupferfluorid ist *Kupferdifluorid CuF_2* (Fp. 950 °C (Zers.)). CuF_2 entsteht bei der Hochtemperaturreaktion von Fluor mit Kupfer bzw. der Reaktion von CuO mit HF bei 400 °C als wasserfreie, kristalline weiße Substanz [1]. CuF_2 kristallisiert in einem verzerrten Rutilgitter mit 4 CuF-Bindungen von 1,93 Å und 2 CuF-Bindungen von 2,27 Å [2]. Diese Koordinationszahl 6 tritt auch in den Komplexen auf; die Oktaederverzerrung ist auf einen Jahn-Teller-Effekt zurückzuführen (MO-Berechnungen [3]).

In der Schmelze verliert CuF_2 langsam elementares Fluor, und es stellen sich die Gleichgewichte ein:

$$CuF_2 \rightleftharpoons CuF + 1/2\ F_2; \quad 2\ CuF \rightleftharpoons CuF_2 + Cu.$$

Im Dampf über der Schmelze ist das monomere lineare CuF_2-Molekül nachweisbar (d(CuF) 1,72 Å).

Da CuF_2 in der Reihen der Fluoride der 1. Übergangsreihe die schwächste M – F-Bindung besitzt, ist es bei höherer Temperatur ein wirksames Fluorierungsmittel, z. B. reagiert es mit Ta zu TaF_5, mit Mn zu MnF_2 [4].

Mit H_2O bildet sich das hellblaue, kristalline Dihydrat $CuF_2 \cdot 2\ H_2O$, das auch bei der Reaktion von $CuCO_3$ mit Flußsäure entsteht. Hierin treten zwischen dem F- und H_2O-Liganden Wasserstoffbrückenbindungen

auf [5]. Beim Erhitzen wird das Kristallwasser wieder abgegeben. In wäßriger Lösung von CuF_2 liegt auch das Komplexion $[CuF(H_2O)]^+$ vor [6].
An der Luft wandelt sich CuF_2 langsam in das grüne basische Fluorid
$CuF_2 \cdot Cu(OH)_2$ um, das im Vakuum über H_2SO_4 in das saure Fluorid
$CuF_2 \cdot 5\,HF \cdot 6\,H_2O$ übergeht.

Von CuF_2 leiten sich zahlreiche kristalline Komplexsalze ab, die die
stöchiometrischen Zusammensetzungen $M^I[CuF_3]$ (M^I = K, Rb, Cs, Ag),

$M^I_2[CuF_4]$ (M^I = Na, K, NH_4, Rb),
$M^{II}[CuF_4]$ (M^{II} = Ca, Sr, Ba) und
$M^{II}_2[CuF_6]$ (M^{II} = Sr, Ba, Pb)

besitzen können. In allen Komplexen ist das Cu-Atom verzerrt okta-
edrisch von 6 F-Atomen umgeben [z. B. 7]. Weiterhin existieren auch
Komplexe z. B. der Zusammensetzung $M^I Cu^{II} M^{III} F_6$ (M = K, Rb, Cs;
M^{III} = Sc, Al, Ga, In, Tl, Fe, Co, Mn, Rh) [8].

In Form von Fluorokomplexen existieren auch *Cu(III)- und Cu(IV)-
Verbindungen*. So entsteht $K_3[CuF_6]$ bei der Fluorierung eines Gemisches
aus KCl und $CuCl_2$ als blaßgrüner, kristalliner high-spin-Komplex (d^8)
mit oktaedrischen $[CuF_6]^{3-}$-Ionen [9]. Aus einer Lösung in wasserfreiem
HF wird bei 0 °C elementares Fluor freigesetzt [10].

Cu(III)-Verbindungen der Zusammensetzungen $M^I_2 Na[CuF_6]$ (M^I = K,
Rb, Cs) und $Rb_2 M^I[CuF_6]$ (M^I = Li, K) entstehen bei der Fluorierung eines
Gemisches von CuF_2 und den entsprechenden Alkalimetallfluoriden [11].

Bei der Direktfluorierung (350 bar) eines vorfluorierten Gemisches aus
CsCl und $CsCuCl_3$ bei 410 °C entsteht die Cu(IV)-Verbindung $Cs_2[CuF_6]$
in Form prächtig orangeroter, paramagnetischer Kristalle, die sich mit
H_2O stürmisch zersetzen [12]. Das magnetische Verhalten zeigt das Vorliegen eines low-spin-Komplexes (d^7) an [13].

Silberfluoride

Die Fluorierung von Silber verläuft komplex; über den Mechanismus ist
wenig bekannt. So wurden in Abhängigkeit von Druck und Temperatur
als Produkte die Verbindungen Ag_2F, AgF und AgF_2 identifiziert [14].

Als einziges Element der 1. Nebengruppe bildet Silber ein gut definier-
tes Subfluorid. *Disilbermonofluorid Ag_2F* entsteht bei der Reaktion von
fein verteiltem Ag mit AgF in HF oder bei der Elektrolyse von AgF bei
geringer Stromdichte an einer Ag-Kathode [15] (Bildungsenthalpie bei
298 K = −210,7 kJ/mol). Ag_2F kristallisiert in bronzefarbenen hexagona-
len Plättchen (Anti-CdI_2-Gitter), in denen abwechselnd zwei Ag-Schichten
mit Ag – Ag-Metallbindung und eine F-Schicht mit ionischer Ag – F-Bindung angeordnet sind (d(AgAg) 2,814 und 2,996 Å; d(AgF) 2,451 Å) [16].
Es ist ein guter Elektrizitätsleiter. Bei der Hydrolyse oder der thermischen
Zersetzung entstehen Ag und AgF.

Silbermonofluorid AgF (Fp. 435 °C; Kp. ca. 1150 °C) wird beim Eindampfen einer wäßrigen Lösung von Ag_2O oder Ag_2CO_3 und HF als Dihydrat $AgF \cdot 2 H_2O$ gebildet, das bei 40 °C zum wasserfreien AgF dehydratisiert wird (Bildungsenthalpie bei 298 K = $-204,4$ kJ/mol). Es kristallisiert im NaCl-Gitter, ist elektrisch leitend und im Gegensatz zu den anderen Silberhalogeniden nicht lichtempfindlich. AgF ist in H_2O gut löslich (1820 g/l bei 15,5 °C) und bildet eine Reihe von Hydraten: $AgF \cdot H_2O$, $3 AgF \cdot 5 H_2O$; $AgF \cdot 2 H_2O$ und $AgF \cdot 4 H_2O$. Mit HF werden Komplexe der Zusammensetzungen $AgF \cdot HF$ und $AgF \cdot 3 HF$ gebildet. Die wichtigste Eigenschaft ist die Fluorierungswirkung: z. B. wird Jod zu IF_5, S zu niederen Schwefelfluoriden oxidiert. AgF addiert auch an olefinische Doppelbindungen [17].

Silberdifluorid AgF_2 (Fp. ca. 690 °C) ist die einzige bekannte binäre Ag(II)-Verbindung. Es entsteht aus den Elementen bei ca. 300 °C oder bei der Fluorierung von Silberhalogeniden als schwarzes Pulver (ΔH_f^0 (298) = $-364,9$ kJ/mol). Monoklines AgF_2 besteht aus $[AgF_{4/2}]_\infty$-Schichten mit einem durchschnittlichen Ag–F-Bindungsabstand von 2,069 Å; die sehr verzerrte oktaedrische Koordination von Ag wird durch die Bindung zu Fluoratomen aus benachbarten Schichten (d(Ag ... F) 2,59 Å) vervollständigt; die F ... Ag ... F-Achse ist um 16° gegenüber der Senkrechten auf der AgF_4-Ebene geneigt. Unterhalb -110 °C ist AgF_2 hauptsächlich antiferromagnetisch [18].

AgF_2 ist thermisch sehr stabil; der Dissoziationsdruck bei 700 °C beträgt nur etwa 0,1 bar. Es ist sehr hydrolyseempfindlich; mit H_2O entsteht Ozon. AgF_2 ist ein hervorragendes Fluorierungs- und Oxidationsmittel. Gemäß $AgF_2 \rightarrow AgF + 1/2 F_2$ ($\Delta H = 160,5$ kJ) ist die Fluorierungswirkung mit der elementaren Fluors vergleichbar. Die hervorragende katalytische Wirkung von Ag bei Fluorierungsreaktionen ist auf die intermediäre Bildung von AgF_2 zurückzuführen.

Von AgF_2 leiten sich zahlreiche Komplexsalze folgender stöchiometrischer Zusammensetzungen ab:
$M^I[AgF_3]$ (M^I = K, Rb, Cs; Struktur ähnlich $K[CuF_3]$) [19]; $M_2^I[AgF_4]$ (M^I = K, Rb, Cs); $M^{II}[AgF_4]$ (M^{II} = Ca, Sr, Ba, Cd, Hg; isostrukturell mit $K[BrF_4]$; intensiv blau-violett gefärbt) [20, 21]; $AgM^{IV}F_6$ (M^{IV} = Sn, Pb, Zr, Hf, Rh, Pd, Pt) [22]; $Ba_2[AgF_6]$ [20] und $M^I AgM^{III}F_6$ (M^I = K, Rb, Cs; M^{III} = Tl, In, Ga, Al, Sc, Fe, Co) [23]. In all diesen Komplexverbindungen liegt eine axial verzerrte oktaedrische Umgebung des Silbers vor [24].

Durch Oxidation einer Mischung von $M^I Cl$ (M = Na, K, Cs) und AgCl mit elementarem Fluor entstehen die gelben, diamagnetischen, sehr feuchtigkeitsempfindlichen *Silber(III)-Salze $M^I[AgF_4]$*, die wie die $M^{II}[AgF_4]$-Komplexe $K[BrF_4]$-Struktur mit planaren AgF_4-Einheiten besitzen [25, 26]. Bei der Einwirkung von Fluor auf ein stöchiometrisches Gemisch der Alkalimetallchloride und Silbernitrat bei 300 °C wird das gelbe Salz $KCs_2[AgF_6]$ mit oktaedrischem $[AgF_6]^{3-}$-Anion gebildet [27].

Wird die Fluorierung von Cs- und Ag-Salzen unter sehr hohem Fluordruck durchgeführt, entsteht die *Silber(IV)-Verbindung* $Cs_2[AgF_6]$ [28].

Goldfluoride

Gold bildet die beiden binären Fluoride AuF_3 und AuF_5.

Goldtrifluorid AuF_3 (Zers. 500 °C) entsteht bei der Fluorierung von Au_2Cl_6 bei ca. 200 °C [29] oder der Reaktion von Au mit BrF_3 und anschließender thermischer Zersetzung des primär gebildeten $BrF_3 \cdot AuF_3$ [30] als orangefarbener kristalliner Festkörper ($\Delta H_f = -348,2$ kJ/mol). Die Struktur ist vergleichbar mit der des $AgF_2([AgF_{4/2}])$. In AuF_3 liegen $[AuF_2F_{2/2}]_\infty$-Ketten vor, in denen quadratisch-planare AuF_4-Einheiten über cis-Fluorbrücken verknüpft sind (Abstand Au zu endständigen Fluoratomen 1,91 Å, zu Brücken-Fluoratomen 2,04 Å; Winkel (AuFAu) 116°); zwischen den Ketten treten schwache Wechselwirkungen auf (d(Au ... F) 2,69 Å), so daß jedes Au-Atom verzerrt oktaedrische Umgebung besitzt (Abb. 3.1. – 1) [31]. AuF_3 ist bis 500 °C beständig, oberhalb 500 °C zerfällt es in die Elemente. Es wirkt als starkes Fluorierungsmittel.

Komplexsalze mit dem $[AuF_4]^-$-Anion werden bei der Fluorierung von Au oder Goldchloriden und Alkali- bzw. Erdalkalimetallsalzen als gelbe kristalline Festkörper gewonnen [25, 30, 32]. $K[AuF_4]$ kristallisiert im $K[BrF_4]$-Typ (d(AuF) 1,95 Å). Wechselwirkungen zwischen den komplexen Anionen sind nur schwach (d(Au ... F) 3,12 Å) [25, 33, 34].

Goldpentafluorid AuF_5 entsteht bei der Vakuumthermolyse von $O_2[AuF_6]$ [35] oder $[KrF][AuF_6]$ [36] als gelber, diamagnetischer, über Fluorbrücken verknüpfter Festkörper. Inzwischen sind mehrere Komplexsalze bekannt, in denen die $[AuF_6]$-Gruppe weitgehend oktaedrisch (d(AuF) 1,86 Å) gebaut ist; dies stimmt mit der erwarteten t_{2g}^8-Konfiguration von Au(V) überein [37].

Die Präparation der Komplexsalze kann auf verschiedenen Wegen erfolgen: z. B. die Fluorierung von AuF_3 bei 400 °C in Gegenwart eines XeF_2- oder XeF_6-Überschusses ergibt $[Xe_2F_{11}][AuF_6]$, das bei 110 °C mit CsF zu $Cs[AuF_6]$ reagiert [37, 38]; $Cs[AuF_6]$ entsteht auch bei der Reaktion von $Cs[AuF_4]$ mit Fluor [38]. Wird metallisches Au bei 300 – 350 °C mit

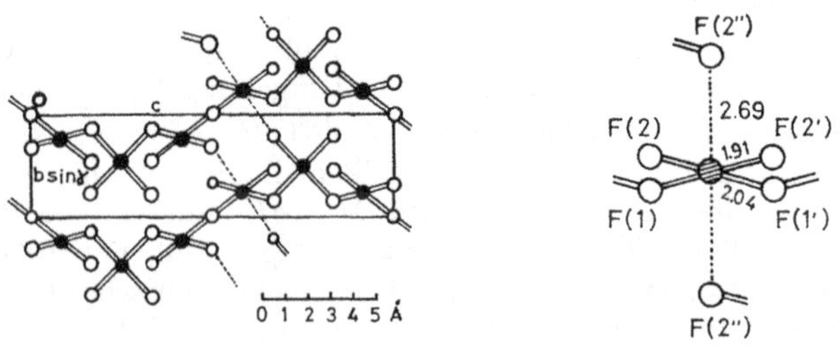

Abb. 3.1. – 1   Struktur von AuF_3, nach Einstein, Rao, Trotter und Bartlett [31]

106

5 bar eines 3 : 1-Gemisches aus F_2 und O_2 umgesetzt, bildet sich $O_2[AuF_6]$ [39]; $[KrF][AuF_6]$ ist aus der Reaktion von KrF_2 mit Au bei 20 °C erhältlich [36]. Alle Au(V)-Verbindungen sind starke Oxidationsmittel; in den Komplexsalzen wird AuF_5 von SbF_5 verdrängt, und in einer Lösung von AuF_5 und SbF_5 in IF_5 entstehen $[IF_6][SbF_6]$ und AuF_3 [40].

Literatur

1. *J. M. Crabtree, C. S. Lees* und *K. Little,* J. inorg. nucl. Chem. **1**, 213 (1955); *L. van My, G. Perinet* und *P. Bianco,* J. Chem. Phys. **63**, 713 (1966); *P. E. Brown, J. M. Crabtree* und *A. E. Spakowski,* J. Electrochem. Soc. **111**, 633 (1964); *R. L. Ritter* und *H. A. Smith,* J. Phys. Chem. **70**, 805 (1966); **71**, 2036 (1967).
2. *C. Billy* und *H. M. Haendler,* J. Amer. Chem. Soc. **79**, 1049 (1957).
3. *D. W. Clack* und *W. T. Williams,* J. inorg. nucl. Chem. **35**, 3535 (1973).
4. *R. A. Kent, J. D. McDonald* und *J. L. Margrave,* J. Phys. Chem. **70**, 874 (1966).
5. *S. Geller* und *W. L. Bond,* J. Chem. Phys. **29**, 925 (1958); *S. C. Abrahams* und *E. Prince,* J. Chem. Phys. **36**, 50, 57 (1962).
6. *P. M. Treichel* und G. E. Dirreen, J. Organomet. Chem. **39**, C 20 (1972); *S. Gifford, W. Cherry, J. Jecman* und *M. Readnour,* Inorg. Chem. **13**, 1434 (1974).
7. *J. Portier, A. Tressaud* und *J.-L. Dupin,* Compt. rend. **270 C**, 216 (1970); *D. Dumora, C. Fouassier, R. von der Mühll, J. Ravez* und *P. Hagenmuller,* Compt. rend. **273 C**, 247 (1971); *H. G. von Schnering, B. Kolloch* und *A. Kolodziejczik,* Angew. Chem. **83**, 440 (1971); *H. G. von Schnering,* Z. anorg. allg. Chem. **400**, 201 (1973); *A. Chretien* und *M. Samoue,* Mh. Chem. **103**, 17 (1972); *C. Friebel* und *D. Reinen,* Z. anorg. allg. Chem. **402**, 29 (1973); **407**, 193 (1974); *C. Friebel,* Z. Naturforsch. **29 b**, 295, 634 (1974).
8. *R. Hoppe* und *R. Jesse,* Z. anorg. allg. Chem. **402**, 29 (1973); **403**, 143 (1974).
9. *G. C. Allen* und *K. D. Warren,* Inorg. Chem. **8**, 1895 (1969); *J. Grannec, J. Portier, M. Pouchard* und *P. Hagenmuller,* J. inorg. nucl. Chem. Supplement **1976**, 119.
10. *T. L. Court* und *M. F. A. Dove,* J. C. S. Chem. Comm. **1971**, 726.
11. *S. Schneider* und *R. Hoppe,* Z. anorg. allg. Chem. **376**, 268 (1970); *J. Grannec, P. Sorbe, J. Portier* und *P. Hagenmuller,* Compt. rend. **280 C**, 45 (1975).
12. *W. Harnischmacher* und *R. Hoppe,* Angew. Chem. **85**, 590 (1973).
13. *P. Sorbe, J. Grannec, J. Portier* und *P. Hagenmuller,* Compt. rend. **282 C**, 663 (1976).
14. *P. M. O'Donnell,* J. Electrochem. Soc. **117**, 1273 (1970).
15. *A. Hettich,* Z. anorg. allg. Chem. **167**, 67 (1927).
16. *G. Argay* und *I. Naray-Szabo,* Acta Chim. Acad. Sci. Hung. **49**, 329 (1966).
17. *W. T. Miller* und *R. J. Burnard,* J. Amer. Chem. Soc. **90**, 7367 (1968).
18. *P. Charpin, P. Plurien* und *P. Mériel,* Bull. Soc. Fr. Minéral Cristallogr. **93**, 7 (1970).
19. *R. H. Odenthal* und *R. Hoppe,* Mh. Chem. **102**, 1340 (1971).
20. *R. H. Odenthal, D. Paus* und *R. Hoppe,* Z. anorg. allg. Chem. **407**, 151 (1974).
21. *R. H. Odenthal* und *R. Hoppe,* Z. anorg. allg. Chem. **385**, 92 (1971); Naturwiss. **57**, 305 (1970).
22. *R. Hoppe* und *B. Müller,* Naturwiss. **56**, 35 (1969); *B. Müller* und *R. Hoppe,* Z. anorg. allg. Chem. **392**, 37 (1972).
23. *B. Müller* und *R. Hoppe,* Z. anorg. allg. Chem. **395**, 239 (1972).

24. *G. C. Allen, R. F. McMeeking, R. Hoppe* und *B. Müller*, J. C. S. Chem. Comm. **1972**, 291; *C. Friebel* und *D. Reinen*, Z. anorg. allg. Chem. **413**, 51 (1975); *G. C. Allen* und *R. F. McMeeking*, J. C. S. Dalton Trans. **1976**, 1063.
25. *R. Hoppe* und *R. Homann*, Z. anorg. allg. Chem. **379**, 193 (1970).
26. *A. J. Edwards, R. G. Plevey* und *M. P. Steward*, J. Fluorine Chem. **1**, 246 (1971).
27. *R. Hoppe* und *R. Homann*, Naturwiss. **53**, 501 (1966).
28. *P. Sorbe, J. Grannec, J. Portier* und *P. Hagenmuller*, 6. Europäisches Fluorsymposium, Dortmund, 1977, Abstract I 50.
29. *L. B. Asprey, F. H. Kruse, K. H. Jack* und *R. Maitland*, Inorg. Chem. **3**, 602 (1964).
30. *A. G. Sharpe*, J. Chem. Soc. **1949**, 2901.
31. *F. W. B. Einstein, P. R. Rao, J. Trotter* und *N. Bartlett*, J. Chem. Soc. **A 1967**, 478.
32. *R. Hoppe* und *W. Klemm*, Z. anorg. allg. Chem. **268**, 364 (1952).
33. *A. J. Edwards* und *G. R. Jones*, J. Chem. Soc. **A 1969**, 1936.
34. *M. O. Faltens* und *D. A. Shirley*, J. Chem. Phys. **53**, 4249 (1970).
35. *M. J. Vasile, T. J. Richardson, F. A. Stevie* und *W. E. Falconer*, J. C. S. Dalton Trans. **1976**, 351.
36. *J. H. Holloway* und *G. J. Schrobilgen*, J. C. S. Chem. Comm. **1975**, 623.
37. *K. Leary, A. Zalkin* und *N. Bartlett*, J. C. S. Chem. Comm. **1973**, 131; Inorg. Chem. **13**, 775 (1974).
38. *K. Leary* und *N. Bartlett*, J. C. S. Chem. Comm. **1972**, 903.
39. *A. J. Edwards, W. E. Falconer, J. E. Griffiths, W. A. Sunder* und *M. J. Vasile*, J. C. S. Dalton Trans. **1974**, 1129.
40. *N. Bartlett* und *K. Leary*, Rev. Chim. Minérale **13**, 82 (1976).

3.2. Fluoride von Zink, Cadmium und Quecksilber

Die Elemente Zink, Cadmium und Quecksilber liegen in ihren Fluoriden zweiwertig, Quecksilber auch einwertig vor. Der Ionencharakter nimmt in der Reihe Zn > Cd $\gg$ Hg ab. ZnF_2 und CdF_2 besitzen eindeutig einen stärker ionischen Charakter als die anderen Halogenide der gleichen Elemente, während die Hg-fluoride mit den Hg-chloriden vergleichbar sind.

Zinkfluoride

Zinkdifluorid ZnF_2 (Fp. 872 °C; Kp. 1502 °C) entsteht bei der Reaktion von ZnO mit Flußsäure zunächst als Tetrahydrat $[Zn(H_2O)_4]F_2$, das bei 100 °C entwässert werden kann; wasserfreies ZnF_2 bildet sich direkt, wenn HF über elementares Zink bei Rotglut geleitet wird. Das wasserfreie Salz kristallisiert im Rutilgitter (d(ZnF) $2\times2{,}02$ Å, $4\times2{,}04$ Å) [1]; die Gitterenergie beträgt 2970 kJ/mol [2]; das ZnF_2-Molekül ist linear gebaut (d(ZnF) 1,81 Å). Es ist in H_2O schwerlöslich (ca. 0,0005 g/100 g H_2O bei

18 °C), während das Tetrahydrat eine höhere Löslichkeit besitzt (1,8 g/100 g H_2O bei 18 °C). Die Hydrolyse bei 500 °C gibt ZnO und HF. Wasserfreies ZnF_2 ist nicht hygroskopisch, es wirkt bei Reaktionen mit Nichtmetallhalogeniden als mildes Fluorierungsmittel. Beim Erhitzen mit H_2 erfolgt Reduktion: $ZnF_2 + H_2 \rightarrow Zn + 2\,HF$. In Natronlauge bildet sich das basische Fluorid Zn(OH)F, und in wäßriger Ammoniaklösung entsteht das Komplexsalz $(NH_4)_2[ZnF_4] \cdot 2\,H_2O$.

Beim Zusammenschmelzen der entsprechenden Metallfluoride bilden sich *Komplexsalze* der Zusammensetzungen $M^I[ZnF_3]$ (M^I = Na, K, Rb, Cs, NH_4, Ag); $M_2^I[ZnF_4]$ (M^I = K, Rb, NH_4); $M^{II}[ZnF_4]$ (M^{II} = Ca, Sr, Ba) und $M_2^{II}[ZnF_6]$ (M^{II} = Ba, Pb). In den Salzen besitzt Zink Hexakoordination. Die Salze $M^I[ZnF_3]$ kristallisieren in einer verzerrten Perowskit-Struktur [3] (Schwingungsspektren von $K[ZnF_3]$ [4]). Enthalpiemessungen an geschmolzenen Mischungen von ZnF_2 und KF zeigen, daß als anionischer Komplex hauptsächlich $[ZnF_3]^-$ oder ein Polymeres dieser Zusammensetzung vorliegt [5]. Für die Salze $M^{II}[ZnF_4]$ ist Scheelit-Struktur gefunden worden [6]. $K_2[ZnF_4]$ ist isomorph mit $K_2[CoF_4]$ (Koordinationszahl 6).

Cadmiumfluoride

Cadmiumdifluorid CdF_2 (Fp. 1110 °C; Kp. 1747 °C) entsteht analog ZnF_2. Es kristallisiert im Fluoritgitter (d(CdF) 2,33 Å); die Gitterenergie beträgt 2770 kJ/mol [2]. In H_2O ist CdF_2 besser löslich als ZnF_2 (4,35 g/100 g H_2O bei 25 °C). CdF_2 bildet ein Dihydrat und ein Tetrahydrat; mit Ammoniak entsteht der Komplex $CdF_2 \cdot 2\,NH_3$, der bei der Hydrolyse $NH_4[Cd(OH)F_2]$ ergibt [7]. Aus den Schmelzen der entsprechenden Fluoride lassen sich die den Zinkverbindungen entsprechenden Komplexsalze $M^I[CdF_3]$ (M^I = K, Rb, Cs, NH_4, Tl) und $M_2^I[CdF_4]$ (M^I = K, Rb) gewinnen.

Quecksilberfluoride

Diquecksilberdifluorid Hg_2F_2 (Fp. 570 °C) wird bei den Reaktionen von Hg_2CO_3 mit HF oder $Hg_2(NO_3)_2$ mit NaF in Form kleiner gelber, sublimierbarer, hydrolyseempfindlicher Kristalle gebildet (d(HgHg) 2,507 Å; d(HgF) 2×2,14; 4×2,715 Å [8]). Bei der Hydrolyse entsteht HF, Hg und HgO. Hg_2F_2 ist lichtempfindlich, bei 240 °C wird auch Glas angegriffen. Mit überschüssigem Schwefel bildet sich $Hg_3S_2F_2$ [9]; in Festkörperreaktionen mit Br_2 oder I_2 entstehen die gemischten Hg(II)-halogenide HgBrF und HgFI [10].

Quecksilberdifluorid HgF_2 (Fp. 645 °C) entsteht bei der Fluorierung von Hg oder Hg(II)-Verbindungen als weiße, im Fluoritgitter kristallisierende

Verbindung (d(HgF) 2,40 Å; Gitterenergie 2740 kJ/mol [2]). HgF_2 ist leicht flüchtig (Dampfdruck bei 275 °C 77 mbar, bei 333 °C 485 mbar). Es bildet ein Dihydrat, wird in wäßriger Lösung schnell zersetzt zu HgO und HF. Mit NH_3 bildet sich $HgF_2 \cdot 2\,NH_3$, welches zu $Hg(NH_2)F$ hydrolysiert wird [7]. HgF_2 ist ein gutes Fluorierungsmittel für viele organische und anorganische Verbindungen, aber auch viele Elemente, z. B. Cu, Pb, Sn, Mg, Cr, As, S werden von HgF_2 fluoriert; mit trockenem Cl_2 oder Br_2 bilden sich bei 120° bzw. 105 °C die gemischten Halogenide HgClF bzw. HgBrF. Mit Elementfluoriden entstehen die Komplexsalze $M^I[HgF_3]$ ($M^I = K$ (orthorhombisch), Rb, Cs (kubisch)), die Perowskit-Struktur besitzen [11] bzw. $M_2^I[HgF_4]$.

Literatur

1. *W. H. Bauer*, Acta Cryst. **11**, 488 (1958).
2. *T. C. Waddington*, Adv. Inorg. Chem. Radiochem. **1**, 157 (1959).
3. *D. J. Machin, R. L. Martin* und *R. S. Nyholm*, J. Chem. Soc. **1963**, 1490; *D. J. Machin* und *R. S. Nyholm*, J. Chem. Soc. **1963**, 1500; *J. Portier, A. Tressaud* und *J.-L. Dupin*, Compt. rend. **270 C**, 216 (1970).
4. *A. P. Lane, D. W. A. Sharp, J. M. Barraclough, D. H. Brown* und *D. A. Paterson*, J. Chem. Soc. **A 1971**, 94.
5. *G. J. Kleppa* und *M. Wakihara*, J. inorg. nucl. Chem. **38**, 715 (1976).
6. *H. G. von Schnering* und *P. Bleckmann*, Naturwiss. **52**, 538 (1965).
7. *S. A. Polishchuk, S. P. Kozerenko* und *Yu. V. Gagarinskii*, J. Less Common Met. **34**, 261 (1974).
8. *E. Dorm*, J. C. S. Chem. Comm. **1971**, 466.
9. *K. Köhler* und *D. Breitinger*, Naturwiss. **61**, 684 (1974).
10. *R. P. Rastogi, B. L. Dubey* und *N. D. Agrawal*, J. inorg. nucl. Chem. **37**, 1167 (1975).
11. *R. Hoppe* und *R. Homann*, Z. anorg. allg. Chem. **369**, 212 (1969).

3.3. Fluoride von Scandium, Yttrium, Lanthan und den Lanthaniden

Charakteristisch für die Elemente der 3. Nebengruppe und die Lanthanide (Ln) ist die Oxidationsstufe $+3$; die Lanthanide Ce, Pr, Nd sowie Tb und Dy bilden auch Verbindungen in der Oxidationsstufe $+4$; von den Lanthaniden Sm, Eu und Yb sind noch die Difluoride LnF_2 bekannt.

Trifluoride ScF_3, YF_3, LaF_3 und LnF_3

Die Trifluoride von Scandium, Yttrium, Lanthan und den Lanthaniden sind in H_2O schwerlöslich und können daher durch Zugabe von Fluoriden oder Flußsäure aus wäßrigen Lösungen ihrer Salze als Hydrate ausgefällt werden. Die wasserfreien Salze entstehen auch bei der Reaktion der Sesquioxide Ln_2O_3 mit HF oder – außer bei Ce, Pr und Tb, die zu Tetrafluoriden oxidiert werden – durch Fluorierung der Elemente mit elementarem Fluor. Scandiumtrifluorid ScF_3 kristallisiert in einer verzerrten ReO_3-Struktur; das ScF_3-Molekül ist planar (D_{3h}-Symmetrie; d(ScF) 1,91 Å) [1]. Die Trifluoride LaF_3, CeF_3, PrF_3, NdF_3 und PmF_3 kristallisieren im LaF_3-Typ (s. Abb. 3.3. – 1) [2, 3], die restlichen Trifluoride YF_3, SmF_3, EuF_3, GdF_3, TbF_3, DyF_3, HoF_3, ErF_3, TmF_3, YbF_3 und LuF_3 im YF_3-Typ (Abb. 3.3. – 2) [2, 4]. LaF_3-Kristalle, die zur Erhöhung der Leitfähigkeit mit EuF_2 gedopt sind, werden als ionenspezifische Elektroden für die Fluoridionen-Bestimmung in Lösung benutzt. In den Systemen

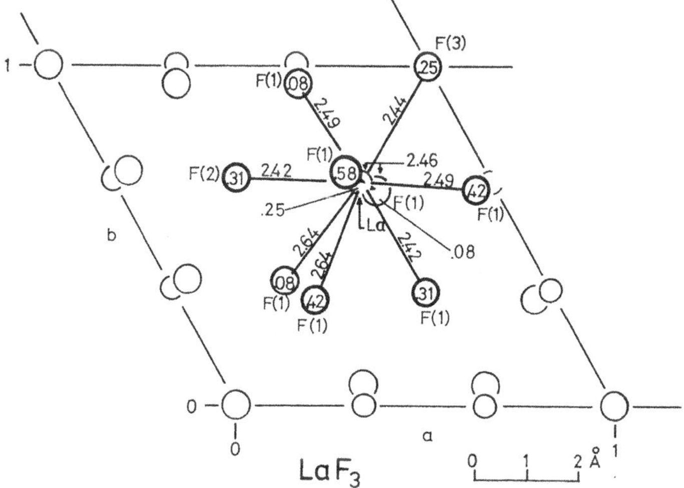

Abb. 3.3. – 1 Koordination von La^{3+} in LaF_3, Projektion auf die c-Achse, nach Zalkin, Templeton und Hopkins [3]

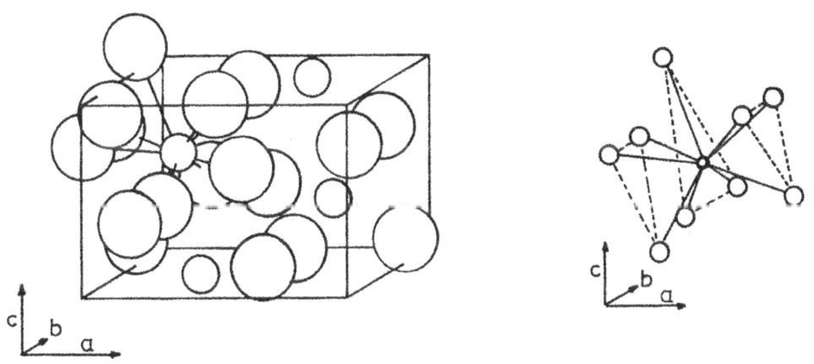

Abb. 3.3. – 2 Struktur von YF_3 nach Zalkin und Templeton [4]

$LnF_3 - M^IF$ (M^I = Alkalimetall, Ag) bilden sich komplexe Fluoride, die in Abhängigkeit von der Stöchiometrie der Reaktionspartner die Zusammensetzungen $M^I[LnF_4]$, $M_2^I[LnF_5]$, $M_3^I[LnF_6]$ und auch $M^I[Ln_2F_7]$, $M^I[Ln_3F_{10}]$ etc. haben können. Die meisten Hexafluorometallate $M_3^I[LnF_6]$ haben Kryolith-Struktur; viele Tetrafluorometallate $M^I[LnF_4]$ kristallisieren in einem verzerrten Fluoritgitter. Die NH_4-Salze werden am besten aus der Umsetzung der Sesquioxide mit $NH_4[HF_2]$ erhalten.

Difluoride LnF_2

Difluoride sind nur von Sm, Eu und Yb bekannt. Sie werden durch Reduktion der Trifluoride mit H_2 oder den entsprechenden Metalldämpfen dargestellt [5] und kristallisieren im Fluoritgitter. EuF_2 wandelt sich bei 400 °C, 114 kbar, in die orthorhombische $PbCl_2$-Struktur um. Die chemischen Eigenschaften entsprechen weitgehend denen des SrF_2. Beim Erhitzen auf sehr hohe Temperatur erfolgt Disproportionierung in LnF_3 und metallisches Ln. In dem Schmelzsystem $EuF_2 - EuF_3$ bzw. $SrF_2 - EuF_3$ werden Verbindungen der Formen Eu_3F_7, $Eu_{14}F_{33}$, $Eu_{27}F_{64}$ bzw. Sr_2EuF_7, $Sr_9Eu_5F_{33}$, $Sr_{17}Eu_{10}F_{64}$ u. a. gebildet [6]. Ähnlich verhalten sich auch die Difluoride von Sm und Yb.

Tetrafluoride LnF_4

Die Tetrafluoride CeF_4 und TbF_4 entstehen bei der Fluorierung der Metalle oder von Ln(III)-Verbindungen als farblose Festkörper; PrF_4 ist durch Fluorierungsreaktionen nicht direkt zugänglich, sondern wird am besten bei der Umsetzung von $Na_2[PrF_6]$ mit wasserfreiem HF gewonnen. Die Tetrafluoride kristallisieren im UF_4-Gitter (quadratisch-antiprismatische Anordnung von 8 Fluoratomen im Abstand von 2,20 bis 2,28 Å um das Metallatom). PrF_4 zersetzt sich schon bei 90 °C zu PrF_3 und Fluor; dagegen sind CeF_4 und TbF_4 thermisch recht stabil und werden erst bei höherer Temperatur in Gegenwart von H_2O- oder NH_3-Dampf oder H_2 reduziert. Außer von Ce, Pr und Tb sind auch noch von Nd und Dy Fluorometallate(IV) existent, die die Zusammensetzungen $M^I[LnF_5]$, $M_2^I[LnF_6]$, $M_3^I[LnF_7]$ und $M_4^I[LnF_8]$ haben können. So ist z. B. $(NH_4)_4[CeF_8]$ aus der Reaktion von CeF_4 mit NH_4F-Lösung erhältlich; die thermische Zersetzung dieses Salzes ergibt primär $(NH_4)_2[CeF_6]$; aus 28%iger wäßriger Lösung von NH_4F kristallisiert $(NH_4)_3[CeF_7] \cdot H_2O$ aus [7]. In $(NH_4)_3[CeF_7] \cdot H_2O$ ist Ce 8fach koordiniert, wobei zwei $[CeF_8]$-Dodekaeder entlang einer Kante zu zentrosymmetrischen $[Ce_2F_{14}]^{6-}$-Einheiten verknüpft sind [8]; in $(NH_4)_2[CeF_6]$ sind die Anionen über Fluorbrücken zu Ketten verknüpft, wobei jedes Cer-Atom quadratisch-antiprismatisch von 8 Fluoratomen umgeben ist [9]. Tb_2O_3 reagiert in Gegenwart von Alkalimetallchloriden mit F_2 zu einer ganzen Reihe von Tb(IV)-Komplexen $M^I[TbF_5]$, $M_2^I[TbF_6]$, $M_3^I[TbF_7]$, $M^I[Tb_2F_9]$, $Cs_3[Tb_2F_{11}]$, $Na_5[Tb_2F_{13}]$, $Rb_2[Tb_3F_{14}]$ sowie $M^I[Tb_6F_{25}]$ und $M_7^I[Tb_6F_{31}]$ [10].

Literatur

a) Übersichtsartikel
N. E. Topp, The Chemistry of the Rare-Earth Elements, Elsevier – Amsterdam, 1965.
D. Brown, Halides of the Lanthanides and Actinides, Wiley & Sons – London, 1968.
D. A. Johnson, Recent Advances in the Chemistry of the Loss-Common Oxidation States of the Lanthanide Elements, Adv. Inorg. Chem. Radiochem. **20,** 1 (1977).

b) Spezielle Literatur
1. *R. H. Hauge, J. W. Hastie* und *J. L. Margrave,* J. Less Common Met. **23,** 359 (1971).
2. *J. R. Peterson* und *B. B. Cunningham,* J. inorg. nucl. Chem. **30,** 1775 (1968).
3. *A. Zalkin, D. H. Templeton* und *T. E. Hopkins,* Inorg. Chem. **5,** 1466 (1966).
4. *A. Zalkin* und *D. H. Templeton,* J. Amer. Chem. Soc. **75,** 2453 (1953).
5. *T. Petzel* und *O. Greis,* Z. anorg. allg. Chem. **396,** 95 (1973) und dort zitierte Literatur.
6. *T. Petzel,* Inorg. Nucl. Chem. Lett. **10,** 119 (1974); *O. Greis,* Z. anorg. allg. Chem. **441,** 39 (1978).
7. *R. A. Penneman* und *A. Rosenzweig,* Inorg. Chem. **8,** 627 (1969).
8. *R. R. Ryan* und *R. A. Penneman,* Acta Cryst. **B 27,** 1939 (1971).
9. *R. R. Ryan, A. C. Larson* und *F. H. Kruse,* Inorg. Chem. **8,** 33 (1969).
10. *D. Avignant* und *J. C. Cousseins,* Compt. rend. **278 C,** 613 (1973).

3.4. Fluoride der Aktiniden

Zahlreiche binäre Fluoride der Aktiniden (An) sind bekannt: die Trifluoride AnF_3 (An = Ac und U bis Cf), die Tetrafluoride AnF_4 (An = Th bis Cf), die Pentafluoride PaF_5, UF_5 und NpF_5 sowie die Hexafluoride UF_6, NpF_6 und PuF_6. Daneben existieren noch gemischte Fluoride wie An_2F_9 und An_4F_{17} (An = Pa, U) sowie Oxidfluoride und Derivate der genannten Verbindungen.

Trifluoride AnF_3

Die Trifluoride AnF_3 (An = Ac, U bis Cf) können aus wäßriger Lösung, in der An^{3+}-Ionen vorliegen, durch Zusatz von Fluoridionen als wasserhaltige, schwerlösliche Fluoride ausgefällt und durch Erhitzen mit HF wasserfrei erhalten werden. Andere Darstellungsmethoden sind die Reaktion der Sesquioxide An_2O_3 mit HF bei höherer Temperatur oder die Reduktion der höheren Fluoride oder Oxide mit einem H_2-HF-Gemisch bei 500–700 °C. Die Trifluoride haben alle LaF_3-Struktur, BkF_3 und CfF_3 jedoch nur als Hochtemperaturform. Die Tieftemperaturformen von BkF_3 und CfF_3 kristallisieren im YF_3-Typ [1]. Die Stabilität gegen Oxidationsmittel ist unterschiedlich; so wird AcF_3 nicht weiter oxidiert. UF_3 ist das instabilste aller Trifluoride, U^{3+} wird schon an der Luft und langsam auch durch H_2O oxidiert. Die Fluorierung bei höherer Temperatur führt entweder zu Hexafluoriden (U, Np, Pu) oder Tetrafluoriden (Am bis Cf). Nur wenige Fluorokomplexe $M^I[AnF_4]$ (M^I = Na, K) sind bekannt, die Na-Salze sind mit $Na[LaF_4]$ isostrukturell.

Tetrafluoride AnF_4

Die Tetrafluoride ThF_4, PaF_4 und UF_4 entstehen u. a. bei der Fluorierung der Dioxide mit HF oder F_2, während die Tetrafluoride von Np bis Cf am besten aus den Trifluoriden mit elementarem Fluor bei 300–500 °C gewonnen werden. Sie sind hochschmelzende, in H_2O schwerlösliche Festkörper. Alle Tetrafluoride kristallisieren in UF_4-Typ (8 Fluoratome in leicht verzerrter quadratisch-antiprismatischer Anordnung um das Metallatom; d(AnF) 2,249 bis 2,318 Å; Gitterkonstanten [2]). Im Dampf liegen monomere Moleküle (C_{2v}-Symmetrie) vor. Von elementarem Fluor werden nur noch PaF_4 (→ PaF_5) und UF_4, NpF_4, PuF_4 (→ AnF_6) oxidiert, die restlichen AnF_4 sind gegen F_2 stabil. Die Tetrafluoride bilden Hydrate, die beim Erhitzen in HF-Atmosphäre entwässert werden können. Beim Erhitzen der stöchiometrischen Mengen von AnF_4 und Alkalimetallfluoriden M^IF entstehen Komplexsalze, in denen die Aktinidenmetalle hauptsächlich 8fach, 9fach oder 10fach koordiniert sind, und die z. T. komplizierte Strukturen haben. So gibt es z. B. zahlreiche Verbindungen der Zusammensetzungen $M^I[AnF_5]$, $M_2^I[AnF_6]$, $M^{II}[AnF_6]$, $M_3^I[AnF_7]$, $M_4^I[AnF_8]$, aber auch $M^I[An_2F_9]$, $M_7^I[An_2F_{15}]$, $M^I[An_3F_{13}]$, $M^I[An_6F_{25}]$, $M_7^I[An_6F_{31}]$. Bemerkenswert ist, daß Verbindungen gleicher Stöchiometrie hier oftmals unterschiedliche Strukturen besitzen. So ist Th im $(NH_4)_4[ThF_8]$ 9fach koordiniert, wobei $[ThF_8]$-Einheiten über Fluorbrücken zu langen Ketten verknüpft sind, während in $(NH_4)_4[UF_8]$ oder $(NH_4)_4[AmF_8]$ diskrete $[AnF_8]$-Einheiten mit quadratisch-antiprismatischer Anordnung vorliegen [3].

Pentafluoride AnF_5

Pentafluoride sind von Pa, U und Np bekannt; Pu(V) kommt nur in Form von Fluorokomplexen vor. PaF_5 (weiß) und UF_5 (weißblau) entstehen bei der Reaktion der Tetrafluoride mit F_2 bei 700 °C bzw. 240 °C. Bei der Einwirkung von HF-Dampf auf wasserhaltiges Pa_2O_5 bildet sich bei 60 °C das Hydrat $PaF_5 \cdot H_2O$; beim Eindampfen einer Lösung von $Pa_2O_5 \cdot n\,H_2O$ in Flußsäure bei 110 °C wird das Dihydrat $PaF_5 \cdot 2\,H_2O$ gebildet. Die Hydrate gehen bei der thermischen Zersetzung in Oxidfluoride über [4]. Das am besten untersuchte AnF_5 ist UF_5, für das eine Reihe weiterer Synthesemethoden beschrieben wurden, z. B. Reduktion von UF_6 mit H_2-HF, mit Si-Pulver in wasserfreiem HF, durch UV-Bestrahlung in Gegenwart von H_2, mit HBr in HF [5]. Die besten Ausbeuten an β-UF_5 werden bei der Reduktion von UF_6 mit CO durch UV-Bestrahlung [6] und der Reaktion von UF_6 mit I_2 in IF_5 [7] jeweils bei Raumtemperatur erhalten. Analog der letzten Reaktion ist auch die Bildung von NpF_5 beschrieben worden ($NpF_6 + I_2$ in IF_5) [8]. Von UF_5 existieren zwei tetragonale Modifikationen α-UF_5, β-UF_5; PaF_5 und NpF_5 sind mit β-UF_5 isomorph. Die Tieftemperaturmodifikation β-UF_5 (bis 125 °C stabil) liegt in einer Raumstruktur $[UF_3F_{4/2}]_\infty$ vor (Koordinationszahl 7), während α-UF_5 Ketten mit trans-F-verknüpften $[UF_6]$-Einheiten bildet [9]. Matrixisolierte UF_5-Moleküle besitzen C_{4v}-Symmetrie [10]. PaF_5 und UF_5 sind in Flußsäure gegen Hydrolyse sehr stabil; aus UF_5-Lösungen lassen sich beim Abkühlen auf -10 °C große, blaue Kristalle der Form $HUF_6 \cdot 2,5\,H_2O$ isolieren. Als Derivate der Pentafluoride seien Halogenaustauschprodukte mit Chloriden [11] und die Verbindungen $UF_{5-n}(SO_3F)_n$ ($n = 2, 3, 4$) [12] genannt.

Beim Erhitzen eines Gemischs aus UF_4 und UF_6 auf ca. 100 °C entstehen neben UF_5 auch die gemischt-valenten Fluoride U_2F_9, U_4F_{17} und U_5F_{22}; ähnliche Formen werden gebildet in Pa_2F_9, Pa_4F_{17} und Pu_4F_{17}. Das schwarze U_2F_9 hat kristallographisch identische U-Atome, von denen jedes 9fach koordiniert ist; hierin sind dreifach verkappte trigonal-prismatische Polyeder symmetrisch über Fluorbrücken verknüpft [13].

Bei den Reaktionen von PaF_5 oder UF_5 mit Fluoriden in HF oder bei den Reaktionen von UF_6, NpF_6 oder PuF_6 mit Fluoriden werden die Fluorometallate(V) $M^I[AnF_6]$, $M^I_2[AnF_7]$, $M^I_3[AnF_8]$ gebildet, wobei die Np- und Pu-Verbindungen nur durch Festkörperreaktionen zugänglich sind (M^I = Alkalimetall, aber auch NH_4, Ag, Tl, NO, NO_2, N_2H_6-Verbindungen sind bekannt). In $M^I_3[AnF_8]$ liegt An im Zentrum eines regelmäßigen Würfels von 8 Fluoratomen umgeben vor (d(PaF) 2,21 Å; d(UF) 2,21 Å; d(NpF) 2,19 Å) [14]. In den restlichen Salzen sind – bis auf wenige Ausnahmen, z. B. $Cs[UF_6]$ – die Anionen über Fluorbrücken zu Ketten verknüpft. Von Uran sind auch hydratisierte Komplexe $M^{II}[U_2F_{12}] \cdot 4\,H_2O$ (M^{II} = Co, Ni, Cu) beschrieben worden [15].

Hexafluoride AnF_6

Die Hexafluoride UF_6 (Fp. 64,0 °C (1,5 bar), Subl. 56,5 °C; weiß), NpF_6 (Fp. 54,9 °C; Kp. 55,2 °C, orange) und PuF_6 (Fp. 52 °C, Kp. 62,2 °C, rötlichbraun) entstehen als niedrigschmelzende, flüchtige Festkörper bei der Fluorierung der Tri- oder Tetrafluoride mit F_2 bei $400-750\,°C$ oder mit PtF_6 bei $25\,°C$ (Bildungsenthalpien ΔH_f^0 $(298) = -2186$ (UF_6), -1935 (NpF_6), -1797 (PuF_6) kJ/mol). Für das auch technisch wichtige UF_6, das zur Trennung der Isotope ^{235}U und ^{238}U aus Natururan mittels Gasphasediffusion von Bedeutung ist, eignet sich auch die Photosynthese aus UF_4 in flüssigem F_2 zur Darstellung [16]. Die Hexafluoride bilden Molekülgitter, in denen leicht verzerrte AnF_6-Oktaeder vorliegen (d(UF) $1,996\,\text{Å}$; d(NpF) $1,981\,\text{Å}$; d(PuF) $1,971\,\text{Å}$) [17]. Es sind starke Oxidations- und Fluorierungsmittel; ein Vergleich einiger Metallhexafluoride ergibt eine Reihe abnehmender Oxidationsstärke $PtF_6 > PuF_6 > NpF_6 > UF_6 > MoF_6 > WF_6$. UF_6 hat sich auch als Oxidationsmittel für organische Synthesen bewährt [18]. Bei $25\,°C$ werden in $CH_3\,CN$ die Metalle Cu, Cd und Tl von UF_6 oxidiert [19]. Die Hexafluoride AnF_6 sind leicht hydrolysierbar; bei vorsichtiger Hydrolyse in HF bilden sich die Oxidfluoride $AnOF_4$ [20].

Mit Graphit entsteht bei $25\,°C/0,1$ bar eine sehr stabile Einschlußverbindung $C_{9,1}UF_6$ [21]. Während NpF_6 und PuF_6 bei der Reaktion mit Alkalimetallfluoriden reduziert werden (z. B.: $PuF_6 + M^IF \rightarrow M^I[PuF_6] + 1/2\,F_2$), sind einige Fluorouranate(VI) bekannt: $M^I[UF_7]$; $M^I_2[UF_8]$, $M^I_3[UF_9]$ ($M^I =$ Alkalimetall) sowie $Cu[UF_7]_2$ und $Na_3[U_2F_{15}]$ [19, 22].

Oxidfluoride

Es sind Oxidfluoride der Zusammensetzungen $AnOF$ (An = Ac, Th, Pu, Bk, Cf), $AnOF_2$ (An = Th), $AnOF_3$ (An = Np), AnO_2F (An = Pa, U, Np), An_2OF_8 (An = Pa, U), $AnOF_4$ (An = U, Np, Pu) und AnO_2F_2 (An = U, Np, Pu, Am) beschrieben worden.

Die Oxidfluoride AnOF sind hochschmelzende, nicht-flüchtige Festkörper, die im Fluoritgitter kristallisieren. $ThOF_2$ entsteht als weißer Festkörper aus ThO_2 und ThF_4 bei hoher Temperatur; die Existenz weiterer Verbindungen $AnOF_2$ ist umstritten. Das grüne $NpOF_3$ wird bei der Reaktion von Np_2O_5 mit HF bei $40\,°C$ zunächst als Hydrat gebildet, das bei $150-200\,°C$ entwässert werden kann [23]. Die Verbindungen AnO_2F sind isostrukturell. Es gibt verschiedene Darstellungsmethoden: PaO_2F, z. B., entsteht bei der Reaktion von Pa_2O_5-Hydrat mit HF bei $40-60\,°C$ zunächst als Hydrat $PaO_2F \cdot n\,H_2O$ ($n = 1$, 2), das bei $140\,°C$ in Pa_2OF_8 umgewandelt wird. Pa_2OF_8 zersetzt sich beim Erhitzen an der Luft bei $250-290\,°C$ zu PaO_2F, welches bei $500-600\,°C$ Pa_3O_7F und schließlich bei $650\,°C$ wieder Pa_2O_5 bildet [4]. UO_2F und U_2OF_8 zersetzen sich bei $300\,°C$ im Vakuum zu UF_4, UF_6 und UO_2F_2.

UOF_4, $NpOF_4$ und $PuOF_4$ entstehen bei der vorsichtigen Hydrolyse der Hexafluoride AnF_6 in HF [20], UOF_4 auch bei der Reaktion von UF_6 mit Quarzwolle [24]. Die $AnOF_4$-Moleküle sind im Festkörper über Fluorbrücken verknüpft, so daß die An-Atome pentagonal-bipyramidale Umgebung haben (gleiche Struktur wie die Pentafluoride AnF_5). Das Pentafluorooxouranat(VI) $[(C_6H_5)_4P][UOF_5]$ entsteht durch Fluorierung des Chlorokomplexes mit HF [25].

Die Verbindungen AnO_2F_2 entstehen z. B. bei der Reaktion anderer AnO_2^{2+}-Verbindungen mit HF oder der Hydrolyse von AnF_6 in HF. Sie haben rhomboedrische Struktur, sind in H_2O löslich und bilden zahlreiche Komplexsalze.

Literatur

a) Übersichtsartikel

K. W. Bagnall, Halogen Chemistry of the Actinides in *V. Gutmann,* Halogen Chemistry, Vol. 3, S. 303, Academic Press – London – New York, 1967.

D. Brown, Halides of the Lanthanides and Actinides, Wiley & Sons – London, 1968.

D. Brown, The Actinide Halides and their Complexes in MTP International Review of Science, Series One, Vol. 7, S. 87, Butterworths – London, University Park Press – Baltimore, 1972.

b) Spezielle Literatur

1. *J. N. Stevenson* und *J. R. Peterson,* J. inorg. nucl. Chem. **35,** 3481 (1973).
2. *T. Keenan* und *L. B. Asprey,* Inorg. Chem. **8,** 235 (1969).
3. *J. J. Ryan, R. A. Penneman* und *A. Rosenzweig,* Acta Cryst. **B 25,** 1958 (1969); *A. Rosenzweig, D. T. Cromer,* Acta Cryst. **B 26,** 38 (1970).
4. *D. Brown* und *J. F. Easey,* J. Chem. Soc. **A 1970,** 3378.
5. *J. H. Levy* und *P. W. Wilson,* Aust. J. Chem. **26,** 2711 (1973); *L. B. Asprey* und *R. T. Paine,* J. C. S. Chem. Comm. **1973,** 290; *M. R. Bennett* und *L. M. Ferris,* J. inorg. nucl. Chem. **36,** 1285 (1974); *E. Jacob,* Z. anorg. allg. Chem. **400,** 45 (1973).
6. *G. W. Halstead, P. G. Eller, L. B. Asprey* und *K. V. Salazar,* Inorg. Chem. **17,** 2967 (1978).
7. *J. A. Berry, A. Prescott, D. W. A. Sharp* und *J. M. Winfield,* J. Fluorine Chem. **10,** 247 (1977).
8. *S. Fried* und *J. H. Holloway,* Lit. [34] in *D. Brown,* MTP. (s. o.).
9. *W. H. Zachariasen,* Acta Cryst. **2,** 296 (1949).
10. *B. J. Krohn, W. B. Person* und *J. Overend,* J. Chem. Phys. **65,** 969 (1976).
11. *T. A. O'Donnell, A. B. Waugh* und *C. H. Randall,* J. inorg. nucl. Chem. **39,** 1597 (1977).
12. *W. W. Wilson, C. Naulin* und *R. Bougon,* Inorg. Chem. **16,** 2252 (1977); *J. P. Masson, C. Naulin, P. Charpin* und *R. Bougon,* Inorg. Chem. **17,** 1858 (1978).
13. *J. C. Taylor,* Inorg. Nucl. Chem. Lett. **12,** 725 (1976).
14. *D. Brown, J. F. Easey* und *C. E. F. Rickard,* J. Chem. Soc. **A 1969,** 1161.
15. *F. Montoloy* und *P. Plurien,* Compt. rend. **267 C,** 1036 (1968).
16. *J. Slivnik, K. Lutar* und *A. Šmalc,* J. Fluorine Chem. **9,** 255 (1977).
17. *M. Kimura, V. Schomaker, D. W. Smith* und *B. Weinstock,* J. Chem. Phys. **48,** 4007 (1968); *J. H. Levy, J. C. Taylor* und *P. W. Wilson,* J. C. S. Dalton Trans. **1976,** 219.
18. *G. A. Olah, J. Welch* und *T.-L. Ho,* J. Amer. Chem. Soc. **98,** 6717 (1976); *G. A. Olah* und *J. Welch,* J. Amer. Chem. Soc. **100,** 5396 (1978).

19. *J. A. Berry, R. T. Poole, A. Prescott, D. W. A. Sharp* und *J. M. Winfield,* J. C. S. Dalton Trans. **1976,** 272.
20. *P. W. Wilson,* J. C. S. Chem. Comm. **1972,** 1241, J. inorg. nucl. Chem. **36,** 303 (1974); *E. Jacobs* und *W. Polligkeit,* Z. Naturforsch. **28 b,** 120 (1973); *R. D. Peacock* und *N. Edelstein,* J. inorg. nucl. Chem. **38,** 771 (1976); *R. C. Burns* und *T. A. O'Donnell,* Inorg. Nucl. Chem. Lett. **13,** 657 (1977).
21. *J. Binenboym, H. Selig* und *S. Sarig,* J. inorg. nucl. Chem. **38,** 2313 (1976).
22. *D. Brown* in MTP (s. o.); *V. Hak* und *P. Horacek,* Coll. Czech. Chem. Comm. **38,** 42 (1973); *R. Bougon, P. Charpin, J. P. Desmoulin* und *J. G. Malm,* Inorg. Chem. **15,** 2532 (1976); *M. Iwasaki, N. Ishikawa* und *K. Ohwada,* J. inorg. nucl. Chem. **39,** 2191 (1977), **40,** 503 (1978).
23. *K. W. Bagnall, D. Brown* und *J. F. Easey,* J. Chem. Soc. **A 1968,** 2223.
24. *R. T. Paine, R. R. Ryan* und *L. B. Asprey,* Inorg. Chem. **14,** 1113 (1975).
25. *K. W. Bagnall, J. G. H. du Preez, B. J. Gellatly* und *J. H. Holloway,* J. C. S. Dalton Trans. **1975,** 1963.

3.5. Fluoride von Titan, Zirkonium und Hafnium

Charakteristisch bei allen Fluoriden der Elemente der 4. Nebengruppe ist die Oxidationszahl 4; niedervalente Verbindungen sind starke Reduktionsmittel. Die Fluoride bilden sehr leicht Fluorokomplexe, in denen Titan stets oktaedrisch koordiniert ist, Zirkonium und Hafnium aber auch höhere Koordinationszahlen aufweisen [z. B. 1].

Titanfluoride

Titantrifluorid TiF_3 (Subl. 930 °C) entsteht als violetter, kristalliner Festkörper bei der Reaktion von vorhydriertem Titan mit HF bei 700 °C [2]; hochreines TiF_3 wird bei der thermischen Zersetzung von $NH_4[TiF_4]$ in H_2- oder Ar-Atmosphäre bei 600 – 650 °C erhalten [3]. Einkristalle lassen sich durch chemischen Transport in der Gasphase gewinnen; TiF_3 kristallisiert rhomboedrisch [2, 4]. Schwingungsspektren von Matrix-isolierten TiF_3-Molekülen lassen auf eine nicht-planare Struktur schließen (d(TiF) 1,97 Å; Winkel (FTiF) 130 ± 5°) [5]. TiF_3 ist an der Luft beständig, gegen Säuren und Basen ungewöhnlich resistent. Ab 950 °C disproportioniert es zu Ti und TiF_4 [2]. Durch Reduktion von $(Cp)_2TiF_2$ mit aktiviertem Al in THF entsteht $[(Cp)_2TiF]_2$ als diamagnetisches über F-Atome verbrücktes Dimeres [6]. TiF_3 bildet zahlreiche Fluorokomplexe der stöchiometrischen Zusammensetzungen $M^I[TiF_4]$ (M^I = Alkalimetalle, NH_4) [7, 8]; $(NH_4)_2[TiF_5]$; $Ca[TiF_5]$ (Anionenketten mit $[TiF_4F_{2/2}]$-Einheiten, die über trans-Fluor-Brücken verknüpft sind) [9]; $M_3^I[TiF_6]$ (M = Li, Na, K, NH_4, Tl) [10]; $M_2'M''[TiF_6]$ (M' = Cs, Rb, K, M'' = Na, K; kubischer Elpasolith-Typ) [11]. In allen Komplexen ist Ti verzerrt oktaedrisch von 6 Fluor-Atomen umgeben. Bei der Reaktion von $(NH_4)_2[TiF_5]$ mit Zn in warmer Flußsäure in Gegenwart von NH_4F bildet sich $NH_4Zn[TiF_6]$ [12]. Bei der Hydrolyse von $K_3[TiF_6]$ entstehen über die Zwischenstufe $K[TiF_4]$ u. a. auch die Oxidationsprodukte $K_2[TiF_6]$ und $K_2[TiOF_4]$ [7].

Titantetrafluorid TiF_4 (Subl. 283,1 °C) bildet sich als farbloser, hygroskopischer Festkörper bei der Fluorierung von Ti, $TiCl_4$ oder TiO_2 [2, 13]. Das Gasphase-Raman-Spektrum zeigt das Vorliegen eines tetraedrischen monomeren Moleküls an; im Festkörper liegt es polymer vor [14]. TiF_4 bildet mit N- und O-Donator-Molekülen D sehr leicht 1:2-Komplexe $TiF_4 \cdot 2\,D$ [15]. ^{19}F-NMR-Studien der Pyridinaddukte in Acetonitril-Lösung weisen auf das Vorliegen von $TiF_4(Py)_2$, $[TiF_3 \cdot (Py)_3]^+$ und $[TiF_5 \cdot (Py)]^-$ hin [16]. Der Komplex $TiF_4 \cdot 2\,NH_3$ zersetzt sich ab 120 °C unter NH_3-Abspaltung; die Hydrolyse ergibt über die Zwischenstufe $TiOF_2$ als Endprodukte TiO_2 und HF [17]. TiF_4 geht zahlreiche Fluoraustauschreaktionen ein; z. B. bilden sich leicht Derivate der Form $(R_2N)TiF_3$, $(R_2N)_2TiF_2$ und $(R_2N)_3TiF$ (R = me, et); $(et_2N)_3TiF$ ist in Lösung monomer, während die restlichen Verbindungen assoziiert sind [18]. Aus der Reaktion von $(Cp)_2TiCl_2$ mit $AgBF_4$ entsteht das gelbe $(Cp)_2TiF_2$ [19].

In den Fluorotitanaten(IV) liegen jeweils oktaedrische $[TiF_6]^{2-}$-Ionen vor [z. B. 20]. Die Komplexe werden meist erhalten durch Auflösen von Ti, TiF_4 oder TiO_2 in Flußsäure in Gegenwart der entsprechenden Fluoride. Von diesen eignen sich die in Wasser wenig löslichen Alkalimetallsalze $M_2^I[TiF_6]$ (M^I = K, Rb, Cs) wegen ihrer charakteristischen Kristallform zum qualitativen Nachweis von Titan. $K_2[TiF_6]$ (Fp. 820 °C) wird als Ausgangssubstanz für die elektrolytische Gewinnung von Ti benutzt. Bei den Reaktionen der Tetrafluoride MF_4 (M = Ti, Zr, Hf) mit KF und KCl bei 500–700 °C entstehen die farblosen Chlorofluorokomplexe $K_3[MF_6Cl]$ [21]. Die Hydrolysereaktion von $M_2[TiF_6]$ (M = K, Rb, Cs) wurde untersucht und Gleichgewichtskonstanten für $M_2[TiF_6] + H_2O \rightleftharpoons M_2[TiOF_4] + 2\,HF$ bestimmt [22]. Im System $TiF_4 - [TiF_6]^{2-}$ sind die Ionen $[Ti_2F_9]^-$, $[Ti_2F_{10}]^{2-}$ und $[Ti_2F_{11}]^{3-}$ nachgewiesen worden [23]. Hierin sind $[TiF_6]$-Oktaeder über 1, 2 bzw. 3 F-Atome verbrückt:

Feste Komplexe der Form $M[TiF_5 \cdot L]$ (L = Lewis-Base) werden nur gebildet, wenn die Base stark genug ist, um die Bildung polymerer, über Fluorbrücken verknüpfter Fluorotitanate zu verhindern [24].

Durch Behandlung konzentrierter Lösungen von $M_2[TiF_6]$ mit H_2O_2 bei 20 °C und anschließender Zugabe von Ammoniak entstehen die sehr stabilen, in H_2O ohne Zersetzung löslichen Peroxokomplexe $M_2[Ti(O_2)F_5]$, die isomorph mit $(NH_4)_3[NbOF_5]$ und $M_3[ZrF_7]$ sind [25]. Strukturuntersuchungen an $(NH_4)_2[Ti(O_2)F_5]$-Einkristallen ergeben ein kubisch-verzerrtes

Gitter, in dem die pentagonal-bipyramidalen Komplexanionen statistisch orientiert sind [26].

Titanoxiddifluorid TiOF$_2$ entsteht bei der Hydrolyse von TiF$_4$, der Reaktion von TiO$_2$ mit 40%iger Flußsäure und anschließendem Erhitzen auf 450 °C oder der Umsetzung von TiO$_2$ mit TiF$_4$ bei 550–800 °C als weißes, in reinem Zustand sehr beständiges Pulver [27]. Titan ist hierin oktaedrisch koordiniert mit unregelmäßiger Verteilung der O- und F-Atome (d(TiO) = d(TiF) 1,90 Å). Oxofluorotitanate(IV) entstehen bei der Umsetzung M$_2^I$[TiF$_6$] + TiO$_2$ + M^{I}F in Form der Salze M$_3^I$[TiOF$_5$] (M^I = Na, K, Rb) bzw. M$_2'$M''[TiOF$_5$] (M', M'' = Alkalimetalle, M' > M''; d(TiO) = d(TiF) 1,918 Å) [28]. K$_2$[TiOF$_4$] wird bei der Hydrolyse von K$_3$[TiF$_6$] gebildet [7].

Fluoride von Zirkonium und Hafnium

Die Eigenschaften der Zirkonium und Hafnium-Verbindungen sind wegen der praktisch identischen Atom- und Ionenradien vergleichbar; daher werden die Fluoride auch nicht getrennt behandelt.

Zirkoniumdifluorid ZrF$_2$ ist ein schwarzer orthorhombischer Festkörper, der durch Reduktion von ZrF$_4$ mit atomarem Wasserstoff bei 350 °C entsteht. Es wird durch Luft und in wäßrigen Säuren sehr leicht oxidiert.

Zirkoniumtrifluorid ZrF$_3$ entsteht analog TiF$_3$ bei der Reaktion von Zirkoniumhydrid mit einem Gasgemisch aus H$_2$ und HF bei 750 °C als blaugraue, paramagnetische Substanz. ZrF$_3$ hat ReO$_3$-Struktur; es besteht aus [ZrF$_6$]-Oktaedern mit Fluorbrücken (d(ZrF) 1,98 Å) [29]. Die IR-Spektren der in einer Matrix isolierten Moleküle ZrF$_2$, ZrF$_3$ und ZrF$_4$ sind gemessen worden [30].

Zirkoniumtetrafluorid ZrF$_4$ (Subl. 903 °C) und *Hafniumtetrafluorid HfF$_4$* entstehen als weiße, kristalline Festkörper bei der Fluorierung der Metalle oder von Metallverbindungen (Bildungsenthalpie $\Delta H_f^0 = -1910$ kJ/mol (ZrF$_4$) bzw. -1929 kJ/mol (HfF$_4$)). Von ZrF$_4$ existieren 2 kristalline Formen (α-ZrF$_4$ unterhalb 450 °C; β-ZrF$_4$ oberhalb 450 °C) [31]; von HfF$_4$ sind 3 Modifikationen bekannt (monoklin, tetragonal, kubisch; Trennung [32]); die Metalle sind quadratisch-antiprismatisch von 8 F-Atomen umgeben (d(MF) 2,10 Å). Mit Flußsäure bilden sich Hydrate und Oxidfluoride. Die Hydrate sind im Gegensatz zu denen der schwereren Halogenide sehr stabil. Am besten charakterisiert sind die Monohydrate MF$_4 \cdot$ H$_2$O und Trihydrate MF$_4 \cdot$ 3 H$_2$O. Die beiden Trihydrate unterscheiden sich geringfügig in ihren Strukturen; in beiden Fällen liegt Oktakoordination vor; in ZrF$_4 \cdot$ 3 H$_2$O sind zwei [ZrF$_3$(H$_2$O)$_3$]-Einheiten über 2 Fluoratome verbrückt: (H$_2$O)$_3$F$_3$ZrF$_2$ZrF$_3$(H$_2$O)$_3$, während HfF$_4 \cdot$ 3 H$_2$O aus langen Ketten von [HfF$_4$(H$_2$O)$_2$]-Einheiten besteht, die über 4 Fluoratome verbrückt sind; das 3. H$_2$O-Molekül besetzt freie Gitterstellen [33]. Mit L = N$_2$H$_4$ werden die Komplexe ZrF$_4 \cdot n$ L (n = 1, 2) und HfF$_4 \cdot m$ L

($m = 2$, 3) gebildet [34]. Mit NH_3 reagiert ZrF_4 bei 580 °C zu den an der Luft stabilen Zirkoniumnitridfluoriden ZrN_xF_{4-3x} (0,906 $\leq x \leq$ 0,936) [35]. Strukturuntersuchungen der Komplexe $(Cp)_2MF_2$ (M = Zr, Hf) ergeben verzerrt tetraedrische Anordnung um das Metallatom (d(ZrF) 1,98 Å) [36].

Von ZrF_4 und HfF_4 leiten sich ebenfalls zahlreiche *Fluorokomplexe* ab. Von ZrF_4 sind mehrere glasartige Verbindungen in Form der ternären Fluorid-Systeme $ZrF_4 - BaF_2 - ThF_4$ und $ZrF_4 - BaF_2 - LnF_3$ (Ln = Lanthanid) bekannt. Diese haben z. T. einzigartige Eigenschaften, wie z. B. einen weiten Bereich optischer Durchlässigkeit, eine geringe Dispersion, eine hohe Resistenz gegen starke Fluorierungsmittel [37] und sind die besten bisher beschriebenen amorphen Fluoridionenleiter [38]. Von den kristallinen Fluorokomplexen sind Verbindungen mit $[MF_5]$-, $[MF_6]$-, $[MF_7]$- und $[MF_8]$-Gruppen existent.

Die Hexafluorometallate entstehen meist aus Schmelzen der exakten stöchiometrischen Zusammensetzung der Metallfluoride oder durch Zugabe von Metallfluoriden zu einer wäßrigen HF-Lösung von ZrF_4 bzw. HfF_4. $Li_2[ZrF_6]$ (d(ZrF) 2,016 Å) und $[Cu(H_2O)_4][ZrF_6]$ enthalten oktaedrische $[ZrF_6]$-Einheiten [39]. Die berechneten Frequenzen für die Oktaedereinheiten sind in guter Übereinstimmung mit den experimentellen IR- und Raman-Daten [40]. In $Na_2[ZrF_6]$ sind $[ZrF_7]$-Polyeder über gemeinsame Fluoratome verknüpft [41]. Das Kaliumsalz $K_2[ZrF_6]$ enthält $[ZrF_8]$-Einheiten; Schwingungsspektren deuten auf das Vorliegen von $[F_4ZrF_4ZrF_4]^{4-}$-Ionen hin [42]. Die Verbindungen $M^{II}[ZrF_6]$ (M^{II} = Mg, Ca, Cr, Mn, Fe, Co, Ni, Cu, Zn) haben kubische ReO_3-Struktur [43].

Die thermisch stabilsten Komplexsalze sind die Heptafluorometallate. Von $[ZrF_7]^{3-}$ sind zwei verschiedene Strukturen bekannt. So enthält $Na_3[ZrF_7]$ pentagonal-bipyramidale $[ZrF_7]$-Gruppen, während in $(NH_4)_3[ZrF_7]$ eine trigonal-prismatische Anordnung mit einem 7. Fluoratom über einer Rechteckfläche vorliegt [44]:

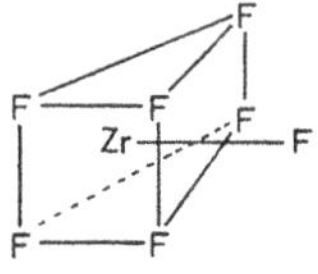

$Cu_3[ZrF_7]_2 \cdot 16\,H_2O$ enthält $[Zr_2F_{14}]^{6-}$-Ionen, die sich aus zwei quadratischen Antiprismen mit einer gemeinsamen Kante bilden [45]. $[Cu(H_2O)_6]_2[ZrF_8]$ ist aus quadratisch-antiprismatischen $[ZrF_8]^{4-}$-Ionen aufgebaut [46], die ebenfalls in dem Tripelsalz $Li_6[BeF_4][ZrF_8]$ vorkommen.

Weiterhin zu erwähnen sind noch die Komplexe $(N_2H_5)_3[Zr_4F_{19}] \cdot 3\,H_2O$, der aus Hydrazinhydrat und ZrF_4 gebildet wird [47], sowie $Rb_5[Zr_4F_{21}]$, in dem die verschiedenen möglichen Koordinationszahlen des Zirkoniums realisiert sind. $Rb_5[Zr_4F_{21}]$ enthält eine anionische Kettenstruktur mit 4 kristallographisch unabhängigen Zr-Atomen, welche aus pentagonal-bipyramidalen (KZ = 7), oktaedrischen (KZ = 6), verzerrt antiprismatischen (KZ = 8) und unregelmäßig antiprismatischen (mit 1 Fehlstelle, KZ = 7) Koordinationspolyedern aufgebaut ist (d(ZrF) 1,90 bis 2,24 Å) [48].

Zirkonoxiddifluorid $ZrOF_2$ *und Hafniumoxiddifluorid* $HfOF_2$ entstehen beim Erhitzen eines Gemischs aus MO_2 und MF_4 (M = Zr, Hf) auf über 550 °C oder bei der Thermolyse der Trihydrate $ZrF_4 \cdot 3\,H_2O$ bzw. $HfF_4 \cdot 3\,H_2O$. Sie bilden hydratisierte Salze der Form $M^I[M^{IV}OF_3] \cdot 2\,H_2O$ (M^I = K, Rb, Cs; M^{IV} = Zr, Hf) [49]. Weiterhin sind im ZrO_2-ZrF_4-System u. a. die Verbindungen $Zr_4O_5F_6$, $Zr_7O_9F_{10}$, $Zr_{10}O_{13}F_{14}$ identifiziert worden [50]. Das aus ZrO_2 und ZrF_4 durch mehrtägige Reaktion bei 800 °C erhaltene $Zr_7O_9F_{10}$ hat eine dem $\alpha\text{-}UO_3$ ähnliche Struktur und enthält oktaedrisch und pentagonal-bipyramidal koordiniertes Zr [51].

Literatur

a) Übersichtsartikel

R. J. H. Clark, The Chemistry of Ti and V, Elsevier-Amsterdam, 1968.

J. H. Canterford und *R. Colton,* Halides of the Second and Third Row Transition Metals, Wiley – London, 1968.

b) Spezielle Literatur

1. *R. J. H. Clark* und *W. Errington,* J. Chem. Soc. **A 1967,** 258.
2. *P. Ehrlich* und *G. Pietzka,* Z. anorg. allg. Chem. **275,** 121 (1954).
3. *K. Koyama* und *Y. Hashimoto,* Nippon Kagaku Kaishi **1973,** 195.
4. *C. Bonnamy, J.-C. Launay* und *M. Pouchard,* Rev. Chim. Minérale **15,** 178 (1978); *S. Siegel,* Acta Cryst. **9,** 684 (1956).
5. *J. W. Hastie, R. H. Hauge* und *J. L. Margrave,* J. Chem. Phys. **51,** 2648 (1969).
6. *R. S. P. Coutts, P. C. Wailes* und *R. L. Martin,* J. Organomet. Chem. **47,** 375 (1973).
7. *T. M. Burmistrova, V. A. Reznichenko* und *G. A. Menyailova,* Chem. Abstr. **79,** 147791 (1973).
8. *P. Bukovec* und *J. Šiftar,* Mh. Chem. **105,** 510 (1974); *J. P. Belmont, M. Bolte* und *P. Charpin,* Rev. Chim. Minérale **12,** 113 (1975); *J. Omaly, P. Batail, D. Grandjean, D. Avignant* und *J. C. Cousseins,* Acta Cryst. **B 32,** 2106 (1976).
9. *R. von der Mühll, S. Andersson* und *J. Galy,* Acta Cryst. **B 27,** 2345 (1971).
10. *W. Massa* und *W. Rüdorff,* Z. Naturforsch. **26 b,** 1216 (1971); *P. J. Nassiff, T. W. Couch, W. E. Hatfield* und *J. V. Villa,* Inorg. Chem. **10,** 368 (1971).
11. *E. Alter* und *R. Hoppe,* Z. anorg. allg. Chem. **403,** 127 (1974); *P. Burkert, H. P. Fritz* und *G. Stefaniak,* Z. Naturforsch. **23 b,** 872 (1968).
12. *L. Herman* und *G. Mitra,* J. Fluorine Chem. **1,** 498 (1972).
13. *B. Leng* und *J. H. Moss,* J. Fluorine Chem. **5,** 93 (1975).
14. *L. E. Alexander* und *I. R. Beattie,* J. C. S. Dalton Trans. **1972,** 1745.
15. *D. S. Dyer* und *R. O. Ragsdale,* Inorg. Chem. **6,** 8 (1967); *J. W. Downing* und *R. O. Ragsdale,* Inorg. Chem. **7,** 1675 (1968); *C. E. Michelson, D. S. Dyer* und *R. O. Ragsdale,* J. Chem. Soc. **A 1970,** 2296.
16. *G. H. Lee, S. D. Lessley* und *R. O. Ragsdale,* Govt. Rep. Ann. (USA) **74,** 59 (1974); Chem. Abstr. **82,** 145906 (1975).

17. *S. P. Kozerenko* und *S. A. Polishchuk*, Koord. Khim. **1**, 1643 (1975).
18. *H. Bürger* und *K. Wiegel*, Z. anorg. allg. Chem. **398**, 257 (1973); *W. S. Sheldrick*, J. Fluorine Chem. **4**, 415 (1974).
19. *H. C. Clark* und *A. Shaver*, J. Coord. Chem. **4**, 243 (1975).
20. *J. Fischer, G. Keib* und *R. Weiss*, Acta Cryst. **22**, 338 (1967); *A. Decian, J. Fischer* und *R. Weiss*, Acta Cryst. **22**, 340 (1967); *B. Kojic-Prodic, S. Scavnica* und *B. Matkovic*, Acta Cryst. **25 A**, S 102 (1969); **B 27**, 635 (1971); *R. H. Odenthal* und *R. Hoppe*, Z. anorg. allg. Chem. **383**, 104 (1971); *B. Müller* und *R. Hoppe*, Z. anorg. allg. Chem. **392**, 37 (1972); *I. W. Forrest* und *A. P. Lane*, Inorg. Chem. **15**, 265 (1976); *J. Ravez, M. Vassiliadis, R. von der Mühll* und *P. Hagenmuller*, Rev. Chim. Minérale **7**, 967 (1970); *J. Portier, F. Menil* und *P. Hagenmuller*, Bull. Soc. Chim. France **1970**, 3485; *R. L. Davidovich, T. A. Kaidalova* und *T. F. Levchishina*, Zh. Strukt. Khim. **12**, 185 (1971).
21. *B. Mehlhorn* und R. Hoppe, 6. Europäisches Fluorsyposium, Dortmund, 1977, Abstract I 23.
22. *Yu. N. Sklyadnev* und *M. A. Mikhailov*, J. Less Common. Met. **25**, 336 (1971).
23. *P. A. W. Dean*, Can. J. Chem. **51**, 4024 (1973).
24. *H. G. Lee, D. S. Dyer* und *R. O. Ragsdale*, J. C. S. Dalton Trans. **1976**, 1325.
25. *W. P. Griffiths*, J. Chem. Soc. **1963**, 5345; **1964**, 5248.
26. *R. Stromberg* und *I. B. Svensson*, Acta Chem. Scand. **A 31**, 635 (1977).
27. *K. S. Vorres* und *F. B. Dutton*, J. Amer. Chem. Soc. **77**, 2019 (1955); Acta Cryst. **8**, 25 (1955); *K. Dehnicke*, Naturwiss. **24**, 660 (1965); *J. H. Moss* und *A. Wright*, J. Fluorine Chem. **5**, 163 (1975).
28. *G. Pausewang* und *W. Rüdorff*, Z. anorg. allg. Chem. **364**, 69 (1961).
29. *P. Ehrlich, F. Plöger* und *E. Koch*, Z. anorg. allg. Chem. **333**, 209 (1964).
30. *R. H. Hauge, J. L. Margrave* und *J. H. Hastie*, High Temp. Sci. **5**, 89 (1973).
31. *A. Chrétien* und *B. Gaudreau*, Compt. rend. **248 C**, 2878 (1959).
32. *Yu. M. Korenev, I. D. Sorpkin, N. A. Chirina* und *A. V. Novoselova*, Zh. Neorg. Khim. **17**, 1195 (1972).
33. *T. N. Waters*, Chem. and Ind. **1964**, 713; *D. Hall, C. E. F. Rickard* und *T. N. Waters*, Nature **207**, 405 (1965); J. inorg. nucl. Chem. **33**, 2395 (1971).
34. *P. Glavic* und *J. Slivnik*, Inst. Josef Stefan, IJS-Reports **1972**, R-613.
35. *W. Jung* und *R. Juza*, Z. anorg. allg. Chem. **399**, 129 (1973).
36. *G. A. Sim* and *M. A. Bush*, J. Chem. Soc. **A 1971**, 2225; *E. Samuel, R. Ferner* und *M. Bigorgne*, Inorg. Chem. **12**, 881 (1973).
37. *M. Poulain, M. Chanthanasinh* und *J. Lucas*, 6. Europäisches Fluorsymposium, Dortmund, 1977, Abstract I 61.
38. *D. Leroy* und *D. Ravaine*, Compt. rend. **286 C**, 413 (1978).
39. *R. Hoppe* und *W. Dähne*, Naturwiss. **47**, 397 (1960); *J. Fischer, A. de Cian* und *R. Weiss*, Bull. Soc. Chim. France **1966**, 2646; *J. Fischer* und *R. Weiss*, Acta Cryst. **B 29**, 1955 (1973); *G. Brunton*, Acta Cryst. **B 29**, 2294 (1973).
40. *I. W. Forrest* und *A. P. Lane*, Inorg. Chem. **15**, 265 (1976).
41. *G. Brunton*, Acta Cryst. **B 25**, 2164 (1969).
42. *A. P. Lane* und *D. W. A. Sharp*, J. Chem. Soc. **A 1969**, 2942.
43. *M. Poulain* und *J. Lucas*, Compt. rend. **271 C**, 822 (1970).
44. *H. J. Hurst* und *J. C. Taylor*, Acta Cryst. **B 26**, 2136 (1970).
45. *J. Fischer* und *R. Weiss*, Acta Cryst. **B 29**, 1963 (1973).
46. *J. Fischer* und *R. Weiss*, Acta Cryst. **B 29**, 1967 (1973).
47. *P. Glavic* und *J. Slivnik*, J. inorg. nucl. Chem. **37**, 1316 (1975).
48. *G. Brunton*, Acta Cryst. **B 27**, 1944 (1971).

49. *A. A. Lastochkina, I. A. Sheka* und *L. A. Malinko,* Zh. Neorg. Khim. **13**, 2974 (1968).
50. *P. Joubert* und *B. Gaudreau,* Rev. Chim. Minérale **12**, 289 (1975).
51. *B. Holmberg,* Acta Cryst. **B 26**, 830 (1970).

3.6. Fluoride von Vanadin, Niob und Tantal

Die Zunahme der Stabilität von Verbindungen der Nebengruppenelemente in ihren höchsten Oxidationsstufen innerhalb der Gruppe von oben nach unten und damit auch die Stabilitätsabnahme der niedrigeren Oxidationsstufen wird in der 5. Nebengruppe ebenfalls gefunden. Während bei Vanadin noch eine ausgeprägte Chemie von niedervalenten Fluoriden zu verzeichnen ist, ist dies bei Niob und Tantal nicht mehr der Fall, so daß hier hauptsächlich die Pentafluoride und ihre Derivate charakteristisch sind.

Vanadinfluoride

Vanadindifluorid VF_2 entsteht in Form blauer Kristalle bei der Reduktion von VF_3 mit einem H_2-HF-Gemisch bei 1100 °C [1], der Komproportionierung von elementarem Vanadin mit VF_3 bei 800 °C oder der Fluorierung von VCl_2 mit H_2-HF bei 650 °C [2]. VF_2 ist antiferromagnetisch und kristallisiert tetragonal im Rutilgitter.

Das IR-Spektrum des in einer Matrix isolierten VF_2 deutet auf eine nicht-lineare Struktur hin [3]. VF_2 ist ein starkes Reduktionsmittel; wird bei der Darstellung ein zu großer Überschuß an HF verwendet, so resultiert eine Folgereaktion:

$$VF_2 + HF \rightarrow VF_3 + 1/2\, H_2 \,.$$

Aus den Reaktionen von MF mit VF_2 sind nur 3 ternäre Fluoride der Form $M^I[VF_3]$ erhältlich: $Na[VF_3]$ kristallisiert orthorhombisch im $GdFeO_3$-Typ, $K[VF_3]$ und $Rb[VF_3]$ besitzen kubische Perowskit-Struktur [4]. Je nach Molverhältnis $MF : VF_2$ tritt auch teilweise oder vollständige Disproportionierung des VF_2 ein, und es lassen sich neben elementarem Vanadin und $M_3[VF_6]$ auch gemischte Fluorovanadate (II und III) erhalten [5].

Gelbgrünes, antiferromagnetisches *Vanadintrifluorid* VF_3 (Zers. 1406 °C) bildet sich bei der Reaktion von VCl_3 mit HF bei 600 °C [6], der Disproportionierung von VF_4 bei ca. 150 °C [7] und der Umsetzung von Vanadin mit HF bei 500 °C [8] (Bildungsenthalpie $\Delta H_f^\circ = -1333 \pm 83$ kJ/mol). VF_3 kristallisiert rhomboedrisch mit oktaedrischer Koordination des Vanadin (d(VF) 1,95 Å) [9]. In üblichen organischen Lösungsmitteln und in H_2O ist VF_3 nicht löslich. Aus der Reaktion von V_2O_3 mit HF ist das Trihydrat $VF_3 \cdot 3\ H_2O$ erhältlich [10]. Zahlreiche Fluorovanadate(III) entstehen aus den Umsetzungen von VF_3 mit den entsprechenden Metallfluoriden, z. B. $M^I[VF_4]$, $M_2^I[VF_5]$, $M^{II}[VF_5]$, $M_3^I[VF_6]$, $M^I M^{II}[VF_6]$, $M_2' M''[VF_6]$ und die hydratisierten $M^I[VF_4 \cdot 2\ H_2O]$ und $M_2^I[VF_5 \cdot H_2O]$ (M^I, M', M'' = Alkalimetalle, NH_4, Tl; M^{II} = Erdalkalimetalle, Pb, Mn); in den binären Systemen ist der Kryolith-Typ bevorzugt [z. B. 11].

Das antiferromagnetische *Vanadinoxidfluorid VOF* hat Rutilstruktur und ist ein Halbleiter [12].

Vanadintetrafluorid VF_4 entsteht als grüner Festkörper bei der Fluorierung von VCl_4 mit HF in CCl_3F bei 25 °C oder der Reduktion von VF_5 mit PCl_3 oder mit Vanadin in der Hitze [6, 7, 13]. Es ist sehr hygroskopisch, hydrolysiert leicht und disproportioniert oberhalb 100 °C in VF_3 und VF_5. Mit Fluorierungsmitteln erfolgt leicht Oxidation zu VF_5. 1:1-Komplexe mit z. B. NH_3 oder Pyridin entstehen über mehrere Zwischenstufen aus den Reaktionen von VF_5 mit den Lewis-Basen; $VF_4 \cdot NH_3$ zersetzt sich erst ab ca. 250 °C [7]. Aus 1:1-Gemischen von V_2O_5 und V_2O_3 in 40%iger Flußsäure entstehen mit Alkalimetallfluoriden die Komplexsalze $M_2^I[VF_6]$ mit sehr verzerrten oktaedrischen $[VF_6]^{2-}$-Ionen (d(VF) 1,61 Å; 1,92 Å und 2,29 Å) [14]. Bei Reaktionen der entsprechenden Mengen AsF_3 und VCl_3 werden die Vanadinchloridfluoride $VClF_3$, $V_2Cl_3F_5$ und VCl_2F_2 erhalten [15].

Vanadinoxiddifluorid VOF_2 bildet sich bei der Reaktion von $VOBr_2$ mit HF bei hoher Temperatur; es ist in den meisten Lösungsmitteln unlöslich, bildet aber Hydrate [6]. Komplexsalze entstehen aus Gemischen von Alkalimetallfluoriden $-VO_2-HF-H_2O$ in Form der Verbindungen $M_2^I[VOF_4]$ (M^I = K, Rb, rhombisch), $Na_3[VOF_5']$ (monoklin, Kryolithtyp), $Cs_3[V_2O_2F_7]$ (hexagonal) und $M_2'M''[VOF_5]$ (M' = K, Rb, Cs; M'' = Li, Na, K, Rb, Elpasolithtyp) [16]. Aus VOF_2 und $[M^{III}(NH_3)_6]Cl_3$ in Flußsäure bilden sich die kubischen $[M^{III}[(NH_3)_6][VOF_5]$ (M^{III} = Cr, Co, Rh) [17].

Vanadinpentafluorid VF_5 (Fp. 19,5 °C; Kp. 48,3 °C) bildet sich z. B. aus den Elementen bei 300 °C und anschließender Reinigung durch Tieftemperatur-Destillation [18] oder der Reaktion von V_2O_5 oder VOF_3 mit F_2 unter Druck [19] (Bildungsenthalpie ΔH_f^0 (298) = -1435 kJ/mol [20]) als farbloser Festkörper, der zu einer farblosen, viskosen Flüssigkeit schmilzt (vgl. SbF_5), die bei längerem Stehen sich manchmal gelb färbt. Im Dampf bei höherer Temperatur liegt das trigonal-bipyramidale Monomere (D_{3h}-Symmetrie; d(VF) = 1,71 Å) vor [21]; im flüssigen Zustand ist VF_5 assoziiert. Der Festkörper besteht aus $[VF_4F_{2/2}]$-Ketten, in denen die $[VF_6]$-Oktaeder über cis-Fluorbrücken verknüpft sind (Abb. 3.6. – 1): Bindungsabstände von V zu Brücken-Fluoratomen 1,97 Å, zu endständigen Fluoratomen durchschnittlich 1,69 Å; Winkel (VFV) 150° [22] (Schwingungsspektren des Festkörpers [23]).

VF_5 ist sehr reaktiv, hydrolysierbar, reagiert langsam mit Glas und ist löslich in wasserfreiem HF (3,3 Mol/l HF). Von NH_3 und Pyridin wird

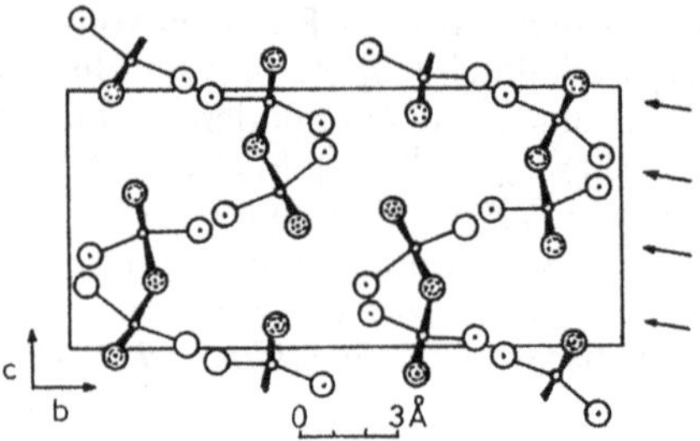

Abb. 3.6. – 1 Projektion der Ketten in Vanadinpentafluorid auf (100), nach Edwards und Jones [22]

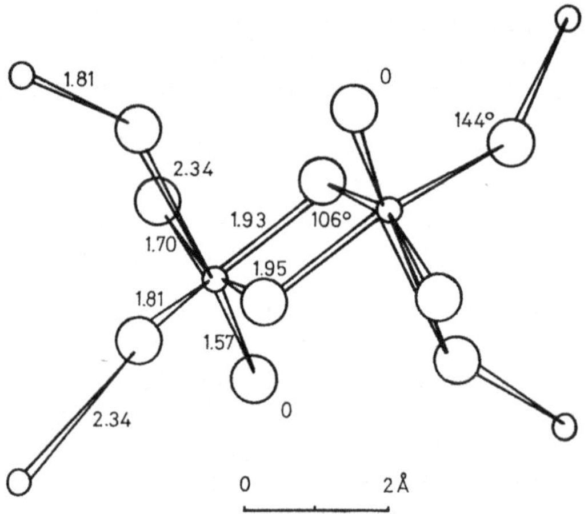

Abb. 3.6. – 2 Projektion der Struktur von Vanadinoxidtrifluorid auf (001), nach Edwards und Taylor [30]

VF_5 reduziert, und auch mit oxidierbaren Stoffen, wie z. B. PF_3, SbF_3, S, I_2 etc., sind Redoxreaktionen bekannt. Mit Fluoridionendonatoren bilden sich Hexafluorovanadate(V), die ebenfalls aus der Reaktion von Vanadin mit M^IF (M^I = Alkalimetall, Tl, Ag) und BrF_3 entstehen [z. B. 18, 24]. $NH_4[VF_6]$ wird bei der Umsetzung von Hydrazinium-fluorovanadat(III) mit überschüssigem XeF_2 erhalten [25]. Die Bildung komplexer Fluorovanadate ist durch ^{19}F-NMR [26] und Schwingungsspektren [27] eingehend untersucht.

Vanadinoxidtrifluorid VOF₃ (Subl. 110 °C) entsteht bei der Reaktion von VF_3 mit O_2 bei roter Hitze [6] oder der Fluorierung von V_2O_5 mit BrF_3 oder F_2 [28]. Im Dampf liegen dimere $(VOF_3)_2$-Moleküle vor [29]. Festes VOF_3 kristallisiert in einem Schichtengitter, in dem die VOF_3-Moleküle sowohl über VFV- als auch über VF_2V-Brücken verknüpft sind (Abb. 3.6. – 2) [30]: Bindungsabstände von V zu endständigen Fluoratomen 1,70 Å, zu Brücken-Fluoratomen 1,81 Å, 1,93 Å, 1,95 Å und 2,34 Å. VOF_3 bildet mit Lewis-Basen Komplexe.

Vanadindioxidfluorid VO_2F wird durch Fluorierung von VO_2Cl als kristalliner, in unpolaren Lösungsmitteln unlöslicher Festkörper gebildet. Mit H_2O erfolgt Hydrolyse zu V_2O_5 ; bis 300 °C tritt keine Zersetzung ein [31].

Mit Fluoridionendonatoren bilden sich *Oxofluorovanadate(V)*. $M^I[VOF_4]$ (M^I = Na, K, Rb, Cs, Tl) entstehen aus V_2O_5 mit M^IF in HF; hierin liegen unendliche Anionenketten vor, in denen die $[VOF_4]$-Einheiten über cis-Fluorbrücken miteinander verknüpft sind (Bindungsabstände V zu endständigen F-Atomen 1,793 Å, zu Brücken-F-Atomen 1,875 und 2,333 Å) [32]. ^{19}F- und ^{51}V-NMR-Spektren von Salzlösungen in HF lassen auf eine schnelle Umlagerung zwischen einer quadratisch-pyramidalen und einer trigonal-bipyramidalen Anordnung des Anions schließen [33]. $K_2[VOF_5]$ reagiert mit KOH zu dem hellgelben kristallinen Divanadat $K_4[V_2O_3F_8]$ [34].

Aus V_2O_5 , M^IF, HF und H_2O oder auch aus Festkörperreaktionen entstehen zahlreiche weitere Oxofluorovanadate $M[VO_2F_2]$, $M_2[VO_2F_3]$, $M_3[VO_2F_4]$ (Kryolith-Typ), $M_2'M''[VO_2F_4]$ (Elpasolith-Typ) und $M_3[V_2O_4F_5]$ [z. B. 35]. In $M[VO_2F_2]$ (M = Na, NH_4) sollen polymere $[VOO_{2/2}F_2]$-Anionenketten vorliegen, während die Salze mit den großen Kationen $(C_6H_5)_4P^+$ und $(C_6H_5)_4As^+$ monomere $[VO_2F_2]$-Anionen enthalten [36]. In $M_2[VO_2F_3]$ sind $[VO_2F_2F_{2/2}]$-Einheiten über cis-Fluorbrücken miteinander verknüpft [37].

Fluoride von Niob und Tantal

Als erstes bekanntes Metallclusterfluorid wurde das braune Nb_6F_{15} aus der Reaktion von Nb mit NbF_5 bei 400 °C oder bequemer bei einem Temperaturgefälle von 900 auf 400 °C in Argonatmosphäre dargestellt [38]. Es kristallisiert kubisch; $[Nb_6F_{12}]^{3+}$-Kationen sind in einer kontinuierlichen, dreidimensionalen Anordnung durch die restlichen Fluoridionen gebunden; die 6 Nb-Atome bilden einen regelmäßigen Oktaeder (d(NbNb) 2,80 Å). Nb_6F_{15} ist an Luft, gegen Mineralsäuren und Laugen auch in der Wärme stabil; im Vakuum oberhalb 700 °C erfolgt Zersetzung zu Nb und NbF_5 .

Niobtrifluorid NbF_3 und *Tantaltrifluorid TaF_3* werden bei der Fluorierung der Metalle mit HF bei hoher Temperatur und unter Druck erhalten [39]. Beide kristallisieren im kubischen ReO_3-Typ [40]. Da NbF_3 sehr leicht durch Einbau von Sauerstoff in das Kristallgitter stabilisiert wird und daher oftmals nicht reines NbF_3 , sondern gemischte Oxidfluoride erhalten wurden, wurde die Existenz von NbF_3 lange Zeit angezweifelt.

Nachdem es inzwischen auch aus NbF$_5$ und Nb bei 750 °C und 3,5 kbar dargestellt werden konnte, scheint die Existenz gesichert zu sein. NbF$_3$ hat Halbleitereigenschaften und ist schwach paramagnetisch [41].

Niobtetrafluorid NbF$_4$ entsteht bei der Reduktion von NbF$_5$ mit Si-Pulver oder Nb-Pulver als schwarzer, nicht flüchtiger, sehr hygroskopischer Festkörper [38, 42]. Seine Kristallstruktur unterscheidet sich von der anderer Niobtetrahalogenide; es kristallisiert tetragonal, die Elementarzelle enthält 2 NbF$_4$-Moleküle, jedes Nb-Atom ist oktaedrisch von 6 Fluoratomen umgeben. Das IR-Spektrum ähnelt dem anderer Tetrafluoride MF$_4$ (M = Ti, Zr, V) [43]. An der Luft hydrolysiert NbF$_4$ leicht; in H$_2$O gibt es eine braune Lösung und einen braunen Niederschlag unbekannter Zusammensetzung.

Bei der Reduktion einer Schmelze aus KF und NbF$_5$ mit Nb bei 850 °C wird das kubische K$_3$[NbF$_7$] erhalten, das isostrukturell mit (NH$_4$)$_3$[ZrF$_7$] und K$_3$[NbOF$_6$] mit verzerrter pentagonal-bipyramidaler Geometrie des Anions ist [44]. Spektren von K$_3$[NbF$_7$] in einer LiF-BeF$_2$-Schmelze bei 550 °C zeigen, daß auch in Lösung nur siebenfach koordiniertes Nb(IV) vorliegt [45].

Tantaltetrafluorid ist bisher noch nicht beschrieben worden.

Niobpentafluorid NbF$_5$ (Fp. 79,0 °C; Kp. 234 °C) und *Tantalpentafluorid TaF$_5$* (Fp. 97 °C; Kp. 229 °C) entstehen bei Fluorierungen der Metalle oder von Verbindungen der Elemente (z. B. Oxide, Chloride) als flüchtige, weiße Festkörper, die durch Vakuumsublimation gereinigt werden können (Bildungsenthalpien $\Delta H_f^0 = -1810$ kJ/mol (NbF$_5$) bzw. -1902 kJ/mol (TaF$_5$) [46]). NbF$_5$ und TaF$_5$ kristallisieren monoklin im NbF$_5$-Typ (Abb. 3.6. – 3). Hierin liegen tetramere, über cis-F-Brücken verknüpfte [MF$_5$]$_4$-Einheiten mit jeweils oktaedrischer Umgebung der Metallatome vor; die 4 Metallatome bilden ein Quadrat; die M–F–M-Brücken sind nahezu linear (178°); (Bindungsabstände (Nb, Ta) zu Brücken-Fluoratomen 2,06 Å, zu endständigen Fluoratomen 1,77 Å) [47]. Diese Struktur bleibt in der hochviskosen Schmelze erhalten; die Ramanspek-

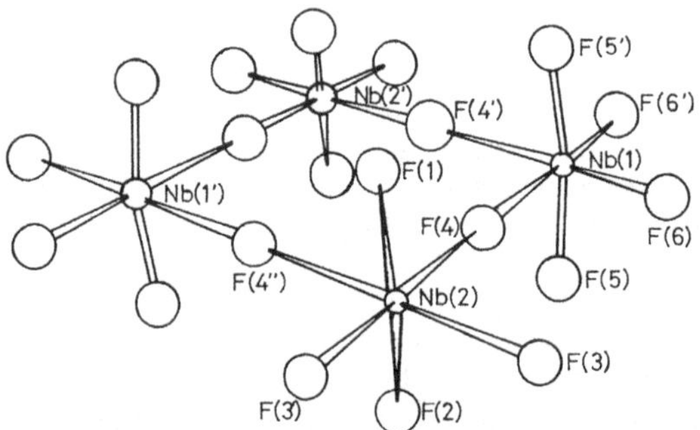

Abb. 3.6. – 3 Tetramere Einheiten von Niobpentafluorid und Tantalpentafluorid, nach Edwards [47]

tren der Flüssigkeiten sind temperaturabhängig [23, 48]. Im Dampf stellt sich ein temperaturabhängiges Gleichgewicht zwischen Polymeren $(MF_5)_n$ $(n \leq 4)$ und Monomeren ein; die monomeren Pentafluoride haben trigonal-bipyramidale Struktur $(D_{3h}$-Symmetrie) mit d(NbF) 1,86 Å und d(TaF) 1,88 Å [21, 49].

Die reinen Festkörper sind in trockenem Glas beständig, die Schmelzen aber greifen Glas langsam an. Beide Pentafluoride sind chemisch sehr reaktiv, wobei die Reaktivität in der Reihe $VF_5 > NbF_5 > TaF_5$ abnimmt. Mit zahlreichen neutralen und anionischen Liganden werden Addukte gebildet. So entstehen mit Lewis-Basen, z. B. Ether, $(CH_3)_2S$, NH_3, Pyridin etc., 1 : 1- bzw. 1 : 2-Komplexe; die 1 : 2-Komplexe liegen dimer vor und werden als $[MF_4 \cdot 4\,D]^+[MF_6]^-$ formuliert [50]. Mit SO_3 werden die Fluorosulfate $MF_3(SO_3F)_2$ erhalten [51].

NbF_5 bildet mit SbF_5 die 1:1-Verbindung $NbF_5 \cdot SbF_5$, in der nach Röntgenstrukturanalyse und ^{19}F-NMR-Spektren eine Kettenstruktur mit alternierenden $[NbF_6]$- und $[SbF_6]$-Einheiten, die über asymmetrische cis-Fluorbrücken verknüpft sind, und ionischen Bindungsanteilen $[NbF_4]^+[SbF_6]^-$ vorliegt (Bindungsabstände von Nb zu endständigen Fluoratomen 1,79 bis 1,83 Å, zu Brücken-Fluoratomen 2,16 Å; von Sb zu endständigen Fluoratomen 1,80 bis 1,85 Å, zu Brücken-Fluoratomen 1,95 Å) [52]. Mit SeF_4 entstehen die Komplexe $SeF_4 \cdot 2\,NbF_5$, $SeF_4 \cdot NbF_5$ und $SeF_4 \cdot TaF_5$. Während SbF_5 die stärkere Lewis-Säure als NbF_5 ist, ist SeF_4 eine schwächere Lewis-Säure, und die Komplexe enthalten ionische Bindungsanteile mit $[Nb_2F_{11}]$- bzw. $[MF_6]$-Anionen. In dem $[Nb_2F_{11}]$-Anion liegt eine symmetrische Fluorbrücke vor (d(NbF) 2,05 Å; Winkel (NbFNb) 166°) [53].

Von NbF_5 und TaF_5 sind zahlreiche Substitutionsprodukte bekannt, in denen ein oder mehrere Fluoratome gegen andere negative Reste (z. B. Cl, Br, OCH_3, OC_6H_5) ausgetauscht sind.

NbF_5 und TaF_5 bilden auch zahlreiche Fluorokomplex-Salze. Die für die Praxis wichtigsten Salze sind $K_2[NbOF_5]$ und $K_2[TaF_7]$; wegen ihrer unterschiedlichen Löslichkeit in H_2O gelang hiermit erstmals die Trennung von Nb und Ta durch fraktionierte Kristallisation der Fluorosalze [54]. Die Fluorokomplexe werden entweder aus Schmelzen der entsprechenden Fluoride oder aus Reaktionen in HF erhalten. Dabei bilden sich $M^I[MF_6]$ $(M^I = $ Alkalimetall, NH_4, Tl, Ag, Cu, NO, $O_2^+)$, $M_2^I[MF_7]$ $(M^I = $ Alkalimetall), $M^{II}[MF_7]$ $(M^{II} = $ Mg, Mn, Fe, Co, Ni, Cu, Zn, Cd) und $M_3^I[MF_8]$ $(M^I = $ Li, Na, K, NH_4, Tl). Die Hexafluorometallate $M^I[MF_6]$ enthalten oktaedrisch koordinierte Anionen; in den Systemen $TlF - NbF_5$ und $KF - NbF_5$ sind auch die Di- und Triniobate $M^I[Nb_2F_{11}]$ und $M^I[Nb_3F_{16}]$ nachgewiesen worden [55]. Bei der partiellen Hydrolyse von $[et_4N][TaF_6]$ in CH_3OH bildet sich $[et_4N]_2[Ta_2OF_{10}]$ mit linearer Ta$-$O$-$Ta-Bindung [56]. Die Anionen der Heptafluorometallate $M_2[MF_7]$ sind analog dem $(NH_4)_3[ZrF_7]$ gebaut. In den Oktafluorometallaten $M_3^I[MF_8]$ liegen quadratisch-antiprismatische $[MF_8]$-Einheiten vor.

Nioboxidtrifluorid NbOF₃ und *Tantaloxidtrifluorid TaOF₃* bilden sich bei der thermischen Zersetzung der $MF_3(SO_3F)_2$ bei 175 bzw. 225 °C oder der partiellen Hydrolyse der Pentafluoride [51] und auch der thermischen Reaktion von TaF_5 mit SiO_2 [57]. Von $NbOF_3$ sind dem VOF_3 analoge Komplexe $NbOF_3 \cdot 2D$ bekannt [58]. Die *Dioxidfluoride NbO₂F* und *TaO₂F* entstehen bei der Reaktion der Metalle oder Metallpentoxide in 48%iger Flußsäure und anschließendem Eindampfen bei 250 °C. Sie haben kubische ReO_3-Struktur, in der die F- und O-Atome unregelmäßig in oktaedrischen Positionen verteilt sind. Oberhalb 500 °C zersetzt sich NbO_2F zu $NbOF_3$, welches beim Abkühlen wieder zerfällt gemäß $2\,NbOF_3 \rightarrow NbO_2F + NbF_5$ [59]. Hauptsächlich von Nb existieren auch Komplexsalze der Zusammensetzungen $M^I[MOF_4]$, $M_2^I[MOF_5]$, $M_3^I[MOF_6]$, $M^I[MO_2F_2]$, $M_3^I[MO_2F_4]$ sowie Polymetallate.

Literatur

a) Übersichtsartikel

F. Fairbrothers, The Chemistry of Niobium and Tantalum, Elsevier – Amsterdam, 1967.

F. Fairbrothers, The Halides of Niobium and Tantalum in *V. Gutmann,* Halogen Chemistry, Vol. 3, S. 123 (1967).

R. J. H. Clark, The Chemistry of Titanium und Vanadinium, Elsevier – Amsterdam, 1968.

R. D. Peacock, Transition Metal Penta Fluorides and Related Compounds, Adv. Fluorine Chem. **7,** 113 (1973).

b) Spezielle Literatur

1. *J. W. Stout* und *W. O. J. Boo,* J. Appl. Phys. **37,** 966 (1966).
2. *C. Cros, R. Feurer* und *M. Pouchard,* J. Fluorine Chem. **5,** 457 (1975).
3. *J. W. Hastie, R. H. Hauge* und *J. L. Margrave,* High Temp. Sci. **3,** 257 (1971).
4. *C. Cros, R. Feurer* und *M. Pouchard,* Mater. Res. Bull. **11,** 117 (1976); J. Fluorine Chem. **7,** 605 (1976); *R. F. Williamson* und *W. O. J. Boo,* Inorg. Chem. **16,** 646 (1977).
5. *C. Cros, R. Feurer, M. Pouchard* und *P. Hagenmuller,* Mater. Res. Bull. **10,** 383 (1975); *R. F. Williamson* und *W. O. J. Boo,* Inorg. Chem. **16,** 649 (1977).
6. *O. Ruff* und *H. Lickfett,* Ber. **44,** 2539 (1911).
7. *R. G. Cavell* und *H. C. Clark,* J. Chem. Soc. **1962,** 2692.
8. *H. W. Roesky, O. Glemser* und *K.-H. Hellberg,* Chem. Ber. **99,** 459 (1966).
9. *K. H. Jack* und *V. Gutmann,* Acta Cryst. **4,** 246 (1951).
10. *E. G. Sidelnikova* und *S. A. Amirova,* Zh. prikl. Khim. **47,** 1262 (1974).
11. *D. Dumora, R. von der Mühll* und *J. Ravez,* Mater. Res. Bull. **6,** 561 (1971); *W. Massa* und *W. Rüdorff,* Z. Naturforsch. **26 b,** 1216 (1971); *A. Ono,* Mineral J. **7,** 228 (1973); *E. Alter* und *R. Hoppe,* Z. anorg. allg. Chem. **412,** 110 (1975); *C. W. F. T. Pistorius,* Rev. Chim. Minérale **12,** 53 (1975).
12. *B. L. Chamberland, A. W. Sleight* und *W. H. Cloud,* J. Solid State Chem. **2,** 49 (1970); *M. Bayard, M. Pouchard, P. Hagenmuller* und *A. Wold,* J. Solid State Chem. **12,** 41 (1975).
13. *W. E. Falconer, G. R. Jones, W. A. Sunder, I. Haigh* und *R. D. Peacock,* J. inorg. nucl. Chem. **35,** 751 (1973).

130

14. *W. Liebe, E. Weise* und *W. Klemm*, Z. anorg. allg. Chem. **311**, 281 (1961); *K. Waltersson, K. A. Wilhelmi, A. Carpy* und *J. Galy*, Bull. Soc. franc. Minéral Crist. **97**, 13 (1974).

15. *L. Kolditz, V. Neumann* und *G. Kilch*, Z. anorg. allg. Chem. **325**, 275 (1963).

16. *G. Pausewang*, Z. anorg. allg. Chem. **381**, 189 (1971).

17. *A. Demšar* und *P. Bukovec*, Inorg. Chim. Acta **25**, L 121 (1977).

18. *H. J. Emeléus* und *V. Gutmann*, J. Chem. Soc. **1949**, 2979.

19. *A. Šmalc*, Mh. Chem. **98**, 163 (1967).

20. *K. Johnson* und *W. N. Hubbard*, J. Chem. Thermodyn. **6**, 59 (1974).

21. *W. E. Falconer, G. R. Jones, W. A. Sunder, M. J. Vasile, A. A. Muenter, T. R. Dyke* und *W. Klemperer*, J. Fluorine Chem. **4**, 213 (1974) und dort zitierte Literatur.

22. *A. J. Edwards* und *G. R. Jones*, J. Chem. Soc. **A 1969**, 1651.

23. *I. R. Beattie, K. M. S. Livingston, G. A. Ozin* und *D. J. Reynolds*, J. Chem. Soc. **A 1969**, 958.

24. *W. Klemm*, Angew. Chem. **66**, 468 (1954); *B. Cox*, J. Chem. Soc. **1956**, 876; *R. D. Kemmitt, D. R. Russell* und *D. W. A. Sharp*, J. Chem. Soc. **1963**, 4408.

25. *B. Žemva, J. Slivnik* und *S. Milićev*, J. Fluorine Chem. **9**, 251 (1977).

26. *S. Brownstein* und *G. Latremouille*, Can. J. Chem. **52**, 2236 (1974).

27. *R. Bougon, T. B. Huy, A. Cadet, P. Charpin* und *R. Rousson*, Inorg. Chem. **13**, 690 (1974).

28. *H. J. Emeléus* und *A. A. Woolf*, J. Chem. Soc. **1950**, 164; *H. M. Haendler, S. F. Bartram, R. S. Becher, W. J. Bernard* und *S. W. Bukata*, J. Amer. Chem. Soc. **76**, 2177 (1954).

29. *A. J. Edwards* und *D. J. Lloyd*, J. C. S. Chem. Comm. **1972**, 719.

30. *A. J. Edwards* und *P. Taylor*, J. C. S. Chem. Comm. **1970**, 1474.

31. *J. Weidlein* und *K. Dehnicke*, Z. anorg. allg. Chem. **348**, 278 (1966).

32. *G. W. Bushnell* und *K. C. Moss*, Can. J. Chem. **50**, 3700 (1972); *A. J. Edwards, D. R. Slim, J. Sala-Pala* und *J. E. Guerchais*, Compt. rend. **276 C**, 1377 (1973); *H. Rieskamp* und *R. Mattes*, Z. anorg. allg. Chem. **401**, 158 (1973).

33. *J. A. S. Howell* und *K. C. Moss*, J. Chem. Soc. **A 1971**, 270.

34. *P. Slota* und *G. Mitra*, J. Fluorine Chem. **5**, 185 (1975).

35. *G. Pausewang* und *K. Dehnicke*, Z. anorg. allg. Chem. **369**, 265 (1969); *A. K. Sengupta* und *B. B. Bhaumik*, Z. anorg. allg. Chem. **390**, 61, 311 (1972).

36. *A. K. Sengupta* und *B. B. Bhaumik*, Z. anorg. allg. Chem. **384**, 255 (1971); *R. Mattes* und *H. Rieskamp*, Z. Naturforsch. **27 b**, 1424 (1972); *E. Ahlborn, E. Diemann* und *A. Müller*, Z. anorg. allg. Chem. **394**, 1 (1972).

37. *R. R. Ryan, S. H. Mastin* und *M. J. Reisfeld*, Acta Cryst. **B 27**, 1270 (1971).

38. *H. Schäfer, H. G. von Schnering, K.-J. Niehues* und *H.-G. Nieder-Vahrenkamp*, J. Less Common Met. **9**, 95 (1965).

39. *P. Ehrlich, F. Plöger* und *G. Pietzka*, Z. anorg. allg. Chem. **282**, 19 (1956); *H. J. Emeléus* und *V. Gutmann*, J. Chem. Soc. **1950**, 2115; *E. L. Muetterties* und *J. E. Castle*, J. inorg. nucl. Chem. **18**, 148 (1961).

40. *V. Gutmann* und *K. H. Jack*, Acta Cryst. **4**, 244 (1951).

41. *M. Pouchard, M. R. Torki, G. Demazeau* und *P. Hagenmuller*, Compt. rend. **283 C**, 1093 (1971).

42. *F. P. Gortsema* und *R. Didchenko*, Inorg. Chem. **4**, 182 (1965).

43. *F. E. Dickson*, J. inorg. nucl. Chem. **31**, 2636 (1969).

44. *L. O. Gilpatrick* und *L. M. Toth*, Inorg. Chem. **13**, 2242 (1974).

45. *L. M. Toth* und *L. O. Gilpatrick*, Inorg. Chem. **15**, 243 (1976).

46. *E. Greenberg, C. A. Natler* und *W. H. Hubbard*, J. Phys. Chem. **69**, 2089 (1965).
47. *A. J. Edwards*, J. Chem. Soc. **1964**, 3714.
48. *H. Selig, A. Reis* und *E. L. Gasner*, J. inorg. nucl. Chem. **30**, 2087 (1968).
49. *G. V. Romanov* und *V. P. Spiridonov*, Zh. Strukt. Khim. **7**, 882 (1966); *M. J. Vasile, G. R. Jones* und *W. E. Falconer*, J. C. S. Chem. Comm. **1971**, 1355; *L. E. Alexander, I. R. Beattie* und *P. J. Jones*, J. C. S. Dalton Trans. **1972**, 210; *J. Fawcett, A. J. Hewitt, J. H. Holloway* und *M. A. Stephen*, J. C. S. Dalton Trans. **1976**, 2422.
50. *J. A. S. Howell* und *K. C. Moss*, J. Chem. Soc. **A 1971**, 2483.
51. *H. C. Clark* und *H. J. Emeléus*, J. Chem. Soc. **1958**, 190.
52. *A. J. Edwards*, J. C. S. Chem. Comm. **1970**, 820; *T. K. Davies* und *K. C. Moss*, J. Chem. Soc. **A 1970**, 1054.
53. *A. J. Edwards* und *G. R. Jones*, J. Chem. Soc. **A 1970**, 1491, 1891; *R. J. Gillespie* und *A. Whitla*, Can. J. Chem. **48**, 656 (1970).
54. *M. C. Marignac*, Ann. Chim. Phys. **8**, 5 (1866).
55. *D. Bizot* und *M. Malek-Zadeh*, Rev. Chim. Minérale **11**, 710 (1974); *D. Bizot* und *H. Vestegaine*, J. inorg. nucl. Chem. Supplement **1976**, 67.
56. *J. Sala-Pala, J. Y. Calves, J. E. Guerchais, S. Brownstein, J. C. Dewan* und *A. J. Edwards*, Can. J. Chem. **56**, 1545 (1978).
57. *H. Schäfer, D. Brauer, W. Beckmann, R. Gerken, H.-G. Nieder-Vahrenkamp, K.-J. Niehues* und *H. Scholz*, Naturwiss. **51**, 241 (1964).
58. *J. Sala-Pala, J. Y. Calves* und *J. E. Guerchais*, J. inorg. nucl. Chem. **37**, 1294 (1975).
59. *V. I. Yampolskii, E. G. Rakov, V. A. Davydvo, V. V. Mikulenok* und *A. A. Maltsev*, Zh. Neorg. Khim. **19**, 2299 (1974).

3.7. Fluoride von Chrom, Molybdän und Wolfram

Die Elemente der 6. Nebengruppe bilden binäre Fluoride in den Oxidationsstufen von $+2$ bis $+6$, wobei eine deutliche Abstufung von Chrom zu Wolfram zu beobachten ist, die sich sowohl in der niedrigsten als auch der höchsten Valenz bemerkbar macht. So bildet nur Chrom ein Difluorid; Trifluoride sind von Chrom und Molybdän bekannt, während das niedrigste binäre Wolframfluorid das WF_4 ist. Umgekehrt nimmt die Stabilität der Hexafluoride von Chrom zu Wolfram zu. Bedingt durch die Lanthanidenkontraktion ähneln sich die Molybdän- und Wolframfluoride in ihren Eigenschaften und werden daher gemeinsam behandelt.

Chromfluoride

Chromdifluorid CrF_2 (Fp. 894 °C) bildet sich als grüner Festkörper bei der Reduktion von wasserfreiem CrF_3 mit H_2 bei 500 – 600 °C, oder in reiner Form bei der Pyrolyse von CrF_3 oder $(NH_4)_3[CrF_6]$ bei 1100 °C (Disproportionierung des Cr(III)) [1].

CrF_2 kristallisiert im Rutilgitter mit verzerrt oktaedrischer Umgebung des Chrom (d(CrF) $2 \times 1{,}98$ Å, $2 \times 2{,}01$ Å, $2 \times 2{,}43$ Å). Aus dem Absorptionsspektrum von CrF_2-Einkristallen läßt sich annähernd eine D_{4h}-Symmetrie ableiten [2]. CrF_2 ist chemisch recht inert, in H_2O nicht löslich; an der Luft erfolgt langsame Oxidation zu Cr_2O_3. Fluor oxidiert CrF_2 primär zu CrF_3, mit N_2 bildet sich bei 650 °C das Chrom(III)-nitridfluorid Cr_2NF_3 [3]. Mit NH_3 bildet sich der Komplex $[CrF_2(NH_3)_4]$ mit cis-Anordnung der beiden Fluoratome.

Von CrF_2 leiten sich eine Reihe von Komplexsalzen ab: $M^I[CrF_3]$ (M^I = K, Rb, NH_4, mit verzerrter Perowskit-Struktur; d(CrF) $2 \times 2{,}00$ Å, $4 \times 2{,}14$ Å [4]; sehr leicht oxidierbar)); $Na_2[CrF_4]$ (an der Luft stabil) und $Sr[CrF_4]$ mit quadratisch-planarer $[CrF_4]$-Gruppe (d(CrF) $1{,}98$ Å) [5].

Bei der unvollständigen Reduktion von CrF_3 oder beim Erhitzen eines Gemisches aus CrF_2 und CrF_3 auf 800 – 900 °C bildet sich das gemischte Fluorid der ungefähren Zusammensetzung Cr_2F_5 [1]. Hierin liegen Cr(II) und Cr(III) in jeweils oktaedrischer Umgebung von Fluoratomen vor; in den Kristallen finden sich die Einzelstrukturen von CrF_2 und CrF_3 wieder, wobei die Oktaedereinheiten über Kanten und Ecken miteinander verknüpft sind. Auch Cr_2F_5 ist chemisch recht inert. Bei Reaktionen mit NaF, KF bzw. NH_4F bilden sich die Chrom(II)-Salze $Na_2[CrF_4]$, $K[CrF_3]$ bzw. $NH_4[CrF_3] \cdot 2 H_2O$. Gemischte Cr(II)-Cr(III)-Komplexsalze existieren in den Formen $K_x[Cr_x^{II}Cr_{1-x}^{III}F_3]$ [6] und $M^I[Cr^{II}Cr^{III}F_6]$ (M^I = Rb, Cs, Tl) [7]. Isostrukturell mit Cr_2F_5 sind die Verbindungen $CrMF_5$ (M = Al, Ga, Ti, V) [8].

Chromtrifluorid CrF_3 (Fp. 1100 °C) entsteht bei der Reaktion von Chrom mit wasserfreiem HF [1] oder der thermischen Zersetzung von $(NH_4)_3[CrF_6]$ im Vakuum [9] als grüner Festkörper (Bildungsenthalpie $\Delta H_f^0 = -1108$ kJ/mol). Es kristallisiert in einer Schichtenstruktur (d(CrF) $1{,}90$ Å). Gasförmiges CrF_3 ist monomer (D($CrF_2 - F$) 539 kJ/mol) [10]. In H_2O ist CrF_3 stabil; aus der Lösung lassen sich Hydrate erhalten; das $CrF_3 \cdot 9 H_2O$ ist als $[Cr(H_2O)_6]F_3 \cdot 3 H_2O$ zu formulieren [11]. In fester Phase bildet sich $CrF_3 \cdot 3 HF \cdot 3 H_2O$, das als Komplexsäure $(H_3O)_3[CrF_6]$ vorliegt [12]. Mit starken Reduktionsmitteln wird CrF_3 zu CrF_2 reduziert; bei 1100 °C tritt Dissoziation in CrF_2 und F_2 ein. Charakteristisch ist auch hier die Bildung zahlreicher komplexer Fluorochromate, die z. B. in folgenden stöchiometrischen Zusammensetzungen auftreten, wobei in allen Fällen Chrom oktaedrisch koordiniert ist: $M^I[CrF_4]$ (M^I = Alkalimetall, Tl) [13], $M_2^I[CrF_5(H_2O)]$ (M^I = K, Rb, NH_4, N_2H_5, Tl) [14]; $M_3^I[CrF_6]$ (M^I = Li, Na, NH_4, N_2H_5; Perowskit-Struktur) [14, 15]; $Na_5[Cr_3F_{14}]$ (Chiolith-Struktur) [16]; $Sr_5[Cr_3F_{19}]$ [17] oder $K_2[Cr_5F_{17}]$ [13]. Zahlreiche weitere Hexafluorochromate mit unterschiedlichen Alkalimetallkationen kristallisieren im Elpasolith-Gitter [z. B. 18].

Chromtetrafluorid CrF_4 (Subl. 100 °C; Fp. (ber.) 277 °C) ist ein grünschwarzer Festkörper, der bei der Fluorierung von Chrom oder Chromtrihalogeniden bei 300 – 350 °C entsteht [19]. CrF_4 wird schnell hydrolysiert, ist aber in trockener Atmosphäre auch oberhalb des Schmelzpunktes stabil. Es bildet eine Reihe von Fluorokomplexen, die bei der Fluorierung von Gemischen aus $CrCl_3$ und Metallhalogeniden erhalten werden können, und die entweder eine $[CrF_5]^-$- oder eine $[CrF_6]^{2-}$-Gruppe mit jeweils oktaedrischer Umgebung des Chroms enthalten [20]. Bei der Reaktion von Chrom mit XeF_2 und XeF_6 wird neben CrF_2 und CrF_3 auch der Cr(IV)-Komplex $CrF_4 \cdot XeF_6$ gebildet [21]. Als weitere Cr(IV)-Verbindung ist $CrOF_2$ beschrieben, das als braunschwarzes Produkt bei der thermischen Zersetzung von CrO_2F_2 entstehen soll [22].

Chrompentafluorid CrF_5 (Fp. 30 °C; Kp. 117 °C) ist das einzige bekannte Pentahalogenid des Chroms. Es bildet sich als flüchtige, karmesinrote Substanz bei der Fluorierung von Chrom bei 400 °C und 200 bar [19, 23, 24]. Festes CrF_5 hat VF_5-Struktur; im Dampf ist es monomer [25]; in flüssiger Phase liegt es als über cis-Fluorbrücken verknüpftes Polymer vor [26]. Es ist sehr leicht hydrolysierbar und nur schwer zu reinigen. Glas wird schon beim Schmelzpunkt von CrF_5 angegriffen. CrF_5 wird sehr leicht reduziert zu CrF_3 von z. B. PF_3, AsF_3, SbF_3 [27]. Mit SbF_5 reagiert es zu der tiefrotbraunen, viskosen Flüssigkeit $CrF_5 \cdot 2\,SbF_5$ (Fp. -23 °C); dieser Komplex ist ein starkes Oxidationsmittel und bildet z. B. mit O_2 das Dioxygenylsalz $O_2[CrF_4Sb_2F_{11}]$, welches wiederum elementares Xe, C_6F_6 oder auch IF_5 oxidieren kann. Mit CsF (60 °C) bzw. NO_2F (35 °C) entstehen die roten Salze $Cs[CrF_6]$ bzw. $NO_2[CrF_6]$ [28].

Chromhexafluorid CrF_6 entsteht neben CrF_5 als sehr instabile, zitronengelbe Verbindung bei der Hochdruckfluorierung von Chrom bei 400 °C; schon bei -100 bis -80 °C tritt Zersetzung zu $CrF_5 + 1/2\,F_2$ ein [24].

Die Chromoxidfluoride $CrOF_4$ (Fp. 55 °C; tiefrot) [23] und CrO_2F_2 (Subl. 29,6 °C; Fp. (1,18 bar) 31,6 °C; rot-violett) [29] bilden sich bei Fluorierungsreaktionen von CrO_3 oder K_2CrO_4; die besten Ausbeuten werden erzielt bei den Umsetzungen von CrO_3 mit F_2 bei 150 °C (CrO_2F_2) und 220 °C ($CrOF_4$) [30] bzw. CrO_3 mit überschüssigem ClF bei 0 °C [31]. Beide Verbindungen sind sehr leicht hydrolysierbar, starke Oxidations-, aber keine Halogenierungsmittel und im Dunkeln in trockener Atmosphäre stabil. Aus Raman-Spektren ergibt sich für CrO_2F_2, daß es in flüssiger Phase monomer, im Festkörper über Fluorbrücken polymerisiert mit terminalen Cr – O-Bindungen vorliegt (VOF_3-Struktur) [32]. Aus Elektronenbeugungsmessungen folgt ein Bindungswinkel (OCrO) 102,1° und (FCrF) 118,9° [33]. Bei den Reaktionen mit NOF bzw. NO_2F bilden sich die Salze $NO[CrO_2F_3]$ und $NO_2[CrO_2F_3]$ [31]; mit $M^{II}F_2$ und M^IF entstehen $M^{II}[CrO_2F_4]$ und $M_2^I[CrO_2F_4]$; mit den Lewis-Säuren SO_3, TaF_5, SbF_5 werden die Verbindungen $CrO_2(SO_3F)_2$, $[CrO_2F][TaF_6]$ und $[CrO_2F][Sb_2F_{11}]$ gebildet [34].

Fluoride von Molybdän und Wolfram

Von Molybdän und Wolfram sind keine Difluoride bekannt. Auch alle Versuche, WF_3 zu gewinnen, blieben bisher erfolglos.

Molybdäntrifluorid MoF_3 kann am besten bei der Reduktion von MoF_5 mit Mo bei 400 °C oder mit SbF_3 bzw. H_2 als nicht-flüchtiger Festkörper erhalten werden. Es kristallisiert analog CrF_3. MoF_3 ist in H_2O unlöslich, im Vakuum bis 600 °C stabil; beim Erhitzen an der Luft entsteht MoO_3. Es sind einige Komplexsalze bekannt, von denen $K_3[MoF_6]$ (d(MoF) 2,00 Å; Perowskit-Struktur) am besten untersucht ist.

Die Tetrafluoride MoF_4 (hellgrün) und WF_4 (rotbraun) entstehen als nicht-flüchtige Verbindungen beim Erwärmen der Hexafluoride mit Kohlenwasserstoffen, z. B. Benzol, auf 110 °C [35]; darüber hinaus gibt es noch einige spezielle Darstellungsmethoden, z. B. thermische Zersetzung von Mo_2F_9 bei 150 °C [36] oder Reduktion von MoF_6 mit Si [37]. WF_4 kann auch durch Reduktion von WCl_6 in Acetonitril und anschließende Fluorierung mit AsF_3 erhalten werden [38]. MoF_4 hat NbF_4-Struktur mit oktaedrischer Umgebung des Mo [39]. Beide Tetrafluoride sind leicht hydrolysierbar und oxidierbar und disproportionieren bei hoher Temperatur. Einige wenige Komplexsalze – hauptsächlich von Molybdän – $M_2^I[MoF_6]$ ($M^I =$ Alkalimetall, Tl) und $Tl_2M^I[MoF_7]$ ($M^I =$ Na, K) sind bekannt [40].

Bei der Fluorierung von $Mo(CO)_6$ mit F_2 bei -75 °C entsteht zunächst das gemischtvalente Mo_2F_9, das bei 150 °C in das nicht-flüchtige MoF_4 und das flüchtige MoF_5 zerfällt. Auch bei der Reduktionsreaktion von MoF_6 mit Si im Verhältnis 2:1 in wasserfreiem HF entsteht ein Polymeres der Zusammensetzung Mo_2F_9 in Form eines grünen Öls [37]. Dies wird auch als ionische Verbindung $[MoF_3]^+[MoF_6]^-$ formuliert. In Analogie hierzu ist das bei der Reaktion von MoF_6 mit Chloriden oder von $MoCl_5$ mit wasserfreiem HF entstehende orange-braune $Mo_2Cl_3F_6$ als $[Mo_3Cl_9]$ $[MoF_6]_3$ zu formulieren [41].

Molybdänpentafluorid MoF_5 (Fp. 67 °C; Kp. (ber.) 214 °C) und *Wolframpentafluorid* WF_5 (Zers.) sind gelbe, sehr hydrolyseempfindliche Festkörper. Für MoF_5 existieren zahlreiche Darstellungsverfahren, z. B. Zersetzung von Mo_2F_9 bei 150 °C, Reduktion von MoF_6 mit Mo, mit PF_3, mit $Mo(CO)_6$, oder mit Si (4:1) oder H_2 (2:1) in wasserfreiem HF [37]. Die Entdeckung des WF_5 war das Ergebnis eingehender Untersuchungen der Halogenlampen; es entsteht aus WF_6 und einem elektrisch auf 500–600 °C erhitzten Wolframdraht an der auf -50 bis -60 °C gekühlten Außenwand des Reaktors [42]. Im Massenspektrum sind dabei auch die Dimeren W_2F_{10}, Trimeren W_3F_{15} und Tetrameren W_4F_{20} nachweisbar [43]. MoF_5 und WF_5 haben NbF_5-Struktur (Bindungsabstand Mo zu Brükken-F-Atomen 2,06 Å; Mo zu endständigen F-Atomen 1,78 Å; Winkel (MoFMo) 180°) [42, 44]. MoF_5 schmilzt zu einer viskosen gelben Flüssigkeit, die farblosen Dämpfe enthalten noch assoziierte Moleküle. Das Ramanspektrum des MoF_5 ist dem von NbF_5 und TaF_5 sehr ähnlich (D_{3h}-Symmetrie) [45]. Die Schwingungsspektren von in einer Matrix isoliertem MoF_5 ergeben eine trigonal-bipyramidale Molekülstruktur [46]. Die Pentafluoride disproportionieren irreversibel bei 165 °C (MoF_5) [47]. bzw. 50–70 °C (WF_5) [42]. Festes MoF_5 ist in trockenem Glas stabil, die

Schmelze greift Glas an. MoF_5 ist löslich in MoF_6 und in wasserfreiem HF, bildet 1 : 1-Addukte mit NH_3, $(CH_3)_2O$ und $(CH_3)_2S$ und 1 : 2-Addukte mit CH_3CN und Pyridin [48]. Bei der Komplexbildung von MoF_5 oder $[MoF_6]^-$ mit BF_3, AsF_5, TaF_5, NbF_5 werden Fluorbrücken ausgebildet [49].

Die Fluoromolybdate(V) und Fluorowolframate(V) entstehen entweder bei der Reduktion der Hexafluoride mit $M^I I$ in flüssigem SO_2 [50] oder der Reaktion der Hexacarbonyle mit IF_5 in Gegenwart der entsprechenden Metallfluoride oder -jodide [51] als farblose kristalline Festkörper der Zusammensetzungen $M^I[M^V F_6]$ (M^I = Li, Na, K, Rb, Cs, Tl, NO; M^V = Mo, W), $M_2^I[M^V F_7]$ und $M_3^I[M^V F_8]$ (thermochemische Untersuchungen [52]).

Als gemischte Mo(V)-halogenide sind bekannt $MoBrF_4$ (rot-braun, Struktur und Eigenschaften wie MoF_5) [48], $MoCl_2F_3$ (braun) [53, 54] und $MoCl_4F$ (blau-schwarz) [53].

Wird $MoOF_4$ mit MoF_4 bei höherer Temperatur umgesetzt, entsteht das *Molybdänoxidtrifluorid MoOF_3*, das mit flüssigem NH_3 die Komplexe $MoF_5 \cdot m\,NH_3$ (m = 1 – 5) und $MoOF_3 \cdot n\,NH_3$ (n = 1, 2) bildet [55]. Auch einige Oxofluoromolybdate und -wolframate sind existent.

Molybdänhexafluorid MoF_6 (Fp. 17,4 °C; Kp. 34 – 35 °C) und *Wolframhexafluorid WF_6* (Fp. 2 °C (0,55 bar); Kp. 17,1 °C) entstehen als farblose, diamagnetische Produkte aus den Elementen oder bei Fluorierungsreaktionen von Mo- bzw. W-Verbindungen. Die Festkörper liegen oberhalb $-9,6$ °C (MoF_6) bzw. $-8,5$ °C (WF_6) in einer kubischen, unterhalb dieser Temperaturen in einer orthorhombischen Modifikation vor [56]. Aus Neutronenbeugungsuntersuchungen ergibt sich für MoF_6: d(MoF) ca. 1,80 Å [57] und für WF_6: d(WF) 1,81 Å (orthorhombisch) und 1,829 Å (kubisch) [58]. Die Hexafluoride sind sehr leicht hydrolysierbar und reduzierbar. In den meisten organischen Lösungsmitteln erfolgt Reduktion zum 5wertigen Zustand, bei höherer Temperatur auch weiter (vgl. MF_4-Darstellung). Sie sind gut löslich in wasserfreiem HF (1,5 Mol MoF_6 und 3,14 Mol WF_6 pro 1000 g) [59]. Mit Lewis-Basen entstehen Komplexe; ^{19}F-NMR-Messungen von $WF_6 \cdot D_n$ (D = z. B. Nme_3, Pme_3, Py für n = 1; D = et_2S, et_2Se für n = 2) deuten auf nicht-starre Hepta- bzw. Okta-Koordination [60].

WF_6 und MoF_6 sind Oxidationsmittel, wobei MoF_6 stärker oxidierend wirkt als WF_6 (WF_6 ist in der Reihe der 5 d-Hexafluoride das schwächste Oxidationsmittel). So reagiert WF_6 mit z. B. $N_2H_6F_2$ in wasserfreiem HF nicht, während andere Übergangsmetallhexafluoride reduziert werden zu $[N_2H_6][M^V F_6]_2$ bzw. $[N_2H_6][M^{IV}F_6]$ [61]. MoF_6 und WF_6 oxidieren in Acetonitril-Lösung die Metalle Ag, Tl, Pb, Zn, Cd, Hg, Mn, Co, Ni zu solvatisierten Kationen und werden zu $[M^V F_6]^-$ reduziert; dabei werden z. B. Ag und Tl von WF_6 jeweils zu Ag(I) bzw. Tl(I) oxidiert, von MoF_6 aber zu Ag(II) und Tl(III) [62].

Die Fluoromolybdate(VI) bzw. -wolframate(VI) entstehen aus den Hexafluoriden mit Metalljodiden oder -fluoriden in IF_5 oder ClF_3, oder auch aus den entsprechenden Fluoriden in Acetonitrillösung [63] als farblose, an trockener Luft stabile, aber leicht hydrolysierbare Verbindungen $M^I[M^{VI}F_7]$ und $M_2^I[M^{VI}F_8]$ (M^I = Li, Na, K, Rb, Cs, NH_4, NO, NO_2; M^{VI} = Mo, W); Schwingungsspektren ergeben pentagonal-bipyramidale $[MF_7]^-$- und quadratisch-antiprismatische $[MF_8]^{2-}$-Gruppen [64].

Insbesondere von WF_6 sind durch Reaktion von Chloriden oder durch kontrollierte Fluorierung von WCl_6 alle möglichen Chloridfluoride $WF_{6-x}Cl_x$ ($x = 1-5$) erhältlich. Cis- und trans-Isomere stehen miteinander im Gleichgewicht. Die Verbindungen sind thermisch instabil und zerfallen in WF_6 und WCl_6 [z. B. 27, 65].

Fluoraustauschreaktionen von WF_6 mit $(CH_3)_3SiX$ (X = OCH_3, OC_6H_5, OC_6F_5 oder $N(C_2H_5)_2$) führen zu weiteren Derivaten [z. B. 66].

Molybdänoxidtetrafluorid $MoOF_4$ (Fp. 97,2° (33 mbar); Kp. 186 °C) und *Wolframoxidtetrafluorid* WOF_4 (Fp. 104,7° (33 mbar); Kp. 185,9 °C) entstehen als weiße, flüchtige Festkörper bei der Fluorierung der Metalle, der Metalloxide oder Metalloxidtetrachloride. $MoOF_4$ hat VF_5-Struktur (d(MoO) 1,64 Å; Abstand von Mo zu endständigen Fluoratomen 1,82 Å, zu Brücken-Fluoratomen 1,94 und 2,29 Å; Winkel (MoFMo) 151°) mit asymmetrischen Fluorbrücken. Es ist dimorph: die hexagonale Form geht innerhalb weniger Tage in die monokline Form über [67]. WOF_4 hat NbF_5-Struktur mit tetrameren $[WOF_4]_4$-Einheiten [68]. Im Dampf liegen jeweils monomere Moleküle vor [69]. Mit XeF_2 bildet WOF_4 1:1- und 2:1-Komplexe [70]. Die Thio- und Seleno-Derivate WSF_4 und $WSeF_4$ werden bei den Reaktionen von WF_6 mit Sb_2S_3 bzw. Sb_2Se_3 bei 300° bzw. 350 °C gebildet [71].

Molybdändioxiddifluorid MoO_2F_2 (Subl. 270 °C) bildet sich als weißer Festkörper bei den Fluorierungen von MoO_2Cl_2 mit HF bei 280–300 °C oder mit XeF_2 in HF bei 0 °C und von MoO_3 mit SeF_4 oder IF_5 [72, 73]. Die Existenz von *Wolframdioxiddifluorid* WO_2F_2 war lange Zeit bezweifelt; WO_2F_2 konnte inzwischen bei der Hydrolyse von WOF_4 in Flußsäure nachgewiesen werden [73].

Von Molybdän(VI) und Wolfram(VI) gibt es zahlreiche *Oxofluorokomplexsalze*. So leiten sich von MOF_4 (M jeweils Mo und W) Salze der Form $M^I[MOF_5]$ und $M^I[M_2O_2F_9]$ ab [74]. Das dimere Anion hat eine nahezu lineare (MFM)-Brücke:

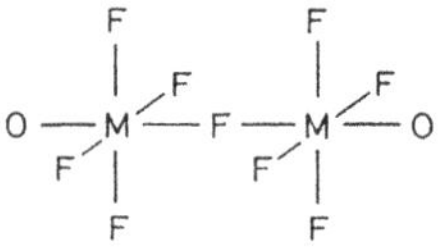

$$O-\underset{\underset{\displaystyle F}{|}}{\overset{\overset{\displaystyle F}{|}}{M}}\!\!\diagup^{F}\!\!-F-\underset{\underset{\displaystyle F}{|}}{\overset{\overset{\displaystyle F}{|}}{M}}\!\!\diagup^{F}\!\!-O$$

Als Salze von MO_2F_2 sind die Verbindungen der Formen $M^I[MO_2F_3]$, $M_2^I[MO_2F_4]$, $M_3^I[MO_2F_5]$ und $M_3^I[M_2O_4F_7]$ aufzufassen. Die Struktur der Anionen $[MO_2F_3]^-$ ist identisch mit der des $K_2[VO_2F_3]$; oktaedrisch koordinierte Metallatome sind über cis-Fluorbrücken zu unendlichen Ketten verknüpft [75]. Andere Salze haben die Zusammensetzungen $M_2^I[MO_3F_2]$, $M_3^I[MO_3F_3]$ etc.

Literatur

a) Übersichtsartikel

J. E. Ferguson, Halide Chemistry of Chromium, Molybdenum and Tungsten in *V. Gutmann,* Halogen Chemistry, Vol 3, Academic Press – New York, 1967.

R. V. Parish, The Inorganic Chemistry of Tungsten, Adv. Inorg. Chem. Radiochem. **9,** 315 (1966).

R. D. Peacock, Transition Metal Penta Fluorides and Related Compounds, Adv. Fluorine Chem. **7,** 113 (1973).

b) Spezielle Literatur

1. *B. J. Sturm,* Inorg. Chem. **1,** 665 (1962).
2. *P. E. Lim* und *J. W. Stout,* J. Chem. Phys. **63,** 4886 (1975).
3. *A. D. Westland,* J. inorg. nucl. Chem. **35,** 451 (1973).
4. *A. De Kozak,* Rev. Chim. Minérale **8,** 301 (1971).
5. *R. von der Mühll, D. Dumora, J. Ravez* und *P. Hagenmuller,* J. Solid State Chem. **2,** 262 (1970); *H. G. von Schnering, B. Kolloch* und *A. Koldziejczyk,* Angew. Chem. **83,** 440 (1971).
6. *D. Dumora, J. Ravez* und *P. Hagenmuller,* Bull. Soc. Chim. France **1970,** 1751.
7. *E. Banks, J. A. Deluca* und *O. Berkooz,* J. Solid State Chem. **6,** 569 (1973).
8. *A. Tressaud, J. M. Dance, J. Ravez, J. Portier, P. Hagenmuller* und *J. B. Goodenough,* Mater. Res. Bull. **8,** 1467 (1973); *J. M. Dance* und *A. Tressaud,* Compt. rend. **277 C,** 379 (1973).
9. *P. Bukovec* und *J. Siftar,* Mh. Chem. **105,** 510 (1974).
10. *K. F. Zmbov* und *J. L. Margrave,* J. inorg. nucl. Chem. **29,** 673 (1967).
11. *M. Epple* und *W. Massa,* Z. anorg. allg. Chem. **444,** 47 (1978).
12. *D. D. Ikrami* und *R. Okhunov,* Dokl. Akad. Nauk SSSR **27,** 18 (1975).
13. *G. Knoke* und *D. Babel,* Z. Naturforsch. **30 b,** 454 (1975); Z. anorg. allg. Chem. **442,** 151 (1978).
14. *E. Baumgartel, J. Teich* und *W. Müller,* Z. anorg. allg. Chem. **383,** 113 (1971); **386,** 279, 285 (1972).
15. *G. D. Brunton,* Mater. Res. Bull. **4,** 621 (1969); *W. Massa* und *W. Rüdorff,* Z. Naturforsch. **26 b,** 1216 (1971).
16. *J. P. Miranday, G. Ferey, C. Jacobini, J. M. Dance, A. Tressaud* und *R. De Pape,* Rev. Chim. Minérale **12,** 187 (1975).
17. *J. Ravez, R. von der Mühll* und *P. Hagenmuller,* J. Solid State Chem. **14,** 20 (1975).
18. *G. Siebert* und *R. Hoppe,* Z. anorg. allg. Chem. **391,** 117 (1972); *D. Babel, R. Hägele, G. Pausewang* und *F. Wall,* Mater. Res. Bull. **8,** 1371 (1973); *C. W. F. T. Pistorius,* Rev. Chim. Minérale **12,** 53 (1975).
19. *H. von Wartenberg,* Z. anorg. allg. Chem. **247,** 135 (1941).
20. *E. Huss* und *W. Klemm,* Z. anorg. allg. Chem. **262,** 25 (1950); *G. Siebert* und *R. Hoppe,* Naturwiss. **58,** 95 (1971); Z. anorg. allg. Chem. **391,** 113, 117, 126 (1972).
21. *B. Zemva, A. Zupan* und *J. Slivnik,* J. inorg. nucl. Chem. **35,** 3941 (1973).
22. *W. V. Rochat, J. N. Gerlach* und *G. L. Gard,* Inorg. Chem. **9,** 998 (1970).
23. *A. J. Edwards,* Proc. Chem. Soc. **1963,** 205.
24. *O. Glemser, H. Roesky* und *K.-H. Hellberg,* Angew. Chem. **75,** 346 (1963).
25. *M. J. Vasile, G. R. Jones* und *W. E. Falconer,* J. C. S. Chem. Comm. **1971,** 1335.
26. *S. D. Brown, T. M. Loehr* und *G. L. Gard,* J. Chem. Phys. **64,** 260 (1976).
27. *T. A. O'Donnell* und *D. W. Stewart,* Inorg. Chem. **5,** 1434 (1966).

28. *S. D. Brown, T. M. Loehr* und *G. L. Gard*, J. Fluorine Chem. **7**, 19 (1976).
29. *A. Engelbrecht* und *A. V. Grosse*, J. Amer. Chem. Soc. **74**, 5262 (1952).
30. *A. J. Edwards, W. E. Falconer* und *W. A. Sunder*, J. C. S. Dalton Trans. **1974**, 541.
31. *P. J. Green* und *G. L. Gard*, Inorg. Nucl. Chem. Lett. **14**, 179 (1978).
32. *S. D. Brown, G. L. Gard* und *T. M. Loehr*, J. Chem. Phys. **64**, 1219 (1976).
33. *C. D. Garner, R. Mathen* und *M. F. A. Dove*, J. C. S. Chem. Comm. **1973**, 633.
34. *S. D. Brown, P. J. Green* und *G. L. Gard*, J. Fluorine Chem. **5**, 203 (1975).
35. *H. F. Priest* und *W. S. Schumb*, J. Amer. Chem. Soc. **70**, 3379 (1948).
36. *R. D. Peacock*, Proc. Chem. Soc. **1957**, 59; *R. T. Paine* und *L. B. Asprey*, Inorg. Chem. **13**, 143 (1974).
37. *R. T. Paine* und *L. B. Asprey*, Inorg. Chem. **13**, 1529 (1974).
38. *H. Meinert* und *A. Dimitrov*, Z. Chem. **16**, 29 (1976).
39. *J. B. Bates*, Inorg. Nucl. Chem. Lett. **7**, 957 (1971).
40. *A. J. Edwards* und *R. D. Peacock*, Chem. and Ind. **1960**, 1441; *G. Brunton*, Mater. Res. Bull. **6**, 555 (1971); *A. J. Edwards* und *B. R. Steventon*, J. C. S. Dalton Trans. **1977**, 1860; *K. Lehr* und *R. Hoppe*, 6. Europäisches Fluorsymposium, Dortmund, 1977, Abstract I 48.
41. *D. W. Stewart* und *T. A. O'Donnell*, Nature **210**, 836 (1966); *T. A. O'Donnell* und *P. W. Wilson*, Aust. J. Chem. **21**, 1415 (1968); *A. A. Opalovskii* und *K. A. Khaldoyanidi*, Russ. J. Inorg. Chem. **13**, 310 (1968).
42. *J. Schröder* und *T. J. Grewe*, Angew. Chem. **80**, 118 (1968); Chem. Ber. **103**, 1536 (1970).
43. *A. V. Gusarov, V. S. Perov, I. S. Gotkis, L. I. Klyuer* und *V. D. Butskii*, Dokl. Akad. Nauk S.S.S.R. **216**, 1296 (1974).
44. *A. J. Edwards, R. D. Peacock* und *R. W. H. Small*, J. Chem. Soc. **1962**, 4486; *A. J. Edwards*, J. Chem. Soc. **A 1969**, 909.
45. *T. J. Ouelette, C. T. Ratcliffe* und *D. W. A. Sharp*, J. Chem. Soc. **A 1969**, 2351.
46. *N. Acquista* und *S. Abramowitz*, J. Chem. Phys. **58**, 5484 (1973).
47. *G. H. Cady* und *G. B. Hargreaves*, J. Chem. Soc. **1961**, 1568.
48. *M. Mercer, T. J. Ouelette, C. T. Ratcliffe* und *D. W. A. Sharp*, J. Chem. Soc. **A 1969**, 2532.
49. *S. Brownstein*, Can. J. Chem. **51**, 2530 (1973).
50. *G. B. Hargreaves* und *R. D. Peacock*, J. Chem. Soc. **1957**, 4212; *R. D. W. Kemmitt, D. R. Russell* und *D. W. A. Sharp*, J. Chem. Soc. **1963**, 4408.
51. *G. B. Hargreaves* und *R. D. Peacock*, J. Chem. Soc. **1958**, 2170, 3776, 4390.
52. *J. Burgess, I. Haigh* und *R. D. Peacock*, J. C. S. Chem. Comm. **1971**, 977; *J. Burgess, I. Haigh, R. D. Peacock* und *P. J. Taylor*, J. C. S. Dalton Trans. **1974**, 1064; *J. Burgess* und *R. D. Peacock*, J. Fluorine Chem. **10**, 479 (1977).
53. *A. A. Opalovskii* und *K. A. Khaldoyanidi*, Russ. J. Inorg. Chem. **13**, 310 (1968).
54. *L. Kolditz* und *U. Calov*, Z. Chem. **6**, 431 (1966).
55. *A. A. Opalovskii, V. F. Anufrienko* und *K. A. Khaldoyanidi*, Dokl. Akad. Nauk S.S.S.R. **184**, 860 (1969); *I. N. Belyaev, G. E. Blokhina* und *A. A. Opalovskii*, Zh. Neorg. Khim. **17**, 2465 (1972); *G. E. Blokhina, I. N. Belyaev, A. A. Opalovskii* und *L. I. Belan*, Zh. Neorg. Khim. **17**, 2140 (1972).
56. *S. Siegel* und *D. A. Northrop*, Inorg. Chem. **5**, 2187 (1966).
57. *J. H. Levy, J. C. Taylor* und *P. W. Wilson*, Acta Cryst. **B 31**, 398 (1975); *J. H. Levy, P. H. Levy, P. L. Sanger, J. C. Taylor* und *P. W. Wilson*, Acta Cryst. **B 31**, 1065 (1975).

58. *J. H. Levy, J. C. Taylor* und *P. W. Wilson*, J. Solid State Chem. **15**, 360 (1975); J. Less Common Met. **45**, 155 (1976).
59. *B. Frlec* und *H. H. Hyman*, Inorg. Chem. **6**, 1596 (1967).
60. *F. N. Tebbe* und *E. L. Muetterties*, Inorg. Chem. **7**, 172 (1968); *A. M. Noble* und *J. M. Winfield*, Inorg. Nucl. Chem. Lett. **4**, 339 (1968).
61. *B. Frlec* und *H. H. Hyman*, Inorg. Chem. **6**, 1775 (1967).
62. *A. Prescott, D. W. A. Sharp* und *J. M. Winfield*, J. C. S. Chem. Comm. **1973**, 667; J. C. S. Dalton Trans. **1975**, 936.
63. *H. Meinert* und *L. Friedrich*, Z. Chem. **15**, 411 (1975); *A. Prescott, D. W. A. Sharp* und *J. M. Winfield*, J. C. S. Dalton Trans. **1975**, 934.
64. *A. Beuter, W. Kuhlmann* und *W. Sawodny*, J. Fluorine Chem. **6**, 367 (1975).
65. *G. W. Fraser, C. J. W. Gibbs* und *R. D. Peacock*, J. Chem. Soc. **A 1970**, 1708; *A. M. Noble* und *J. M. Winfield*, J. Chem. Soc. **A 1970**, 501.
66. *A. M. Noble* und *J. M. Winfield*, J. Chem. Soc. **A 1970**, 2574; *A. Majid, R. R. McLean, T. J. Ouelette, D. W. A. Sharp* und *J. M. Winfield*, Inorg. Nucl. Chem. Lett. **7**, 53 (1971); *A. Majid, D. W. A. Sharp, J. M. Winfield* und *I. Hanby*, J. C. S. Dalton Trans. **1973**, 1876; *M. Harman, D. W. A. Sharp* und *J. M. Winfield*, Inorg. Nucl. Chem. Lett. **10**, 183 (1974); *F. E. Brinckman, R. B. Johannesen, R. F. Hammerschmidt* und *L. B. Handy*, J. Fluorine Chem. **6**, 427 (1975).
67. *A. J. Edwards* und *B. R. Steventon*, J. Chem. Soc. **A 1968**, 2503; *A. J. Edwards* und *G. R. Jones*, J. Chem. Soc. **A 1968**, 2511.
68. *A. J. Edwards* und *G. R. Jones*, J. Chem. Soc. **A 1968**, 2074; *I. R. Beattie* und *D. J. Reynolds*, J. C. S. Chem. Comm. **1968**, 1531; *M. J. Bennett, T. E. Haas* und *J. T. Purdham*, Inorg. Chem. **11**, 207 (1972); *L. B. Asprey, R. R. Ryan* und *E. Fukushima*, Inorg. Chem. **11**, 3122 (1972).
69. *R. T. Paine* und *R. S. McDowell*, Inorg. Chem. **13**, 2366 (1974); *L. E. Alexander, I. R. Beattie, A. Bukovszky, P. J. Jones, C. J. Marsden* und *G. J. van Schelkwyk*, J. C. S. Dalton Trans. **1974**, 81.
70. *J. H. Holloway, G. J. Schrobilgen* und *P. Taylor*, J. C. S. Chem. Comm. **1975**, 40; *P. A. Tucker, P. Taylor, J. H. Holloway* und *D. R. Russell*, Acta Cryst. **B 31**, 906 (1975).
71. *M. J. Atherton* und *J. H. Holloway*, J. C. S. Chem. Comm. **1977**, 424; Inorg. Nucl. Chem. Lett. **14**, 121 (1978).
72. *N. Bartlett* und *P. L. Robinson*, J. Chem. Soc. **1961**, 3549.
73. *M. J. Atherton* und *J. H. Holloway*, J. C. S. Chem. Comm. **1978**, 254.
74. *R. Bougon, T. B. Huy* und *P. Charpin*, Inorg. Chem. **14**, 1822 (1975) und dort zitierte Literatur; *A. Beuter* und *W. Sawodny*, Z. anorg. allg. Chem. **427**, 37 (1976).
75. *R. Mattes, G. Müller* und *H. J. Becher*, Z. anorg. allg. Chem. **389**, 177 (1972).

3.8. Fluoride von Mangan, Technetium und Rhenium

Mangan bildet die binären Fluoride MnF_2, MnF_3 und MnF_4, während von Technetium und Rhenium nur die höhervalenten Verbindungen ReF_4; TcF_5, ReF_5; TcF_6, ReF_6 und ReF_7 bekannt sind. Daneben existieren insbesondere von Rhenium noch einige Oxidfluoride.

Manganfluoride

Mangandifluorid MnF$_2$ (Fp. 920 °C) bildet sich bei Zugabe von HF zu wäßrigen Mangan(II)-salzlösungen oder auch den Reaktionen von HF mit Mn oder MnCl$_2$ als wenig lösliches, antiferromagnetisches Salz, das im Rutilgitter kristallisiert. MnF$_2$ bildet eine Reihe von Fluorokomplexsalzen: die Trifluoromanganate(II) M^I[MnF$_3$] (M^I = Alkalimetall, NH$_4$, Tl) haben Perowskit-Struktur; sie sind – außer Cs[MnF$_3$] – bei tiefer Temperatur orthorhombisch, bei höherer Temperatur kubisch. Die Tetrafluoromanganate(II) M$_2^I$[MnF$_4$] (M^I = K, Rb, Cs) und Ba[MnF$_4$] bilden sich wie M^I[MnF$_3$] in den Schmelzen äquimolarer Mengen der Elementfluoride. Mangan ist jeweils verzerrt oktaedrisch von 6 Fluoratomen umgeben; im Ba[MnF$_4$] liegen über Fluorbrücken verknüpfte [MnF$_{4/2}$F$_2$]-Einheiten vor mit cis-Anordnung der endständigen Fluoratome.

Mangantrifluorid MnF$_3$ entsteht als purpurroter, hydrolysierbarer, thermisch stabiler, kristalliner Festkörper bei der Fluorierung von Mn(II)-Verbindungen mit Fluor oder BrF$_3$. Die Struktur des festen MnF$_3$ leitet sich von der des VF$_3$ ab mit einer Jahn-Teller-Verzerrung des [MnF$_6$]-Oktaeders (d(MnF) 2 × 1,79 Å, 2 × 1,91 Å und 2 × 2,09 Å). Aus massenspektrometrischen Untersuchungen ergeben sich die Bindungs-Dissoziations-Energien zu D(F$_2$Mn – F) 309,3 kJ/mol, D(FMn – F) 497,4 kJ/mol und D(Mn – F) 422 kJ/mol; der relativ kleine Wert für die Dissoziation der ersten Mn – F-Bindung ist wohl mit der günstigen d^5-Konfiguration des MnF$_2$ zu erklären [1]. MnF$_3$ bildet eine Reihe von Fluorokomplexsalzen mit Tetrafluoro-, Pentafluoro- oder Hexafluoromanganat(III)-Ionen [MnF$_4$]$^-$, [MnF$_5$]$^{2-}$ und [MnF$_6$]$^{3-}$, in denen Mn aber jeweils hexakoordiniert ist. Die intensiv braun bis violett gefärbten M^I[MnF$_4$] (M^I = Li, K, Rb, Cs, Tl) entstehen bei der Reduktion von M^I[MnF$_5$] mit H$_2$. Die Pentafluoromanganate M$_2^I$[MnF$_5$] (M^I = Alkalimetall), die auch als Hydrate bekannt sind, bilden über trans-Fluorbrücken verknüpfte [MnF$_4$F$_{2/2}$]-Ketten, zwischen denen die Kationen bzw. beim Hydrat auch die H$_2$O-Moleküle eingelagert sind (Bindungsabstand Mn zu endständigen Fluoratomen 1,85 Å, zu Brücken-Fluoratomen 2,10 Å) [2]. Die aus den Reaktionen von M^{I}F mit M$_2^I$[MnF$_5$] oder aus Mischungen der entsprechenden Fluoride bei hoher Temperatur in Inertgasatmosphäre gebildeten Hexafluoromanganate(III) enthalten isolierte, verzerrt-oktaedrische [MnF$_6$]$^{3-}$-Ionen [3].

Mangantetrafluorid MnF$_4$ wird bei der Fluorierung von Mangan oder MnF$_3$ oder der Zersetzung von Hexafluoromanganaten(IV) als blaugraue, flüchtige, sehr hygroskopische und reaktionsfreudige Substanz gebildet [4]. Es entsteht auch bei der Solvolyse von Hexafluoromanganaten(IV) in HF mit AsF$_5$ [5]. Schon bei Raumtemperatur tritt langsame Zersetzung zu MnF$_3$ und F$_2$ ein. Etwas stabiler sind die Fluorokomplexsalze der Formen M^I[MnF$_5$], M$_2^I$[MnF$_6$] und M^{II}[MnF$_6$] (M^I = Alkalimetall; M^{II} = Erdalkalimetall, Cu, Ag, Cd, Hg, Ni, Zn). Schwingungsspektren stehen in Übereinstimmung mit einer O$_h$-Symmetrie des [MnF$_6$]$^{2-}$-Anions [6]. Die Strukturen der gelben $M_2^I[MnF_6]$ sind neu untersucht worden; einige $M'M''[MnF_6]$ $(M', M'' = K, Rb, Cs; K_2PtCl_6$-Typ) konnten dargestellt werden [7].

Als einziges *Manganoxidfluorid* ist das bei der Reaktion von $KMnO_4$ mit wasserfreiem HF oder HSO_3F gebildete, dunkelgrüne MnO_3F (Fp. $-38\,°C$) bekannt [8]. Es ist sehr feuchtigkeitsempfindlich; bei Raumtemperatur erfolgt explosionsartige Zersetzung zu MnO_2, MnF_2 und O_2. Das MnO_3F-Molekül ist nahezu tetraedrisch (d(MnF) 1,724 Å; d(MnO) 1,586 Å; Winkel (OMnF) 108,45°).

Fluoride von Technetium und Rhenium

Rheniumtetrafluorid ReF_4 (Fp. 124,5 °C, Subl. ca. 300 °C) wird bei der Disproportionierung von ReF_5 oder besser bei der Reduktion von ReF_6 oder ReF_5 als blauer Festkörper erhalten. Es hydrolysiert schnell zu ReO_2 und HF. Die sehr beständigen grünen Salze $M_2^I[ReF_6]$, die selbst von wäßriger alkalischer Lösung nicht zersetzt werden, können durch Fluorierung von $M_2^I[ReX_6]$ (X = Cl, Br, I) mit HF oder der Reduktion von ReF_6 mit M^II in SO_2 bei $-30\,°C$ hergestellt werden. Während Technetiumtetrafluorid noch nicht beschrieben worden ist, werden in analoger Reaktion die ebenfalls sehr hydrolysebeständigen, mit $M_2^I[ReF_6]$ isotypen Salze $M_2^I[TcF_6]$ erhalten [9].

Von den beiden *Pentafluoriden* TcF_5 (Fp. 50 °C) und ReF_5 (Fp. 48 °C; Kp. (ber.) 221,8 °C) ist ReF_5 das am besten untersuchte. TcF_5 ist eines der Fluorierungsprodukte von Tc [10]. Für ReF_5 gibt es mehrere Darstellungsmethoden, die alle auf der Reduktion von ReF_6 basieren; als Reduktionsmittel eignen sich Carbonyle (z. B. $W(CO)_6$) [11], W- oder Re-Draht [12], Si oder H_2 [13]. Beide Verbindungen sind gelbe, leicht hydrolysierbare Festkörper. Sie sind isostrukturell mit VF_5 und bilden farblose Dämpfe mit trigonal-bipyramidalen Molekülen. TcF_5 greift bei 60 °C Glas unter Zersetzung an; ReF_5 disproportioniert ab 140 °C irreversibel zu ReF_4 und ReF_6. Aus Leitfähigkeitsmessungen von Lösungen verschiedener Metallpentafluoride in HF ergibt sich eine Reihe abnehmender Lewis-Azidität $OsF_5 > ReF_5 > TaF_5 > MoF_5 > NbF_5$ etc. [14]. Die Pentafluoride sind Fluoridionenakzeptoren und bilden Hexafluorometallate(V) $M^I[M^VF_6]$. Die Salze können entweder aus der direkten Umsetzung der entsprechenden Fluoride oder auch aus ReF_6 gewonnen werden. Z. B. reagiert überschüssiges ReF_6 mit M^II in SO_2 zu den antiferromagnetischen $M^I[ReF_6]$ ($M^I = Na, K, Rb, Cs$). In CH_3CN oxidiert ReF_6 die Metalle Cd, Cu und Tl unter Bildung von weißem $Cd[ReF_6]_2 \cdot 5\,CH_3CN$, gelbem $Cu^I[ReF_6] \cdot 4\,CH_3CN$ und hellgelbem $Tl^I[ReF_6] \cdot 2\,CH_3CN$; bei Zusatz von IF_5 entsteht auch $Cu^{II}[ReF_6]_2 \cdot 4\,CH_3CN \cdot 0,5\,IF_5$ [15].

Die *Oxidtrifluoride TcOF_3* und *ReOF_3* werden bei der Einwirkung von TcF_5 bzw. $ReOF_4$ auf Glas gebildet. $ReOF_3$ ist ein schwarzer, nichtflüchtiger, sehr hygroskopischer Festkörper [16].

Technetiumhexafluorid TcF$_6$ (Fp. 37,4 °C; Kp. 55,3 °C) ist das Endprodukt der Fluorierung von Tc bei 350–400 °C, während *Rheniumhexafluorid ReF$_6$* (Fp. 18,7 °C; Kp. 33,7 °C) neben ReF$_7$ entsteht und bei der Behandlung des Fluorierungsgemisches mit Re bei ca. 400 °C in reiner Form erhalten wird. Beide Verbindungen sind sehr flüchtige, gelbe Substanzen; sie sind dimorph, die Tieftemperaturformen sind orthorhombisch, die Hochtemperaturformen kubisch. Im Dampf besitzen die Moleküle O_h-Symmetrie (d(ReF) 1,832 Å) [17, 18]. Die Hexafluoride sind sehr hydrolyseempfindlich; 1. Hydrolyseprodukt ist TcOF$_4$ bzw. ReOF$_4$. Bei der partiellen Hydrolyse in HF ist die Bildung des grünen [ReOF$_5$]$^-$ nachweisbar [19]. Die Hexafluoride sind starke Oxidationsmittel; z. B. entstehen mit NO die Salze NO[TcF$_6$] bzw. NO[ReF$_6$], mit PF$_3$ bilden sich PF$_5$ und ReF$_5$. Mit Re$_2$(CO)$_{10}$ reagiert ReF$_6$ in Flußsäure zu den Carbonylverbindungen [Re(CO)$_5$]$^+$[Re$_2$F$_{11}$]$^-$ (zentrosymmetrisches Anion mit linearer Re–F–Re-Brücke) und [Re(CO)$_5$][ReF$_6$], welches auch bei der Fluorierung von Re$_2$(CO)$_{10}$ mit XeF$_2$ entsteht [20]:

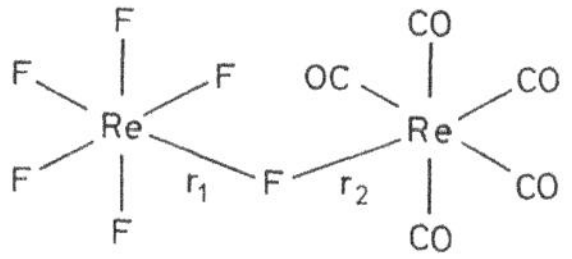

$$r_1 = 1{,}97 \text{ Å} \qquad r_2 = 2{,}17 \text{ Å}$$

Bei den Reaktionen der Hexafluoride mit M^{I}F (M^I = NO, NO$_2$, Alkalimetall) werden die Fluorometallate M^I[TcF$_7$], M$_2^I$[TcF$_8$], M^I[ReF$_7$] und M$_2^I$[ReF$_8$] gebildet; die [TcF$_8$]$^{2-}$- und [ReF$_8$]$^{2-}$-Ionen haben quadratisch-antiprismatische Gestalt [21]. Es sind mehrere Halogenaustauschreaktionen von ReF$_6$ bekannt; mit BCl$_3$ z. B. soll ReCl$_6$ bzw. ReCl$_5$ gebildet werden [22].

Rheniumchloridpentafluorid ReClF$_5$ ist eines der Produkte aus der Fluorierung von ReCl$_5$ bei –30 °C; es ist ein sehr instabiler, roter Festkörper (Fp. –2 °C), der sich schon bei –30 °C langsam zu ReF$_6$ und Rheniumchloriden zersetzt. Das IR-Spektrum ist dem des WClF$_5$ sehr ähnlich [23].

Als *Technetium(VI)- und Rhenium(VI)-oxidfluoride* sind *TcOF$_4$* (Fp. 133 °C; Kp. 165 °C) und *ReOF$_4$* (Fp. 108 °C; Kp. 171 °C) bekannt. Fast alle Darstellungsmethoden gehen von den Hexafluoriden aus, die z. B. mit SiO$_2$, Metallhexacarbonylen, ReO$_3$ oder auch durch gezielte Hydrolyse in die Oxidtetrafluoride umgewandelt werden [24]. Beide Verbindungen kommen in zwei kristallinen Formen vor: die blauen, bei Raumtemperatur stabilen Formen haben VF$_5$-Struktur, in der die Moleküle über cis-Fluorbrücken zu langen [MOF$_3$F$_{2/2}$]-Ketten verknüpft sind [25]; die grünen bzw. hellblauen Hochtemperaturformen bestehen dagegen aus cyclischen Trimeren [MOF$_3$F$_{2/2}$]$_3$ (Umwandlungstemperatur bei TcOF$_4$ 84,5 °C; d(TcO) 1,66 Å; Abstand Tc zu endständigem Fluoratom 1,81 Å, zu Brücken-Fluoratomen 1,89 und 2,26 Å) (s. Abb. 3.8.–1) [26]. In der Gasphase bzw. in einer Matrix liegen monomere Moleküle mit C_{4v}-Sym-

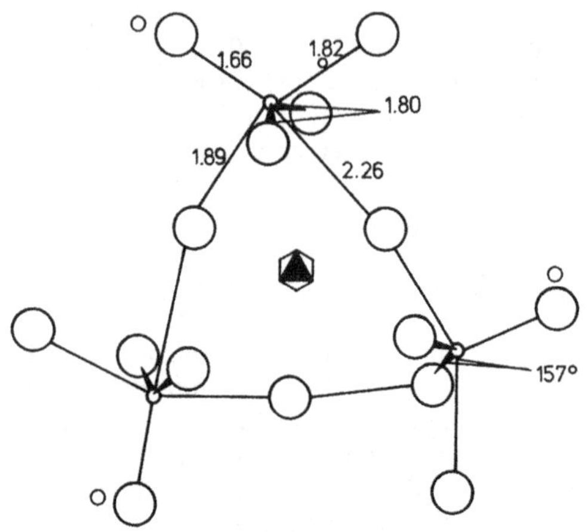

Abb. 3.8. – 1   Struktur des trimeren $(TcOF_4)_3$; Projektion auf (001), nach Edwards, Jones und Sills [26]

metrie vor [27]. Beide Verbindungen sind sehr hydrolyseempfindlich. Von $ReOF_4$ sind Salze mit $[ReOF_5]^-$-Anionen bekannt.

Rheniumheptafluorid ReF_7 (Fp. 48,3 °C; Kp. 73,7 °C) ist das Endprodukt der Fluorierung von Re bei 400 °C und 3 bar [28]. (Bildungsenthalpie $\Delta H_f^0(273) = -1432 \pm 11$ kJ/mol [29].) Es ist ein gelber, in HF löslicher Festkörper, neben IF_7 und OsF_7 das einzige bekannte Heptafluorid. ReF_7 hat eine nicht-starre Struktur mit hauptsächlich D_{5h}-Symmetrie (mittlerer Abstand d(ReF) 1,835 Å) [18]. Bei der Hydrolyse entstehen $HReO_4$ und HF. Die chemischen Eigenschaften sind weitgehend identisch mit denen des ReF_6, die Reaktionen verlaufen lediglich etwas heftiger [30]. Mit NOF und NO_2F entstehen $NO[ReF_8]$ und $NO_2[ReF_8]$ mit quadratisch-antiprismatischen $[ReF_8]^-$-Ionen [31]. Das $[ReF_6]^+$-Kation wird bei der Reaktion von ReF_7 mit SbF_5 bei 250 °C in Form der Salze $[ReF_6][SbF_6]$ und $[ReF_6][Sb_2F_{11}]$ gebildet [32].

Weitere Rhenium(VII)-Verbindungen sind die *Oxidfluoride* $ReOF_5$, ReO_2F_3 und ReO_3F sowie als Technetium(VII)-Verbindung TcO_3F. *Rheniumoxidpentafluorid $ReOF_5$* (Fp. 43,8 °C; Kp. 73 °C) wird bei der Fluorierung von ReO_2 oder $ReOF_4$ bei 250 – 300 °C als bei Raumtemperatur hellgelber, flüchtiger Festkörper gebildet; Schmelze und Dampf sind farblos [24] (Bildungsenthalpie $\Delta H_f^0(298) = -1229$ kJ/mol [33]). Die Gas-Schwingungsspektren sind denen des $OsOF_5$ ähnlich und ergeben C_{4v}-Symmetrie für die Moleküle [34]. Gegenüber NOF und NO_2F verhält sich $ReOF_5$ als Fluoridionen-Akzeptor, und es werden die ionischen Salze $NO[ReOF_6]$ und $NO_2[ReOF_6]$ gebildet [31]. *Rheniumdioxidtrifluorid ReO_2F_3* (Fp. 90 °C; Kp. 185,4 °C) entsteht ebenfalls als gelbe Substanz bei der Fluorierung von ReO_2 oder $KReO_4$ [24]. Es ist in Glas bis zum Siedepunkt stabil. Die Schwingungsspektren der monomeren ReO_2F_3-Moleküle lassen sich einer trigonal-bipyramidalen Anordnung mit äquatorialen O-Atomen (C_{2v}-Symmetrie, analog ClO_2F_3) zuordnen [35]. Die *Trioxidfluoride* TcO_3F (Fp. 18,3 °C; Kp. 165 °C) und ReO_3F (Fp. 147 °C; Kp. 164 °C) werden bei der Fluorierung von TcO_2 [36] bzw. bei den Reaktionen $ReO_3Cl + HF$, $KReO_4 + IF_5$ und $Re_2O_7 + ReF_7$ [24] gebildet. TcO_3F ist ein gelber, kristalliner Festkörper, schmilzt zu einer gelben Flüssigkeit und greift bei Raumtemperatur Glas an; ReO_3F ist als Festkörper dunkelgelb, die Schmelze ist gelb, viskos, und beim Siedepunkt tritt Zersetzung ein. Schwingungsspektren ergeben eine C_{3v}-Symmetrie für die Moleküle [37]. Bei der Reaktion von $KReO_4$ mit KF und IF_5 entsteht $K_2[ReO_3F_3]$ [38]; $KReO_4$ reagiert in Flußsäure zu $K_2[ReO_4F]$ [39].

Literatur

a) Übersichtsartikel

R. D. Peacock, The Chemistry of Technetium and Rhenium, Elsevier – Amsterdam, 1966.

b) Spezielle Literatur

1. *K. F. Zmbov* und *J. L. Margrave,* J. inorg. nucl. Chem. **29,** 673 (1967).
2. *D. R. Sears* und *J. L. Hoard,* J. Chem. Phys. **50,** 1066 (1969); *A. J. Edwards,* J. Chem. Soc. **A 1971,** 2653; *J. R. Günter, J.-P. Matthieu* und *H. R. Oswald,* Helv. Chim. Acta **61,** 328 (1978).
3. *G. Siebert* und *R. Hoppe,* Z. anorg. allg. Chem. **391,** 117 (1972); *W. Massa,* Z. anorg. allg. Chem. **415,** 254 (1975); *P. Bukovec* und *J. Šiftar,* Mh. Chem. **106,** 1333 (1975).
4. *R. Hoppe, W. Dähne* und *W. Klemm,* Naturwiss. **48,** 429 (1961); Ann. Chim. **658,** 1 (1962); *H. W. Roesky, O. Glemser* und *K.-H. Hellberg,* Chem. Ber. **98,** 2046 (1965).
5. *T. L. Court* und *M. F. A. Dove,* J. C. S. Chem. Comm. **1971,** 726.
6. *L. B. Asprey, M. J. Reisfeld* und *N. A. Matwiyoff,* J. Mol. Spectrosc. **34,** 361 (1970).
7. *R. Hoppe* und *B. Hofmann,* Z. anorg. allg. Chem. **436,** 65 (1977); 6. Europäisches Fluorsymposium, Dortmund, 1977, Abstract I 46.
8. *A. Engelbrecht* und *A. V. Grosse,* J. Amer. Chem. Soc. **76,** 2042 (1954); *D. Michel* und *A. Doiwa,* Naturwiss. **53,** 129 (1966).
9. *W. Krasser* und *K. Schwochau,* Z. Naturforsch. **A 25,** 206 (1970) und dort zitierte Literatur.
10. *A. J. Edwards, D. Hugill* und *R. D. Peacock,* Nature **200,** 672 (1963).
11. *G. B. Hargreaves* und *R. D. Peacock,* J. Chem. Soc. **1960,** 1099.
12. *W. E. Falconer, G. R. Jones, W. A. Sunder, I. Haigh* und *R. D. Peacock,* J. inorg. nucl. Chem. **35,** 751 (1973).
13. *R. T. Paine* und *L. B. Asprey,* Inorg. Chem. **14,** 1111 (1975).
14. *R. T. Paine* und *A. A. Quarterman,* J. inorg. nucl. Chem. Supplement **1976,** 85.
15. *J. A. Berry, A. Prescott, D. W. A. Sharp* und *J. M. Winfield,* J. Fluorine Chem. **10,** 247 (1977).
16. *E. E. Aynsley* und *M. L. Hair,* J. Chem. Soc. **1958,** 3747.

17. *H. H. Claassen, G. L. Goodman, J. H. Holloway* und *H. Selig,* J. Chem. Phys. **53,** 341 (1970); *J. Shamir* und *J. G. Malm,* J. inorg. nucl. Chem. Supplement **1976,** 107.
18. *E. J. Jacob* und *L. S. Bartell,* J. Chem. Phys. **53,** 2231 (1970).
19. *E. A. Vasina* und *A. S. Panov,* Izv. Akad. Nauk SSSR, Ser. Metal **1974,** 197; *J. H. Holloway* und *J. B. Raynor,* J. C. S. Dalton Trans. **1975,** 737.
20. *D. M. Bruce, J. H. Holloway* und *D. R. Russell,* J. C. S. Chem. Comm. **1973,** 321; *D. M. Bruce, A. J. Hewitt, J. H. Holloway, R. D. Peacock* und *I. L. Wilson,* J. C. S. Dalton Trans. **1976,** 2230.
21. *J. H. Holloway* und *H. Selig,* J. inorg. nucl. Chem. **30,** 473 (1968).
22. *J. H. Canterford* und *A. B. Waugh,* Inorg. Nucl. Chem. Lett. **7,** 395 (1971); *J. Burgess, C. J. W. Fraser, I. Haigh* und *R. D. Peacock,* J. Chem. Soc. **A 1973,** 501.
23. *R. D. Peacock* und *D. F. Stewart,* Inorg. Nucl. Chem. Lett. **3,** 255 (1967).
24. *W. A. Sunder* und *F. A. Stevie,* J. Fluorine Chem. **6,** 449 (1975) und dort zitierte Literatur.
25. *A. J. Edwards, G. R. Jones* und *B. R. Steventon,* J. C. S. Chem. Comm. **1967,** 462.
26. *A. J. Edwards, G. R. Jones* und *R. J. C. Sills,* J. C. S. Chem. Comm. **1968,** 1177; J. Chem. Soc. **A 1970,** 2521.
27. *R. T. Paine, K. L. Treuil* und *F. E. Stafford,* Spectrochim. Acta **29 A,** 1891 (1973); *R. T. Paine* und *R. S. McDowell,* Inorg. Chem. **13,** 2366 (1974).
28. *J. G. Malm* und *H. Selig,* J. inorg. nucl. Chem. **20,** 189 (1961).
29. *J. Burgess, J. Fawcett, R. D. Peacock* und *D. Pickering,* J. C. S. Dalton Trans. **1976,** 1363.
30. *H. Selig* und *E. Gasner,* J. inorg. nucl. Chem. **30,** 658 (1968); *J. H. Canterford, T. A. O'Donnell* und *A. B. Waugh,* Aust. J. Chem. **24,** 243 (1971).
31. *H. Selig* und *Z. Karpas,* Isr. J. Chem. **9,** 53 (1971).
32. *E. Jacob* und *M. Fähnle,* Angew. Chem. **88,** 190 (1976).
33. *J. Burgess, J. Fawcett, N. Morton* und *R. D. Peacock,* J. C. S. Dalton Trans. **1977,** 2149.
34. *J. H. Holloway, H. Selig* und *H. H. Claassen,* J. Chem. Phys. **54,** 4305 (1971).
35. *I. R. Beattie, R. Crocombe* und *J. S. Ogden,* J. C. S. Dalton Trans. **1977,** 1481.
36. *H. Selig* und *J. G. Malm,* J. inorg. nucl. Chem. **25,** 349 (1963).
37. *J. Binenboym, U. El-Gad* und *H. Selig,* Inorg. Chem. **13,** 319 (1974).
38. *W. Kuhlmann* und *W. Sawodny,* J. Fluorine Chem. **9,** 337 (1977).
39. *M. C. Chakravorti* und *M. K. Chaudhuri,* Z. anorg. allg. Chem. **398,** 221 (1973).

3.9. Fluoride von Eisen, Kobalt und Nickel

Alle drei Metalle bilden Difluoride und Trifluoride, wobei das Nickeltrifluorid bisher in reiner Form noch nicht isoliert werden konnte. In Form von Fluorokomplexsalzen existieren neben den Fluorometallaten(II) und Fluorometallaten(III) auch noch Fluorokobaltate(IV) und Fluoronickelate(IV).

Difluoride

Eisendifluorid FeF₂ (Fp. 1000 °C; weiß), *Kobaltdifluorid CoF₂* (Fp. 1200 °C; rosa) und *Nickeldifluorid NiF₂* (Fp. 1450 °C; gelb) werden aus den Umsetzungen der Metalle oder Metalldichloride mit HF bei hoher Temperatur gebildet, NiF_2 auch aus $Ni + F_2$ bei 550 °C; bei der Reaktion von Ni(II)-salzen mit F_2 bei 200 °C entsteht ein $NiF_{2,1}$ [1]; weiterhin eignet sich die Thermolyse der Doppelsalze mit NH_4F zur Darstellung der solvatfreien Difluoride. FeF_3 reagiert mit Fe schon bei 200 °C zu FeF_2 [2]. Die drei Salze kristallisieren im Rutilgitter mit leicht verzerrt oktaedrischer Umgebung der Metallatome. NiF_2 sublimiert oberhalb des Fp.; im Dampf sind lineare NiF_2-Moleküle enthalten.

Die Salze sind in H_2O wenig löslich; FeF_2 wird langsam hydrolysiert, CoF_2 reagiert mit Wasserdampf erst bei hoher Temperatur zu CoO und HF. NiF_2 ist ziemlich beständig gegen konzentrierte Säuren. Von H_2 wird CoF_2 schon bei 300 °C reduziert, FeF_2 ist bei 400 °C gegen H_2 noch stabil. Alle Difluoride bilden Hydrate und Ammoniakate (Bildungsenthalpien der Hydrate: $-743{,}2$ kJ/mol (FeF_2), $-725{,}6$ kJ/mol (CoF_2) und $-716{,}9$ kJ/mol (NiF_2)). In fluoridionenhaltigen wäßrigen Lösungen von Co(II)- und Ni(II)-Salzen sind die hydratisierten Komplexionen $[CoF_{aq}]^+$ und $[NiF_{aq}]^+$ nachgewiesen worden [3].

Von FeF_2, CoF_2 und NiF_2 existieren zahlreiche Fluorometallate(II), die z. B. die stöchiometrischen Zusammensetzungen $M^I[MF_3]$, $M_2^I[MF_4]$, $M^{II}[MF_4]$, $M^{III}[MF_5]$, $M_2^{II}[MF_6]$ (M^I, M^{II}, M^{III} = ein-, zwei- bzw. dreiwertige Kationen, M = Fe, Co, Ni) haben können, und die meistens polymorph sind. In allen Fällen liegen die Zentralatome in leicht verzerrter oktaedrischer Umgebung von Fluoratomen vor. Die Komplexsalze sind wegen ihrer magnetischen und magneto-optischen Eigenschaften von Interesse. Die Synthesen dieser Verbindungen gelingen z. B. durch Schmelzen der stöchiometrischen Mengen der entsprechenden Fluoride oder durch Reaktion von Gemischen der Chloride mit HF. Einige konkrete Beispiele sollen die Vielfalt dieser Komplexe demonstrieren. So haben z. B. die Natriumsalze $Na[FeF_3]$, $Na[CoF_3]$ und $Na[NiF_3]$ orthorhombische $GdFeO_3$-Struktur, während die entsprechenden K-, Rb-, Cs-, Tl- und NH_4-Salze Perowskit-Struktur besitzen. Im antiferromagnetischen $Rb[NiF_3]$ besetzen die Nickelionen zwei nichtäquivalente Positionen, die beide im Zentrum eines Oktaeders liegen. 2/3 der $[NiF_6]$-Oktaeder sind über gemeinsame Flächen zu $[Ni_2F_9]$-Polyedern verknüpft, welche durch die restlichen $[NiF_6]$-Oktaeder über gemeinsame Polyederecken verbunden sind, so daß die Struktur als $[F_{3/2}(NiF_3Ni)F_{3/2}\text{-}NiF_{6/2}]_\infty$ charakterisiert werden kann [4]. Die Verbindungen $FeCoNiF_6$, Mg_2FeF_6 und $MgFe_2F_6$ haben eine verzerrte Rutilstruktur, $LiFe_2F_6$ enthält Fe(II) und Fe(III) in einem geordneten Trirutilgitter [5]. Fe(II) und Fe(III) sind auch in $Fe_2F_5 \cdot 7\,H_2O$ enthalten; das Heptahydrat ist isostrukturell mit $FeCoF_5 \cdot 7\,H_2O$ und $FeZnF_5$ $7\,H_2O$; bei $75-125$ °C spalten sie H_2O ab und gehen in die Dihydrate

FeMF$_5$ · 2 H$_2$O (M = Fe, Co, Zn) über. Ähnliches Verhalten zeigt AlFeF$_5$ · 7 H$_2$O [6]. Bei der Kristallisation von K$_2$[NiF$_4$] entsteht als Beiprodukt auch K$_3$[Ni$_2$F$_7$], dessen magnetische Eigenschaften zwischen denen des K[NiF$_3$] und des K$_2$[NiF$_4$] liegen [7].

Trifluoride

Eisentrifluorid FeF$_3$ (Fp. 1000 °C; grün) entsteht bei der Fluorierung von Fe, FeCl$_2$ oder FeCl$_3$ mit F$_2$, oder auch aus wasserfreiem FeCl$_3$ mit HF bei Raumtemperatur. Beim Einengen einer Lösung von Fe(OH)$_3$ in Flußsäure kristallisiert das schwachrosa Hydrat FeF$_3$ · 4,5 H$_2$O aus; wird das Lösungsmittel bei erhöhter Temperatur im Vakuum abdestilliert, bildet sich das rosafarbene Trihydrat FeF$_3$ · 3 H$_2$O. Wasserfreies FeF$_3$ ist isomorph mit AlF$_3$, im Dampf sind monomere und dimere (über Kanten verknüpfte Tetraeder) Moleküle enthalten. Aus massenspektrometrischen Messungen ergeben sich die Dissoziationsenergien zu D(F$_2$Fe – F) 418 kJ/mol, D(FFe – F) 468,2 kJ/mol und D(Fe – F) 451,4 kJ/mol [8]. In H$_2$O ist FeF$_3$ nur wenig löslich, es hydrolysiert sehr langsam. Beim Erhitzen mit H$_2$ erfolgt Reduktion zu FeF$_2$ und zu Fe.

Kobalttrifluorid CoF$_3$ (Zers. ca. 350 °C; braun) wird bei der Fluorierung von CoCl$_2$ mit F$_2$ oder Co mit ClF$_3$ erhalten. Es ist isomorph mit FeF$_3$. Bei der elektrolytischen Oxidation einer gesättigten Lösung von CoF$_2$ in 40%iger Flußsäure entsteht das grüne Hydrat CoF$_3$ · 3,5 H$_2$O. CoF$_3$ ist sehr hydrolyseempfindlich, bei der Reaktion mit H$_2$O wird O$_2$ gebildet. Al, P, As, S, I$_2$ u. a. werden von CoF$_3$ leicht fluoriert. Bei der thermischen Zersetzung des NH$_3$-Komplexes [Co(NH$_3$)$_6$]F$_3$ bei 125 °C entsteht das paramagnetische [Co(NH$_3$)$_6$][CoF$_6$] [9]. CoF$_3$ eignet sich als universell anwendbares Fluorierungsmittel, insbesondere in der organischen Chemie: Kohlenwasserstoffe und deren Halogen-Derivate werden ohne Veränderung des C-Skeletts in Poly- oder Perfluor-Derivate überführt.

Nickeltrifluorid NiF$_3$ wird als schwarzer Festkörper bei der Solvolyse von K$_2$[NiF$_6$] mit AsF$_5$ in HF oder der spontanen Reduktion von K$_2$[NiF$_6$] gebildet, ist aber wegen der sehr leichten Zersetzlichkeit nicht in reiner Form isoliert worden [1].

Während von FeF$_3$ und CoF$_3$ zahlreiche *Fluoroferrate(III)* und *Fluorokobaltate(III)* bekannt sind, existieren als Nickel(III)-Verbindungen nur die *Hexafluoronickelate(III)*. Die Strukturen der Komplexsalze M^I[FeF$_4$] und M^I[CoF$_4$], M$_2^I$[FeF$_5$] und M$_2^I$[CoF$_5$] sowie M^{II}[FeF$_5$] und M^{II}[CoF$_5$] basieren auf einem Netzwerk von [FeF$_6$]- bzw. [CoF$_6$]-Oktaedern, die im Fall der Pentafluorometallate aus [MF$_4$F$_{2/2}$]-Ketten mit trans-Fluorbrücken und im Fall der Tetrafluorometallate aus [MF$_2$F$_{4/2}$]-Schichten bestehen [10]. Von Ba[FeF$_5$] ist noch eine zweite Form von verzweigten [FeF$_6$]-Ketten bekannt [11]. Ein neuer Strukturtyp, der als Variante der Tl[AlF$_4$]-Struktur beschrieben werden kann, wurde für Cs[FeF$_4$] und Rb[FeF$_4$]

gefunden [12]. In den hydratisierten Salzen $M_2[FeF_4(H_2O)_2]$ und $M^I[FeF_5(H_2O)]$ liegen dagegen diskrete Anionen vor [13]. $K[CoF_4]$ ist für organische Verbindungen ein etwas milderes Fluorierungsmittel als CoF_3.

Die Hexafluorometallate(III) $M_3^I[MF_6]$ (M^I = einwertiges Kation, M = Fe, Co, Ni) haben normalerweise Kryolith- oder Kryolith-ähnliche Struktur [14, 15]. Darstellung und Strukturuntersuchungen von $M_3^I[FeF_6]$, $M_3^I[CoF_6]$ und $M_3^I[NiF_6]$ (Elpasolith, $M_3 = Cs_2K$, Rb_2Na, Rb_2K etc.) [16]; $CsM^{II}[MF_6]$ (M^{II} = Mg, Zn, Cu; M = Fe, Co, Ni) [17] und $LiBa[FeF_6]$ [18]. Während die Fluoroferrate schon in wäßrigem Medium gebildet werden, sind zur Darstellung der Fluorokobaltate und -nickelate drastischere Bedingungen erforderlich; die beste Methode ist die Fluorierung der stöchiometrischen Gemische der entsprechenden Halogenide mit F_2 bei 300 – 400 °C. Die Hexafluorokobaltate und -nickelate sind sehr reaktiv. Aus H_2O wird O_2 freigesetzt. In flüssigem HF disproportioniert $[NiF_6]^{3-}$ zu $K_2[NiF_6]$ und dem braunen Nickelfluorid NiF_x ($x = 2{,}3$ bis $2{,}5$) [1].

Hexafluorokobaltat(IV) und Hexafluoronickelat(IV)

$Rb_2[CoF_6]$ und $Cs_2[CoF_6]$ werden bei der Fluorierung von $M_2^I[CoCl_4]$ mit F_2 bei 250 bzw. 300 °C gebildet; die Darstellung eines K-Salzes ist nicht gelungen [19]. Die Nickelsalze $M_2^I[NiF_6]$ (M^I = K, Rb, Cs) entstehen bei der Fluorierung der entsprechenden Chloride mit F_2 bei 350 °C und 350 bar oder der Fluorierung von $M_2^I[Ni(CN)_4]$ mit F_2 [20, 21]. $K_2[NiF_6]$, $Rb_2[CoF_6]$ und $Cs_2[CoF_6]$ haben kubische $K_2[PtCl_6]$-Struktur, $Rb_2[NiF_6]$ hexagonale $Rb_2[MnF_6]$-Struktur und $Cs_2[NiF_6]$ trigonale $K_2[GeF_6]$-Struktur (d(NiF) in $K_2[NiF_6]$ 1,776 Å) [21, 22]. Das Na-Salz $Na_2[NiF_6]$ entsteht nur bei sehr hohem Druck und hoher Temperatur aus $NaNiO_2$, Na_2O_2 und F_2 als Gemisch aus 40% kubischem und 40% hexagonalem $Na_2[NiF_6]$, 10% $Na_3[NiF_6]$ und 10% $Na[NiF_3]$ [23]. Ni(III)- und Ni(IV)-Komplexe werden auch bei der anodischen Oxidation von Ni in wasserfreiem HF nachgewiesen; daraus ist zu schließen, daß diese auch als Zwischenprodukte bei der Elektrofluorierung organischer Verbindungen im Simons-Prozeß auftreten [15]. Elektronenspektren [24] und Schwingungsspektren [25] sind gemessen.

Die Salze sind außerordentlich reaktiv: aus H_2O wird O_2 freigesetzt; in wasserfreiem HF entsteht F_2; Xe wird schon bei 0 °C zu XeF_2 fluoriert. Bei der Solvolyse von $K_2[NiF_6]$ mit AsF_5 in HF entsteht schwarzes NiF_3, das aber nicht rein isoliert werden kann [1]. $K_2[NiF_6]$ eignet sich auch zur Reinstgewinnung von F_2-Gas. $K_3[NiF_6]$ absorbiert F_2, das gebildete $K_2[NiF_6]$ spaltet F_2 bei höherer Temperatur wieder reinst ab [26].

Literatur

1. *T. L. Court* und *M. F. A. Dove*, J. C. S. Chem. Comm. **1971**, 726; J. C. S. Dalton Trans. **1973**, 1995.

2. *Y. Macheteau* und *P. Barberi*, Bull. Soc. Chim. France **1974**, 34.

3. *A. M. Bond* und *G. Hefter*, J. inorg. nucl. Chem. **34**, 603 (1972).

4. *D. Babel*, Z. anorg. allg. Chem. **369**, 117 (1969) und dort zitierte Literatur; *J. E. Weidenborner* und *A. L. Bednowitz*, Acta Cryst. **B 26**, 1464 (1970).

5. *N. N. Greenwood, A. T. Howe* und *F. Menil*, J. Chem. Soc. **A 1971**, 2218.

6. *T. W. Balcerek, L. Cathley* und *D. G. Karraker*, J. inorg. nucl. Chem. **40**, 773 (1978).

7. *J. Ferguson, E. R. Krausz, G. B. Robertson* und *H. J. Guggenheimer*, Chem. Phys. Lett. **17**, 551 (1972).

8. *K. M. Zmbov* und *J. L. Margrave*, J. inorg. nucl. Chem. **29**, 673 (1967).

9. *H. Siebert* und *B. Breitenstein*, Z. anorg. allg. Chem. **379**, 44 (1970).

10. *A. Tressaud, J. Galy* und *J. Portier*, Bull. Soc. franc. Minéral Crist. **92**, 355 (1969); *D. Dumora, R. von der Mühll* und *J. Ravez*, Mater. Res. Bull. **6**, 561 (1971).

11. *R. von der Mühll, S. Andersson* und *J. Galy*, Acta Cryst. **B 27**, 2345 (1971).

12. *D. Babel, F. Wahl* und *G. Heger*, Z. Naturforsch. **29 b**, 139 (1974).

13. *E. N. Deichmann, I. V. Tananaev* und *A. A. Shakhnazaryan*, Russ. J. Inorg. Chem. **15**, 1748 (1970); **16**, 396 (1971); *A. J. Edwards*, J. C. S. Dalton Trans. **1972**, 816.

14. *H. Henkel* und *R. Hoppe*, Z. anorg. allg. Chem. **364**, 253 (1969); *A. Tressaud, J. Portier, S. Shearer-Turrell, J.-L. Dupin* und *P. Hagenmuller*, J. inorg. nucl. Chem. **32**, 2179 (1970); *A. Tressaud, J. Portier, R. de Pape* und *P. Hagenmuller*, J. Solid State Chem. **2**, 269 (1970); *J. Grannec, J. Portier, M. Pouchard* und *P. Hagenmuller*, J. inorg. nucl. Chem. Supplement **1976**, 119.

15. *L. Stein, J. M. Neil* und *G. R. Alms*, Inorg. Chem. **8**, 2472 (1969).

16. *E. Alter* und *R. Hoppe*, Z. anorg. allg. Chem. **405**, 167 (1974); **407**, 305, 313 (1974); *D. Reinen, C. Friebel* und *V. Propach*, Z. anorg. allg. Chem. **408**, 187 (1974).

17. *R. Jesse* und *R. Hoppe*, Z. anorg. allg. Chem. **403**, 143 (1974).

18. *W. Viebahn* und *D. Babel*, Z. anorg. allg. Chem. **406**, 38 (1974).

19. *R. Hoppe*, Rec. Trav. Chim. **75**, 569 (1956); *W. Klemm, W. Brandt* und *R. Hoppe*, Z. anorg. allg. Chem. **308**, 179 (1961); *J. W. Quail* und *G. A. Rivett*, Can. J. Chem. **50**, 2447 (1972).

20. *W. Klemm* und *E. Huss*, Z. anorg. allg. Chem. **258**, 221 (1949); *R. Bougon*, Compt. rend. **267 C**, 681 (1968).

21. *H. Bode* und *E. Voss*, Z. anorg. allg. Chem. **286**, 136 (1956).

22. *J. C. Taylor* und *P. W. Wilson*, J. inorg. nucl. Chem. **36**, 1561 (1974).

23. *H. Henkel, R. Hoppe* und *G. C. Allen*, J. inorg. nucl. Chem. **31**, 3855 (1969).

24. *G. C. Allen* und *K. D. Warren*, Inorg. Chem. **8**, 753, 1895, 1902 (1969).

25. *M. J. Reisfeld*, J. Mol. Spectrosc. **29**, 120 (1969).

26. *L. B. Asprey*, J. Fluorine Chem. **7**, 359 (1976).

3.10. Fluoride der Platinmetalle

Die Oxidationszustände der bekannten binären Fluoride der Platinmetalle sind im folgenden zusammengefaßt:

Ru	Rh	Pd	Os	Ir	Pt
			7		
6	6		6	6	6
5	5		5	5	5
4	4	4	4	4	4
3	3			3	
		2			

Frühere Berichte über die Existenz eines Osmiumoktafluorids OsF_8 [1]
konnten nicht bestätigt werden [2]. Das Palladiumtrifluorid Pd_2F_6 ist in
Wirklichkeit eine gemischtvalente Verbindung $Pd^{II}[Pd^{IV}F_6]$ [3]. Die höch-
ste Oxidationsstufe der Platinmetallfluoride liegt in Osmiumheptafluorid
OsF_7, die niedrigste in Palladiumdifluorid PdF_2 vor. Neben diesen binären Fluoriden existieren – insbesondere von Osmium – noch einige Oxidfluoride.

Difluoride

Das einzige gesicherte Difluorid ist das violette *Palladiumdifluorid PdF_2*,
das bei der Reduktion von Pd_2F_6 oder PdF_4 mit SeF_4 oder mit Pd bei
930 °C gewonnen wird [4]. Es kristallisiert – wie auch die Difluoride der
Eisenmetalle – im Rutilgitter, ist paramagnetisch und bildet in wäßriger
Lösung das diamagnetische Hydration $[Pd(H_2O)_4]^{2+}$. Bei der Reaktion einer Suspension von PdF_2 in SeF_4 mit CsF entsteht $Cs[PdF_3]$ [5]. Die Komplexsalze $M^{II}[PdF_4]$ (M^{II} = Ca, Sr, Ba, Pb) werden bei der Umsetzung von
PdF_2 mit MF_2 bei ca. 930 °C oder der thermischen Zersetzung von
$M^{II}[PdF_6]$-Salzen gebildet. Diese Verbindungen sind schwach gefärbt, dia-
magnetisch und haben tetragonale $K[BrF_4]$-Struktur [6].

Trifluoride

Rutheniumtrifluorid RuF_3 entsteht als brauner Festkörper bei der Reduktion von RuF_5 mit I_2 bei 250 °C; *Rhodiumtrifluorid RhF_3* bei der Fluorierung von Rh oder $RhCl_3$ mit F_2 bei 500 – 600 °C als sehr stabiler roter
Festkörper und *Iridiumtrifluorid IrF_3* durch Reduktion von IrF_6 mit Ir als
schwarzer Festkörper [7]. Sie bilden hexagonale Gitter (ReO_3-Struktur).
Sie sind ziemlich reaktionsträge; RhF_3 wird von Wasser, Säuren und Alkalien nicht angegriffen. Aus Lösungen von Rh(III) in Flußsäure werden
die Hydrate $RhF_3 \cdot 6\,H_2O$ und $RhF_3 \cdot 9\,H_2O$ isoliert, die sich in H_2O mit

gelber Farbe lösen; in der Lösung liegen wahrscheinlich $[Rh(H_2O)_6]^{3+}$-Ionen vor. Aus einer Schmelze von $RuCl_3$ in KHF_2 läßt sich das wasserunlösliche $K_3[RuF_6]$ isolieren. Die Pentafluoroiridate(III) $(NO)_2[IrF_5]$ und $(NO_2)_2[IrF_5]$ entstehen beim Erhitzen der entsprechenden Hexafluoroiridate(IV) [8]. In einer Schmelze aus $K_3[Rh(NO_2)_6]$ und KHF_2 wird $K_3[RhF_6]$ gebildet, das mit weiterem KHF_2 zu $K_2[RhF_5]$ weiter reagiert. Weitere Fluorokomplexe sind $M^{II}[RhF_5]$ (M^{II} = Sr, Ba, Pb), $Ca_2[RhF_7]$ und die im Elpasolith-Typ kristallisierenden $M_3[RhF_6]$ ($M_3 = Cs_2K$, Rb_2Na, K_2Na, Tl_2Na) [9].

Das beim Überleiten von HF über Palladiumschwamm bei 600 °C gebildete *„Palladiumtrifluorid PdF_3"* ist eine gemischtvalente Verbindung $Pd^{II}[Pd^{IV}F_6]$ [3]. Hierin sind Pd(II) und Pd(IV) jeweils 6fach koordiniert [10].

Tetrafluoride

Tetrafluoride aller sechs Platinmetalle sind beschrieben worden. Gelbes *Rutheniumtetrafluorid RuF_4* entsteht, wenn ein Überschuß von RuF_5 mit Jod reduziert wird. Auch die gelben *Osmiumtetrafluorid OsF_4* und *Iridiumtetrafluorid IrF_4* werden durch Reduktionsreaktionen gewonnen: OsF_6 + $W(CO)_6$ [11]; Photolyse von OsF_5 oder OsF_6 in HF; Reduktion von OsF_6 bzw. IrF_6 mit H_2 oder Si in HF bei Raumtemperatur [12]; Reduktion von IrF_6 an einem W- oder Ir-Draht bei Rotglut [13] oder durch thermische Zersetzung von IrF_5 [14]. Für die Darstellung von *Rhodiumtetrafluorid RhF_4* und *Platintetrafluorid PtF_4* eignen sich die Reaktionen von $RhCl_3$ bzw. Pt mit BrF_3 und anschließende thermische Zersetzung der BrF_3-Komplexe; auch $PtBr_4 + F_2$ liefert PtF_4. Die Bildung von RhF_4 bei dieser Reaktion wird inzwischen bezweifelt; es soll aber bei der Fluorierung von RhF_3 bei 250 °C entstehen [15]. Aus $PdBr_2$ mit BrF_3 bildet sich zunächst „PdF_3", das bei 7 bar und 300 °C mit F_2 zu *Palladiumtetrafluorid PdF_4* oxidiert werden kann [15]. Alle Tetrafluoride sind starke Oxidationsmittel und sehr leicht hydrolysierbar. Sie sind isomorph; über die Struktur gab es bis vor kurzem Widersprüche [15]. Im Festkörper liegen über jeweils 4 Fluoratome verknüpfte $[MF_2F_{4/2}]$-Oktaeder vor, wie auch neue Neutronenbeugungsmessungen an PdF_4 zeigen, wobei die Oktaeder unterschiedliche Verzerrungen aufweisen (Vergleich PdF_4 und IrF_4: Abstand M zu Brückenfluoratomen 1,91 und 2,00 Å bzw. 1,90 und 1,89 Å; M zu endständigen Fluoratomen 1,94 Å bzw. 2,08 Å; Winkel (MFM) 134° bzw. 147°) [16] (Abb. 3.10. – 1).

Alle Tetrafluoride bilden Fluorokomplexe der Form $M_2^I[MF_6]$ bzw. $M^{II}[MF_6]$, die am besten durch Fluorierung der Hexahalogenometallate(IV) (Halogen = Cl, Br, I) mit F_2, BrF_3 oder in einer KHF_2-Schmelze dargestellt werden können [z. B. 8, 17].

Auch einige gemischte Chlorofluoro- bzw. Fluorohydroxokomplexe von Os und Pt sind beschrieben worden [18]. Zu den Hexafluorometalla-

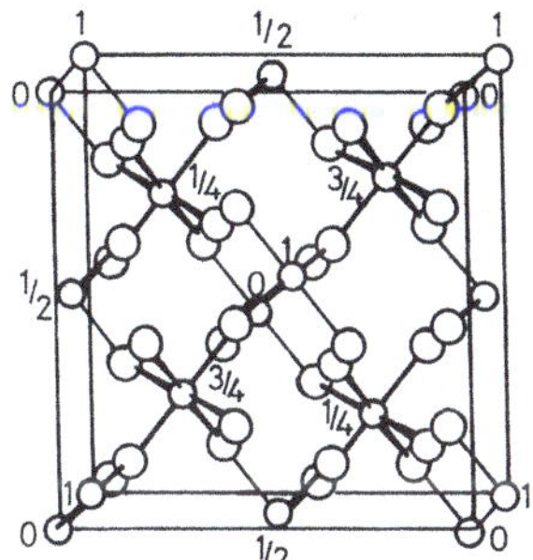

Abb. 3.10. – 1 Elementarzelle von PdF_4, Projektion auf die a-b-Ebene, nach Wright, Fender, Bartlett und Leary [16]

ten(IV) gehören auch die isostrukturellen, ferromagnetischen Verbindungen Pd_2F_6, $PdPtF_6$ und Pt_2F_6 [19].

Pentafluoride [20]

Rutheniumpentafluorid RuF$_5$ (Fp. 86,5 °C; Kp. 227 °C, grün), *Rhodiumpentafluorid RhF*$_5$ (Fp. 95,5 °C, dunkelrot), *Iridiumpentafluorid IrF*$_5$ (Fp. 104,5 °C, gelb-grün) und *Platinpentafluorid PtF*$_5$ (Fp. 80 °C, dunkelrot) können durch kontrollierte Fluorierung der Metalle bei 350 – 400 °C, z. T. unter Druck, hergestellt werden. In den Fällen, in denen ein Element ein stabiles Hexafluorid bildet, gelingt die Darstellung des Pentafluorids am besten durch Reduktion des Hexafluorids (vgl. auch WF_5, ReF_5) [11]. So wird *Osmiumpentafluorid OsF*$_5$ (Fp. 70 °C, Kp. 225,7 °C, blau-grün) aus OsF_6 mit $W(CO)_6$ oder mit I_2 in IF_5 oder durch Photolyse bei 25 °C erhalten. Auch die Austauschreaktion eines Salzes mit einer stärkeren Lewis-Säure ist zur Synthese geeignet, z. B. [21]:

$$Na[OsF_6] + SbF_5 \rightarrow Na[SbF_6] + OsF_5 .$$

IrF_5 läßt sich ebenfalls noch durch Reduktion von IrF_6 mit Glaspulver [22] oder mit Si bzw. H_2 herstellen [12].

Die Pentafluoride sind isomorph; sie bilden tetramere Einheiten, in denen die Metallatome die Ecken eines Rhombus besetzen und über nichtlineare Fluorbrücken (im Gegensatz zur NbF_5-Struktur) miteinander verknüpft sind; jedes Metallatom ist verzerrt oktaedrisch von 6 Fluoratomen umgeben (Abb. 3.10. – 2) [23, 24, 25]:

durchschnittliche Bindungslänge	RuF_5	RhF_5	OsF_5
Metall zu Brücken-Fluoratom [Å]	2,05	2,01	2,03
Metall zu endständigem Fluoratom [Å]	1,90	1,81	1,89
Winkel (MFM)	132°	135°	137,5°

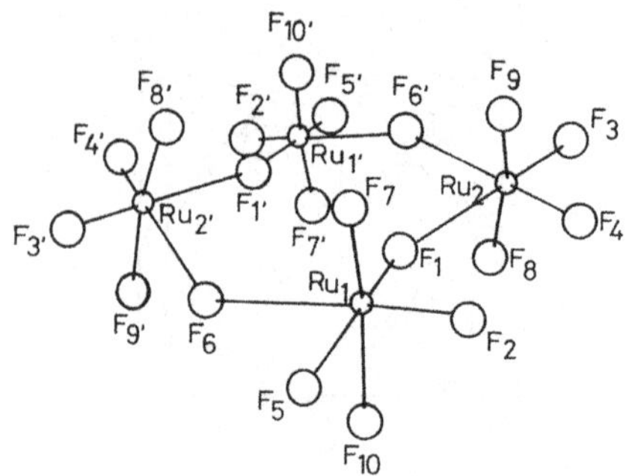

Abb. 3.10. – 2   Tetramere Einheit der RuF_5-Struktur nach Holloway, Peacock und Small [23]

Diese Assoziation bleibt auch in den Schmelzen erhalten; dies zeigt sich in einer nur geringen Farbaufhellung; auch in den Dämpfen sind die Pentafluoride noch assoziiert; erst bei höherer Temperatur sind die Dämpfe farblos und enthalten monomere, trigonal-bipyramidale Moleküle [26].

Alle Pentafluoride sind leicht hydrolysierbar; sie sind starke Oxidations- und Fluorierungsmittel; bei höherer Temperatur erfolgt Disproportionierung in das Tetrafluorid und das Hexafluorid. Sie bilden mit Halogenfluoriden, Chalkogenfluoriden und Xenonfluoriden über Fluoratome verbrückte Komplexe. Auch in einigen Derivaten bleibt die Grundstruktur der tetrameren Einheiten erhalten; so entsteht z. B. bei der Carbonylierung von RuF_5 ein $[Ru(CO)_3F_2]_4$, bei der Fluorierung von $Ru_3(CO)_{12}$ das $[Ru(CO)_3F_2\text{-}RuF_5]_2$ [27]. Die Pentafluoride bilden Hexafluorometallate(V) $M^I[MF_6]$ und $M^{II}[MF_6]_2$ (M^I = Alkalimetalle, Ag, Tl, NO, NO_2, O_2^+; M^{II} = Ca, Sr, Ba), die durch Fluorierung der entsprechenden Halogenidgemische oder auch aus Gemischen der entsprechenden Fluoride hergestellt werden. Die Platinsalze werden am besten indirekt aus $O_2^+[PtF_6]^-$ (aus $PtF_6 + O_2$ [28]) durch Umsetzung mit den entsprechenden Fluoriden gewonnen. Die Hydrolyseempfindlichkeit der Salze ist unterschiedlich: so löst sich z. B. $[RuF_6]^-$ in H_2O unter O_2-Entwicklung und Reduktion zu $[RuF_6]^{2-}$, während die gleiche Reaktion bei $[OsF_6]^-$ erst bei Zugabe von Basen abläuft.

Aus Pd, O_2 und F_2 bei 320 °C unter hohem Druck wird als erste Pd(V)-Fluor-Verbindung das braune Salz $O_2^+[PdF_6]^-$ gebildet [29].

Hexafluoride

Rutheniumhexafluorid RuF_6 (Fp. 54 °C; dunkelbraun), *Rhodiumhexafluorid RhF_6* (Fp. 70 °C; schwarz), *Osmiumhexafluorid OsF_6* (Fp. 32 °C; Kp. 46 °C; gelb), *Iridiumhexafluorid IrF_6* (Fp. 44,8 °C; Kp. 53,6 °C; gelb) und *Platinhexafluorid PtF_6* (Fp. 61,3 °C; Kp. 69,1 °C; dunkelrot) entste-

154

hen als leicht flüchtige Endprodukte bei der Reaktion der Elemente bei höherer Temperatur. Sie sind isomorph und bilden eine orthorhombische Tieftemperaturform und eine kubische Hochtemperaturform (Schwingungsspektren von OsF_6, IrF_6 [30]). Sie sind sehr instabil und a. o. starke Oxidationsmittel. Die Beständigkeit der Hexafluoride nimmt in der 3. Übergangsmetallreihe gemäß $WF_6 > ReF_6 > OsF_6 > IrF_6 > PtF_6$ ab; weiter gilt $OsF_6 > RuF_6$, $IrF_6 > RhF_6$ und $RuF_6 > RhF_6$; die oxidierenden Eigenschaften nehmen in der gleichen Reihenfolge entsprechend zu [31]. PtF_6 ist eines der stärksten Oxidationsmittel überhaupt: schon bei Raumtemperatur werden z. B. Xe und O_2 oxidiert. Mit ReF_6 bildet PtF_6 das gelbe Redoxprodukt $[Re^{VII}F_6]^+[Pt^VF_6]^-$ [32]. Bei der thermischen Zersetzung oder der Reaktion mit photochemisch erzeugten Fluoratomen bei tiefer Temperatur entstehen die Pentafluoride und F_2. Daraus läßt sich folgern, daß die erste Bindungs-Dissoziations-Energie der Hexafluoride kleiner als die Dissoziationsenergie des F_2-Moleküls ist [32].

Mit H_2O erfolgt heftige Hydrolyse. Wird diese vorsichtig in HF durchgeführt, so entstehen die Oxoniumsalze $H_3O^+[MF_6]^-$ (M = Ru, Ir, Pt) und $(H_3O^+)_2[PtF_6]^{2-}$; OsF_6 reagiert zu $OsOF_4$, und mit RhF_6 werden instabile, nicht charakterisierbare Produkte gebildet [33].

Osmiumheptafluorid OsF_7

Das einzige höhervalente Fluorid ist OsF_7. Frühere Berichte über ein OsF_8 haben sich nicht bestätigt. OsF_7 entsteht aus den Elementen bei 500 – 600 °C und 350 – 400 bar in einem Ni-Autoklaven und anschließendem Quenchen. Es wird als gelbe, kristalline Verbindung beschrieben, die sich schon ab – 100 °C langsam zersetzt und pentagonal-bipyramidale Struktur hat [34].

Oxidfluoride

Die folgenden Oxidfluoride sind bekannt: $PtOF_3$, MOF_4 (M = Ru, Os, Ir, Pt), $OsOF_5$, OsO_2F_3 und OsO_3F_2.

Platinoxidtrifluorid PtOF₃ ist als braunes Produkt der Fluorierung von PtO_2 mit F_2 bei 200 °C beschrieben worden [28].

Rutheniumoxidtetrafluorid RuOF₄ wird als sehr instabile Verbindung bei der Fluorierung von RuO_2 oberhalb 400 °C gewonnen; bei der Zersetzung entstehen RuF_4 und O_2 [35]. Bei den Reaktionen von IrF_6 bzw. PtF_6 mit Glas oder Spuren von Feuchtigkeit sind in geringen Mengen *Iridiumoxidtetrafluorid IrOF₄* und *Platinoxidtetrafluorid PtOF₄* nachweisbar.

Die beste Darstellungsmethode für *Osmiumoxidtetrafluorid OsOF₄* (Fp. 82 °C; blau-grün) ist die Reaktion von OsF_6 mit OsO_4 im Verhältnis 2,5 : 1 bei 175 °C. Im Festkörper besteht $OsOF_4$ aus tetrameren Einheiten ähnlich dem $[OsF_5]_4$ [36]. *Osmiumoxidpentafluorid OsOF₅* (Fp. 59 °C; grün) wird bei der Fluorierung von OsO_2 bei 250 °C [37] oder der statischen Oxyfluorierung des Metalls gebildet [38]. Es ist dimorph; das Schwingungsspektrum ähnelt dem von $ReOF_5$ und IOF_5 (C_{4v}-Symmetrie des $OsOF_5$-Moleküls im Gaszustand). *Osmiumdioxidtrifluorid OsO_2F_3* ist das gelb-grüne Produkt der Reaktion äquimolarer Mengen von OsO_4 und OsF_6 bei 150 °C bzw. $OsOF_4$ und OsO_3F_2 bei 100 °C [36, 39]. Es ist isomorph mit der monoklinen α-Phase von OsO_3F_2; Raman-Spektren deuten auf eine polymere Struktur mit Fluorbrücken hin. *Osmiumtrioxiddifluorid OsO_3F_2* (Fp. 172 °C; orange) entsteht bei den Reaktionen $OsO_4 + BrF_3$, $Os + O_2 + F_2$ [40] und $OsO_4 + F_2$ bei 300 °C [36]. Es existiert in 3 kristallinen Phasen, von denen eine mit RuF_5 isostrukturell ist [41]. Aus Raman-Spektren ergibt sich eine D_{3h}-Symmetrie für das OsO_3F_2-Molekül [42].

Literatur

1. *O. Ruff* und *F. W. Tschirch*, Ber. **46**, 929 (1913).
2. *B. Weinstock* und *J. G. Malm*, J. Amer. Chem. Soc. **80**, 4466 (1958).
3. *N. Bartlett* und *P. R. Rao*, Proc. Chem. Soc. **1964**, 393.
4. *O. Ruff* und *E. Ascher*, Z. anorg. allg. Chem. **183**, 193 (1929); *N. Bartlett* und *R. Maitland*, Acta Cryst. **11**, 747 (1958).
5. *N. Bartlett* und *J. W. Quail*, J. Chem. Soc. **1961**, 3728.
6. *B. Müller* und *R. Hoppe*, Mater. Res. Bull. **7**, 1297 (1972).
7. *H. A. Hepworth, K. H. Jack, R. D. Peacock* und *G. J. Westland*, Acta Cryst. **10**, 63 (1957) und dort zitierte Literatur.
8. *G. J. Westland* und *P. L. Robinson*, J. Chem. Soc. **1956**, 4481.
9. *W. Wilhelm* und *R. Hoppe*, Z. anorg. allg. Chem. **407**, 13 (1974), **441**, 91 (1975); *R. Domesle* und *R. Hoppe*, 6. Europäisches Fluorsymposium, Dortmund, 1977, Abstract I 21.
10. *A. Tressaud, M. Wintenberger, N. Bartlett* und *P. Hagenmuller*, Compt. rend. **282 C**, 1069 (1976).
11. *G. B. Hargreaves* und *R. D. Peacock*, J. Chem. Soc. **1960**, 2618.
12. *R. T. Paine* und *L. B. Asprey*, Inorg. Chem. **14**, 1111 (1975).
13. *W. A. Sunder* und *W. E. Falconer*, Inorg. Nucl. Chem. Lett. **8**, 537 (1972).
14. *N. Bartlett* und *A. Tressaud*, Compt. rend. **278 C**, 1501 (1974).
15. *P. R. Rao, A. Tressaud* und *N. Bartlett*, J. inorg. nucl. Chem. Supplement **1976**, 23 und dort zitierte Literatur.
16. *A. F. Wright, B. E. F. Fender, N. Bartlett* und *K. Leary*, Inorg. Chem. **17**, 748 (1978).
17. *M. A. Hepworth, P. L. Robinson* und *G. J. Westland*, J. Chem. Soc. **1954**, 4269, **1958**, 611; *M. A. Hepworth, R. D. Peacock* und *G. J. Westland*, J. Chem. Soc. **1954**, 1197; *N. Bartlett, S. P. Beaton* und *N. K. Iha*, J. C. S. Chem. Comm. **1966**, 168; *H. Henkel* und *R. Hoppe*, Z. anorg. allg. Chem. **359**, 160 (1968); *R. Hoppe* und *R. Homann*, Z. anorg. allg. Chem. **379**, 193 (1970); *J. Portier, F. Menil* und *P. Hagenmuller*, Bull. Soc. Chim. France **1970**, 3485; *W. Preetz* und *Y. Petros*, Angew. Chem. **83**, 1019 (1971); *B. Müller* und *R. Hoppe*, Z. anorg. allg. Chem. **392**, 37 (1972); *W. Wilhelm* und *R. Hoppe*, Z. anorg. allg. Chem. **405**, 193 (1974); **407**, 13 (1974).

18. *D. H. Brown, K. R. Dixon* und *D. W. A. Sharp*, J. Chem. Soc. **A 1966**, 1244; *L. Kolditz* und *J. Gisbier*, Z. anorg. allg. Chem. **366**, 265 (1969); *W. Preetz* und *Y. Petros*, Z. anorg. allg. Chem. **415**, 15 (1975); *D. F. Evans* und *G. K. Turner*, J. C. S. Dalton Trans. **1975**, 1238; *H. L. Keller* und *H. Homborg*, Z. anorg. allg. Chem. **422**, 261 (1976).
19. *A. Tressaud, J. M. Dance* und *P. Hagenmuller*, Isr. J. Chem. **17**, 126 (1978).
20. *R. D. Peacock*, Adv. Fluorine Chem. **7**, 113 (1973).
21. *T. A. O'Donnell* und *T. E. Peel*, J. inorg. nucl. Chem. Supplement **1976**, 68.
22. *N. Bartlett* und *P. R. Rao*, J. C. S. Chem. Comm. **1965**, 252.
23. *J. H. Holloway, R. D. Peacock* und *R. W. H. Small*, J. Chem. Soc. **1964**, 644.
24. *S. J. Mitchell* und *J. H. Holloway*, J. Chem. Soc. **A 1971**, 2789.
25. *B. K. Morrell, A. Zalkin, J. Tressaud* und *N. Bartlett*, Inorg. Chem. **12**, 2640 (1973).
26. *W. E. Falconer, G. R. Jones, W. A. Sunder, M. J. Vasile, A. A. Muenter, T. R. Dyke* und *W. Klemperer*, J. Fluorine Chem. **4**, 213 (1974) und dort zitierte Literatur.
27. *A. J. Hewitt, J. H. Holloway, R. D. Peacock, J. B. Raynor* und *I. L. Wilson*, J. C. S. Dalton Trans. **1976**, 579.
28. *N. Bartlett* und *D. H. Lohmann*, J. Chem. Soc. **1964**, 619.
29. *W. E. Falconer, F. J. Di Salvo, A. J. Edwards, J. E. Griffiths, W. A. Sunder* und *M. J. Vasile*, J. inorg. nucl. Chem. Supplement **1976**, 59.
30. *J. C. D. Brand, G. L. Goodman* und *B. Weinstock*, J. Mol. Spectrosc. **37**, 464 (1971); *J. Shamir* und *J. G. Malm*, J. inorg. nucl. Chem. Supplement **1976**, 107.
31. *N. Bartlett*, Angew. Chem. **80**, 453 (1968).
32. *E. Jacob*, 6. Europäisches Fluorsymposium, Dortmund, 1977, Abstract I 54.
33. *H. Selig, W. A. Sunder, F. A. Di Salvo* und *W. E. Falconer*, J. Fluorine Chem. **11**, 39 (1978).
34. *O. Glemser, H. W. Roesky, K.-H. Hellberg* und *H. U. Werther*, Chem. Ber. **99**, 2652 (1966).
35. *T. Sakurai* und *A. Takahashi*, J. inorg. nucl. Chem. **39**, 427 (1977).
36. *W. A. Sunder* und *F. A. Stevie*, J. Fluorine Chem. **6**, 449 (1975) und dort zitierte Literatur.
37. *N. Bartlett* und *N. K. Iha*, J. Chem. Soc. **A 1968**, 536; *N. Bartlett* und *J. Trotter*, J. Chem. Soc. **A 1968**, 543.
38. *J. H. Holloway, H. Selig* und *H. H. Claassen*, J. Chem. Phys. **54**, 4305 (1971).
39. *W. E. Falconer, F. J. Di Salvo, J. E. Griffiths, F. A. Stevie, W. A. Sunder* und *M. J. Vasile*, J. Fluorine Chem. **6**, 499 (1975).
40. *M. A. Hepworth* und *P. L. Robinson*, J. inorg. nucl. Chem. **4**, 24 (1957).
41. *N. Nghi* und *N. Bartlett*, Compt. rend. **269 C**, 756 (1969).
42. *I. R. Beattie, H. E. Blayden, R. A. Crocombe, P. J. Jones* und *J. S. Ogden*, J. Raman Spectrosc. **4**, 313 (1976).

Allgemeine Literaturhinweise

Comprehensive Inorganic Chemistry, Vol. 1 – 5, Pergamon Press – Oxford – New York – Toronto – Sydney – Braunschweig, 1973.

MTP International Review of Science, Inorganic Chemistry, Series One (1972), Series Two (1975), Butterworths – London, University Park Press – Baltimore.

H. J. Eméleus, The Chemistry of Fluorine and Its Compounds, Academic Press – New York – London, 1969.

J. H. Simons (Herausg.), Fluorine Chemistry, Vol. 1 – 5, Academic Press – New York – London, 1950 – 1964.

V. Gutmann (Herausg.), Halogen Chemistry, Vol. 1 – 3, Academic Press – New York – London, 1967.

R. Steudel, Chemie der Nichtmetalle, de Gruyter – Berlin – New York, 1974.

A. F. Holleman und *E. Wiberg*, Lehrbuch der Anorganischen Chemie, de Gruyter – Berlin – New York, 1976.

F. A. Cotton und *G. Wilkinson*, Anorganische Chemie (übersetzt von *H. P. Fritz*), Verlag Chemie – Weinheim, 1974.

Abkürzungen

äqu.	= äquatorial
ax.	= axial
ber.	= berechnet
bu	= n-butyl
Cp	= Cyclopentadien
d(AB)	= Bindungsabstand AB
D(A – B)	= Bindungsdissoziationsenergie AB
et	= ethyl
Fp.	= Schmelzpunkt
Kp.	= Siedepunkt
KZ	= Koordinationszahl
me	= methyl
ph	= phenyl
pr	= n-propyl
Py	= Pyridin
Subl.	= Sublimationstemperatur
THF	= Tetrahydrofuran
Zers.	= Zersetzungstemperatur
ΔH_f	= Bildungswärme

Formelregister

(M steht für ein einwertiges Kation; A für das Zentralatom eines Fluoridionenakzeptors)

Sachregister

(Nicht gesondert angegeben sind fluorhaltige Lösungsmittel, die im Text als Reaktionsmedium genannt werden, Fluorierungsmittel, die im Text zur Darstellung von Elementfluoriden genannt werden, sowie die Fluoridionendonatoren und -akzeptoren, die zur Bildung von Komplexsalzen erwähnt sind. Komplexsalze sind unter den neutralen, binären Verbindungen zu finden)

Made in the USA
Monee, IL
08 July 2026